吳欣修署長推薦序

在全球氣候變遷及都市熱島效應的衝擊下，利用城市通風廊道及自然通風來降低熱島效應的影響及改善城市地區的溫熱環境，已成為國際重要的趨勢，也是目前台灣中央及地方政府在推動生態城市建設時的重要政策之一。目前國內外此方面的研究雖已有不少，但相對較缺乏從建築、社區及城市之多重尺度來進行系統性的分析，並探討相關土地使用及都市設計機制檢討的研究。吳綱立教授撰寫的本書恰好彌補此方面的不足，吳教授長年進行生態城市及永續生態社區方面的研究，並參與多項政府相關計畫的審議，在目前各縣市皆積極研擬國土計畫，並努力推動氣候異變下土地使用規劃及城市設計機制的調整之際，吳教授彙整多年的研究經驗，撰寫及出版本書，深具時效性及參考價值。除了理論探討之外，本書以多重尺度案例分析的方式，從城市通風廊道規劃到建築尺度的通風環境分析，提供了具體的評估分析成果。本書內容詳實豐富，也有助於公部門生態城市、生態社區與氣候變遷調適等相關計畫之推動。

在全球氣候變遷、災變事件頻傳的情況下，如何善用自然環境因子來進行生態城鄉的規劃設計是目前中央政府重要的施政方向。生物氣候設計學、微氣候建築學及微氣候城市設計學是目前新興的研究領域，也是落實生態城鄉建設的重要途徑，近年來CFD 模擬分析方法的應用與推廣，更對於上述理念的專業實踐，提供了一個有效的分析工具。在此趨勢下，本書以深入淺出的寫作方式，詳實地介紹了 CFD 模擬分析在建築及城市通風設計的綜合應用，尤其是在大尺度都市風環境分析方面，提供了不少具體的實證分析案例，深具理論發展與實務應用上的參考價值，另外，書中的實例分析結果也多回饋到土地使用規劃、都市設計及建築設計的檢討，為相關專業者提供了相當有用的輔助規劃設計決策之參考資訊。

目前台灣積極推動國土計畫，並將環境保育列為首要工作，可見政府在推動生態城鄉建設上的企圖心。本書兼具理論與實務，作者以跨區域、多重尺度實際案例的操作示範，具體的說明了通風廊道規劃及自然通風概念應如何導入城市發展(或再發展)的規劃設計作業之中，以發揮退燒解熱及營造更好的生態城鄉環境之目的，對於城市通風廊道規劃及微氣候城市設計學應如何導入國土計畫提供了一個新的思維，對於想要深入了解 CFD 在建築與城市通風設計應用方法及未來發展潛力的專業者及學生，本書亦提供了深具參考價值的實證分析結果及技術指導。本書除理論及實務應用的價值之外，也對於目前政府單位積極推動的氣候變遷調適與因應計畫提供了具體的參考資訊，基於以上，本人非常樂意推薦此書，期待本書的出版能引發更多的相關研究，共同營造生態健康的城鄉環境。

內政部營建署署長

台北， 2019

邱英浩教授推薦序

　　建成環境在高度都市化的趨勢下所衍生之議題日漸多樣且複雜，傳統之都市規劃工具雖可在運作的機制下解決需求，創造宜居環境，但也在環境意識高漲且生活品質標準提高之驅使下，有更多的規劃工具及方法逐漸成熟，計算流體力學(CFD)在國際間建築及都市規劃相關領域之運用行之有年，吳教授綱立將其多年運用 CFD 之經驗以深入淺出之觀念說明，搭配案例介紹，是一本對規劃實務領域及學術研究皆有助益之著作，任何對 CFD 運用有興趣之規劃師或學術研究者都可透過此書一窺 CFD 的功能及分析方式，這本著作有如此領域的一敲門磚，一位無聲的師父領你入門，希望大家可以接力的將此專業更上一層樓，共同為建成環境的進步盡一己之力。

臺北市立大學市政管理學院院長

天母，2019

蘇瑛敏教授推薦序

　　建築與都市規劃設計需要導入新的科技技術，以分析解決複雜的都市問題。尤其面對氣候變遷日益嚴苛的高層高密度都市，更需要有效的科學性分析工具提供規劃設計參考，以降低開發所導致的環境衝擊。隨著近年來硬體設備進步及數位模擬軟體發展，計算流體力學 (CFD) 科學性工具能建構更擬真的都市環境，並進行性能分析，相關規劃開發審議也開始將之納入規範要求，實務應用日趨成熟。

　　吳綱立老師教學研究經驗豐富，也持續參與實務規劃。在百忙中不辭辛勞地將多年成果彙整成書，有系統地介紹 CFD 模擬分析方法及工具，輔以海峽兩岸實際案例的應用。本書對 CFD 工具有興趣的學生、研究者及專業者都是非常好的參考書籍，運用CFD 科學分析工具來模擬多樣化的都市環境，可以提供都市發展策略的預測分析，避免實務落差，進而營造出更好的生活環境，值得大家共同努力。

蘇瑛敏

國立台北科技大學建築系教授

台北，2019

孫振義教授推薦序

都市熱環境與風環境研究在國際相關學術領域上行之有年，然而，隨著全球暖化與都市高溫化的趨勢下，針對都市熱島效應、街道熱舒適性、以及都市風場等課題的研究日愈顯得重要！吳綱立教授所撰寫的新書《CFD 模擬分析運用於建築與城市通風環境設計》，其從風土建築與自然通風談起，接著介紹 CFD 模擬方法及其運用，並且透過不同尺度之實際案例的模擬計算與分析，說明當今的建築與都市規劃設計，確實必須借重先進的科學工具，方可確保日後完工後的具體性能。

此書厚達三百多頁、內容豐富詳實，確實為當今都市熱環境與風環境重要的參考著作。吾幸得吳教授之邀約，義不容辭地特此作序推薦之。希冀讀者們受到此大作的薰陶後，除對於熱環境與風環境模擬有更深入的瞭解外，亦能逐漸發展出對此領域的鑽研興趣，更期待他日彼此共同為都市熱環境與風環境改善貢獻一己之力。

國立政治大學地政學系教授

于木柵景美溪畔，2019

古宜靈理事長推薦序

　　都市的快速發展與氣候變遷，造成都市內熱島現象日益嚴重，也潛藏著能源消耗的問題。為了提高土地利用效益，建築物高度立體化後形成的城市中風速、風向的不穩定現象，對於居民感官及舒適感也產生負面的影響。為了紓解都市化後的空氣汙染、溫熱、風感等問題和提高都市環境的調節能力，都市風環境在近十餘年來開始受到規劃界的重視。由於影響空氣流動的問題相當複雜，諸如建築形態、鄰棟間距、土地使用強度、街道寬度、街道方向、栽植等，都會造成風場的變化，而都市計畫的土地使用管制措施與都市設計準則，如果應用得當，則可以營造出創造良好通風環境的機會，對於都市的微氣候環境也會有正面效益。

　　目前國內的都市計畫，在 2013 年 9 月發布的「新北市板橋(江翠北側地區)都市設計審議原則」開始對「風環境管制事項」與開發前之環境風場試驗，訂定相關規定。過去個人在參與實務計畫擬定和檢討的過程中，團隊也曾嘗試進行計畫區內風環境的模擬分析，包括風城新竹市，由於易受地形和東北季風影響形成較大風速和不穩定的風向，藉由新竹市西北地區細部計畫區為研究範圍，透過 CFD 方法與工具進行研究區的風環境模擬，並以「提升行人舒適」與「舒緩空氣汙染」的前提，提出合宜之策略建議與相應之管制準則；另外，在新訂七股都市計畫的規劃過程、辦理都市更新計畫的建築物模擬，以及研議衛武營藝文中心東側土地土管規則等幾個計畫的規劃過程中，也曾考量氣候因素與物理環境等因素下，進行 CFD 模擬分析，並研議空間規劃與景觀植栽對策，以期能在考量風環境下，提供計畫管制作為的參考或修正依據。可惜的是，雖然有上述努力，但還需要更多的論證基礎和實證研究，才能落實於具體的法定計畫和管制措施中。

　　吳教授長期致力於建築及城市規劃領域之研究，對於全球氣候變遷議題和兩岸城

市的計畫、環境設計等亦多有著墨。本書《CFD 模擬分析應用於建築與城市通風環境設計》共計有六章，內容詳實豐富且非常系統性，從核心概念到理論、方法論基礎，引導讀者對於風環境原理、相關研究成果，以及分析工具運用的認識，並分別從建築、街廓、社區、城市等不同的空間尺度，來進行案例模擬分析及策略研擬，對於風環境的評估及因應策略皆有相當具體的研究成果，也能作為都市計畫管制措施擬議的基礎，以及空間設計與建築規劃的參考。中國傳統的風水學，從城市的角度，就是順應外在環境的格局方位與內部建築的規劃設計所形成，透過本書，可以從科學化、系統化的角度，連結這樣的一個大知識，實乃讀者之幸，也期待大家浸淫在本書的空氣流動知識後，一起努力讓我們生活的城市更加舒適。

中華民國都市計畫技師公會全國聯合會理事長

新竹 2019

自序

在全球氣候變遷的衝擊下，如何發展順應地區氣候特徵的建築形式、城市空間佈局與建築配置模式，已成為建築、景觀及城市規劃設計領域共同關注的焦點之一。在都市熱島效應及空氣品質問題日益惡化的趨勢下，如何加強建築、社區及城市的通風環境設計，以發揮紓解熱島效應及提升生活環境品質的目的，更成為目前永續城鄉環境治理領域中一個新興的研究課題。此課題在理論與實務上深具時效性及廣泛的應用價值，但要如何有效地加以探討，並落實自然通風設計的理念於社區及城市設計的專業操作之中，目前似乎仍缺乏相關的綜合性之建築與城市通風環境評估分析，來協助建構本土化的理論基礎及空間規劃設計模式。其實自然通風設計及相關的生物氣候設計理念早已融入在一些強調生態智慧的風土建築之中，此類風土建築的產生，多係透過匠師及居民長期在地經驗的累積，以及基於人們在與環境長期互動的過程中所學到的生態智慧。這些強調尊重地方氣候環境特性及師法自然的空間營造手法深具時代意義，但可惜的是，長久以來一直缺乏較具系統性且容易操作的分析方法與工具，來進行相關的評估與驗證，並參考實證分析結果，來發展實用且在地化的規劃設計原則，以致無法有效地指導建築及城市設計的專業實踐。隨著數位化模擬分析工具的發展，以及生物氣候設計與微氣候因應設計等理念的推廣，近十餘年來快速發展的計算流體力學(CFD)數值模擬分析方法及應用工具，提供了一個不錯的方法論基礎與操作工具，可藉以探討上述課題。基於此，本書嘗試以多尺度、多重案例分析的方法，來系統性地探討CFD風環境模擬分析應如何協助建築及城市設計的相關專業實踐，以及如何在建築及城市設計的概念發展、策略規劃、方案評估，以及相關國土計畫研擬等階段，有效地輔助空間規劃設計的決策。

本書以生物氣候設計及氣候因應設計的觀點切入，嘗試結合理論與實務，並以實

際的建築設計、社區開發及城市設計案例，來探討如何透過 CFD 模擬分析的應用，以協助相關的空間規劃設計決策。全書共計六章。第一章透過全球環境變遷問題的描述，揭示出風環境因應設計的重要性，並藉由相關風土建築案例及哈爾濱工業大學校園空間規劃設計案例之分析，歸納出建築及城市設計時須注意的相關通風設計議題及可資借鏡的生態智慧理念精神。第二章嘗試以跨領域的角度，探討相關的文獻及理論基礎，以及 CFD 理論與相關操作應用的發展。第三章至第五章則分別為建築、社區及城市尺度的 CFD 應用分析。第三章探討 CFD 模擬分析在輔助建築設計及綠建築評估的應用，嘗試聚焦於探討自然通風的建築與環境設計。第四章為街廓及社區(或聚落)尺度的外部空間通風設計與建築空間佈局及量體計畫關係之探討，嘗試透過 CFD 模擬分析的協助，發展出符合自然通風理念及行人風場舒適度的建築配置及開放空間設計模式。第五章則為城市尺度的 CFD 應用探討，透過中國大陸與臺灣之城市通風廊道規劃的實際案例分析，以及代表性城市片區通風環境的模擬分析與評估，來探討如何發展出能配合通風廊道規劃之城市片區通風改善策略，並提出相關規劃設計準則的建議。透過此三章由建築、社區至城市的多尺度、多重案例分析，本書除介紹 CFD 操作方法應如何與建築與城市設計相結合之外，也分析在實務運用上必須注意的事項與限制。

本書是作者近十餘年來教學及研究成果的積累，書中所探討的案例，皆是作者擔任規劃設計師、計畫主持人或專業顧問，實際親身操作的建築及城市設計案例，其中許多案例作者也親身體驗其被建造以及理念被實踐(或未能實踐)的過程，希望這些經驗的整理與發表，能有助於 CFD 在建築及城市設計領域多尺度分析應用的發展。本書的完成需感謝許多曾經幫忙我的單位、師長及朋友。首先要感謝近二十年來我任教過的學校(包括朝陽科技大學、東海大學、東華大學、成功大學、哈爾濱工業大學、金門大學等)給我機會教授相關的課程，以及那些可愛的學生，給我寶貴的學習回饋；也要感謝深圳市規劃設計研究院、葉世宗建築師事務所等單位委託我相關的研究計畫，讓

我有機會將 CFD 分析方法與實際的城市設計及建築設計專業相結合。深圳市規劃設計研究院的單樑副院長及葉世宗建築師對於我生態城市及 CFD 應用研究的長期支持,是我持續進行相關研究及寫書的重要支持力量。此外,我要感謝雋巡環境科技公司讓我租用該公司專業的 WindPerfectDX 模擬分析軟體,該公司的謝文欽經理並提供我不少軟體技術上的協助。我也要特別感謝哈爾濱工業大學建築學院於 2012 年至 2015 年期間,以海外高階人才引入的方式聘我為特聘教授暨博士生導師,提供我優良的研究環境與資源,讓我在中國大陸有機會進行生態城市、生態社區及微氣候因應設計的相關研究,以及深圳市城市規劃設計研究院於相關計畫聘我為專業顧問或計畫主持人,讓我能實際參與中國前沿的城市通風廊道規劃。

臺灣及中國大陸許多建築及城市設計界的師長和好友,他們先前努力的相關研究成果或相關經驗的分享皆讓我受益良多,包括梅洪元教授、冷紅教授、金虹教授、陸明教授、邱英浩教授、蘇瑛敏教授、林峰田教授、江哲銘教授、林憲德教授、林子平教授、朱佳仁教授、鄒克萬教授、張學聖教授、何友鋒教授、孫振義教授、李彥頤教授、謝俊民教授、洪一安博士、孫可為建築師、古宜靈理事長等。學術及知識的創新,是在前人辛苦累積的基礎下,不斷地繼續前進,我要對這些勤奮且優秀的研究者,表達我由衷的敬意與感謝。此外,還應感謝我的內人幸萍,這些年來的全力支持,讓我能不自量力的將多年的研究結果彙整出書。最後,要特別感謝哈爾濱工業大學及金門大學提供研究資源,協助本書的出版。希望本書能兼顧理論與實務,能滿足學生及專業者的需求,作者才學有限,書中如有任何不足或遺誤之處,尚請讀者不吝指正。

吳綱立

於國立金門大學 2019

目錄

推薦序　吳欣修　　邱英浩　　蘇瑛敏
　　　　孫振義　　古宜靈
作者序　吳綱立

第一章　氣候因應設計理念及建築與城市通風設計 **1**
　第一節　氣候變遷與風環境因應設計 1
　第二節　風土建築的生態智慧與自然通風設計 5
　第三節　通風設計與外部空間使用 11

第二章　建築及城市的風環境分析 **17**
　第一節　風環境分析 17
　第二節　城市通風廊道規劃及通風引導準則 29
　第三節　CFD 模擬分析方法與應用 38

第三章　CFD 模擬分析應用於建築通風設計 **51**
　第一節　CFD 模擬分析應用於台南市虹韻文創中心綠建築評估 51
　第二節　CFD 模擬分析應用於高雄中山樓傳統建築保存維護與再發展 ..69
　第三節　CFD 模擬分析應用於金門金湖鎮鎮民綜合服務中心設計 89

第四章　CFD 模擬分析應用於社區及聚落自然通風設計 **101**
　第一節　CFD 模擬分析應用於台南市文化中心旁社區外部空間通風環境優化 ..101
　第二節　CFD 模擬分析應用於哈爾濱市溪樹庭院生態社區通風設計及量體計畫 ..121
　第三節　CFD 模擬分析應用於金門傳統聚落外部空間通風環境改善 ..141

第五章　CFD 模擬分析應用於城市通風環境改善及設計準則研擬 **193**
　第一節　CFD 模擬分析應用於大尺度城市通風廊道規劃 193
　第二節　CFD 模擬分析應用於河南省駐馬店市典型片區通風環境評估及改善
　　　　　策略研擬 226
　第三節　駐馬店市典型片區 CFD 模擬分析與天空開闊度分析 268
　第四節　高雄鐵路地下化廊帶地區城市及街廓通風環境分析 275
　第五節　城市片區通風環境改善規劃引導架構及設計導則研擬 298

第六章　邁向風環境因應的建築及城市設計 **319**

　　第一節　加強 CFD 模擬分析與建築及城市設計計畫評估的配合 319

　　第二節　對於邁向風環境因應的建築與城市設計之建議 321

　　第三節　建構整合 CFD 模擬分析與生物氣候建築及城市設計的規劃設計模式 324

參考文獻 **329**

章節重點

章節	內容重點
第一章 導論與核心概念	
第一節	專書目的與基本概念
第二節	自然通風與風土建築的生態智慧
第三節	通風設計與外部空間使用
第二章 理論及方法論基礎	
第一節	風環境理論與通風設計原理
第二節	城市通風廊道規劃與相關設計導則
第三節	CFD 模擬分析方法與工具
第三章 建築尺度的應用分析	
第一節	CFD 應用與綠建築設計評估的結合
第二節	CFD 應用於歷史建築再發展的通風改善；浮力通風、導風設計與建築量體造型計畫
第三節	CFD 應用與建築設計及基地外部空間設計之結合
第四章 街廓及社區尺度的通風分析	
第一節	CFD 應用與街廓土地開發之建築配置及外部開放空間設計的結合
第二節	CFD 應用與寒地生態社區土地開發之配置及量體計畫檢討的結合
第三節	CFD 應用於閩南傳統建築聚落通風影響因素探討及通風改善策略研擬
第五章 地區與都市廊道尺度的通風分析	
第一節	大尺度城市風廊規劃解析及相關土地使用檢討；跨區域城市通風廊道規劃案例分析
第二節	城市功能片區通風環境評估；片區通風影響因素探討及通風改善策略研擬
第三節	城市建築天空開闊度與通風關係分析；天空開闊度設計管控探討
第四節	城市運輸走廊地區通風環境評估；車站地區通風環境評估及改善建議

第五節　　　　　　　　　　　城市通風設計引導架構及設計準則之探討

第六章 結論與建議　　　　　CFD 模擬分析整合納入建築與城市設計的
　　　　　　　　　　　　　　　建議；融入 CFD 模擬分析的新規劃設計模
　　　　　　　　　　　　　　　式；空間模擬分析的新契機與願景

第一章 氣候因應設計理念及建築與城市通風設計

第一節 氣候變遷與風環境因應設計

　　近年來，在全球氣候變遷的衝擊下，如何發展順應地區氣候特性的城市型態(city form)、土地使用模式、城市空間佈局及社區與建築設計，已成為建築及城市規劃設計領域共同關心的課題，在此趨勢下，生物氣候設計(bioclimatic design)及氣候因應設計(climate responsive design)等理念，已引起城市規劃設計學界、建築學界及相關空間規劃設計專業者廣泛的興趣與討論(例如 Givoni, 1998; 楊經文，2004；柏春，2009，Hsieh and Wu, 2012; DeKay and Brown, 2014; Olgyay, 2016)，並嘗試應用在不同的氣候地區(例如 Hyde, 2000；林憲德，2003，2011；Emmanuel, 2005; Goad and Pieris, 2014; 吳綱立等，2015)。生物氣候設計與氣候因應設計理念皆強調善用氣象資訊及自然環境因子，如風、光、水、熱等，來進行親自然及減少人工化設備使用的建築及社區設計，此理念與晚近流行的誘導式設計(passive design，又稱被動式設計)有不少相通之處，皆強調順應大自然的驅策力，並利用自然環境因子來進行最生態環保與節能減碳的空間規劃設計 (Bansal et al., 1994; 江哲銘，2011；James and James, 2016)。對於目前高度設備化及人工化的建築及城市集居環境之發展，此系列理念的發展提供了一個有用的思考方向。

　　隨著都市化(城鎮化)(註 1)發展腳步的加快及都市擴張，海峽兩岸不少城市已經進入高密度發展及擴張發展的階段。由於城市規模快速的擴張，集居環境的負荷也逐漸加重，生活環境品質則是隨之下降，所以如何營造出能與城市微氣候相互配合的集居環境設計模式，進而達到自然通風及城市退燒減熱的目的，已成為建築及城市設計時亟待探討的課題；然而，雖然此課題的重要性已逐漸獲得重視，但是如何在城市發展的不同階段，導入自然通風設計與社區及建築通風改善策略，藉以建立自然通風、節能且有良好空氣品質的集居環境，卻仍是一個理論與實務上備受爭議的議題。不少規劃設計師或土地開發業者認為，維持自然通風的考量，只是城市設計或建築設計時眾多的考慮因素之一，不應影響到規劃設計師的創意及土地開發的經濟利益，但是也有不少學者及倡議生態城鄉理念的專業者指出，發展順應氣候環境特性的建築形式及社區設計模式，其實是最生態環保與節能減碳的作法(林憲德，2009，2011；吳綱立，2009，2015)。此外，由於長久以來一直缺乏足夠的實證研究資訊及有效的環境模擬分析方法與工具，來協助生物氣候設計及氣候因應設計理念在城市設計與社區設計實務操作上的落實，故也常造成空間規劃設計師、土地開發業者、環境管理者以及一般民眾認知上的落差，以致無法有效地研擬適當的規劃策略與設計準則來改善城市的通風環境及熱舒適度。慶幸的是，隨著數位環境模擬分析方法與技術的發展，尤其是近十餘年來計算流體力學(computational fluid dynamics, CFD)模擬分析方法與工具的進展，提供了一個不錯的方法論及分析工具(王福軍，2004；方富民，2016)，可協助探討如何將前述理念應用在建築及城市設計的專業實踐之中，並對於建築及城市設計操作模式與方法論的優化，提供一個調整的契機。

城市建成環境中存在大量的升溫因子(如緊密排列的建築物、硬鋪面等)，造成熱島效應影響之加劇，使得高密度地區常出現高溫化的現象，形成城市地區微氣候環境的惡性循環(林憲德，1994；歐陽嶠暉，2001；林憲德等，2001)，這種高密度都市化地區普遍出現的熱島效應現象，也已出現在海峽兩岸許多快速城鎮化發展的城市片區及都市化地區。因為通風不佳及水泥建築與硬鋪面過多，使得這些城市的許多功能片區之外部空間在夏日時普遍出現酷熱難受的現象，不僅影響到外部空間的功能與使用舒適度，也影響到政府及民間團體積極推動的城市觀光活動與市民活動。良好的外部空間通風環境能帶走熱能、減緩城市熱島效應的衝擊，並可淨化空氣，而戶外環境中之行人風場的適當通風，亦可提高人體對空氣溫度之接受範圍，並增加戶外活動的舒適度(Givoni, 1998; Blocken and Carmeliet, 2004; Blocken et al., 2008; Humphreys et al., 2016)。因此，如何改善都市社區外部空間及建築基地之整體通風環境，實為當前在推動城市環境改善及生態城市發展時一個亟待深入探討的研究課題。然而，儘管此課題的重要性與日俱增，但是過去海峽兩岸探討城市外部空間通風環境改善的文獻，多側重於以較宏觀的尺度，進行綜合性規劃策略之探討或相關研究(例如丁育群等，1999；高雲飛等，2005；何明錦、林子平，2008；郭建源，2011；黃錦星等，2013；何明錦等，2015；杜吳鵬等，2016；黨冰等，2017；劉永洪等，2017；張雲路、李維，2017)，相對地較缺乏以中觀的尺度，以社區或城市片區為實證研究對象，來進行都市住宅社區通風環境的系統性調查分析與評估，也較少探討如何綜合多元尺度的實證分析結果，來協助相關規劃策略及設計準則之研擬，以引導社區及街廓的通風改善。在缺乏足夠實證研究資訊的情況下，目前許多城市或鄉鎮在進行地區環境改造及社區規劃設計的工作時，多未將氣候因應設計或生物氣候設計的理念具體地納入土地開發管理策略或相關的設計管控機制之中，以致通風不佳的現象普遍存在，而且隨著地球的暖化，此情況更日益嚴重。

基於上述問題的迫切性以及良好的通風環境營造對於建築及城市整體環境品質的重要性，如何營造一個能順應氣候特性，並滿足生態、節能、健康、退燒減熱等建築與城市發展目標的集居環境，已成為當前海峽兩岸城市規劃設計時一個亟待解決的問題。有鑑於此，為了因應全球氣候變遷、減緩熱島效應的衝擊、淨化空氣、減少空調的使用，並促進民眾活動時舒適度的提升，本研究嘗試發展一套適合城市氣候環境的風環境因應設計操作模式及規劃引導策略，並提出相關的規劃設計原則之建議。透過實地調查分析、微氣候量測分析、風環境及溫熱環境調查分析、CFD 模擬分析、天空開闊度分析等方法的綜合運用，本書嘗試探討達到以下研究目標：

一、探討如何應用 CFD 模擬分析來加強城市及建築的自然通風設計

依據案例的尺度與地區特性，選定不同類型的功能片區及建築設計案例，系統性地進行 CFD 通風環境模擬分析，包括 3D 建模、模擬模型建置、網格系統設計、模擬參數設定、模擬成果評估、模擬結果的可視化分析，以及通風改善方案與策略之研擬。

二、探討如何在城市設計及建築設計的初期階段中導入自然通風設計的考量

生態節能建築與生態城市理念的推動，應在建築及城市發展的生命週期過程中，考量風、光、水、熱等環境因子的影響，並善用這些環境因子的驅策力來進行最佳的設計。對於夏季炎熱且熱島效應嚴重的海峽兩岸高密度發展之城市而言，適當地利用自然通風的原理，來達到退燒減熱及提升使用者舒適度的目的，實為規劃設計專業者應積極思考的課題。透過環境調查分析及 CFD 模擬分析方法的應用，本研究嘗試探討如何在社區土地開發的策略規劃階段及建築設計之概念性發展階段中，就及時導入風環境因應設計的理念及自然通風手法，以避免建築實際完成之後，因為環境負荷過重，或是因營造出過度人工化的環境，而產生日後需進行環境改善或維護管理上的成本。

三、探討促進社區及建築通風環境優化的規劃策略及設計準則

生態城市理念的推動，「三分在建，七分在管」。良好的規劃策略及設計準則有助於引導未來的城市發展朝向預期的永續發展方向邁進。本研究依據 CFD 模擬分析的結果，進行案例社區及建築的通風環境評估，找出影響目前通風環境狀況的關鍵問題及重要影響因素，並參考相關成功案例的經驗，建議城市社區或建築通風環境優化之規劃設計引導策略及管控原則，以期能為未來的土地開發及建築設計提供一些引導。

四、提供建築與城市設計師相關自然通風設計之策略性建議

本研究經由多元尺度案例的實際操作分析，探討 CFD 模擬分析方法在不同案例的應用潛力，並協助確認出可供相關案例利用的自然通風設計方法。經由理論與文獻分析以及實際案例的評估與分析，本研究希望能對於如何落實自然通風理念於建築及城市設計的實務操作中，提出可操作的策略性建議，以期能為建築及城市設計師提供適當的參考資訊，進而協助其發展出順應地區風環境特性，並能永續發展的社區空間發展模式與建築設計方案。

本書是作者近十餘年來研究成果的積累，所有書中案例皆經作者實際操作，並嘗試與建築及城市設計的專業實踐相結合。基於以上研究目標與動機，本書主要分六個章節，第一章介紹本書撰寫的動機與目標、本書的核心理念，以及相關案例經驗的啟示。第二章為基本理論與文獻的探討以及方法論的介紹，希望有助於建立一個全盤性的理論基礎。第三章為基地尺度的 CFD 模擬分析應用，以三個經作者實際操作的代表性建築設計案例，介紹 CFD 模擬分析在基地尺度與建築設計密切配合的應用潛力及相關考慮因素。第四章為社區及街廓尺度的CFD 模擬分析應用，透過實際社區開發案例的通風環境評估，希望能夠找出影響社區外部空間通風狀況的關鍵因素及基本通風良好及不佳的社區建築配置類型，以供未來社區開發時在進行配置計畫、量體計畫及開放空間設計時的參考，本章第三節也特別介紹如何應用 CFD 模擬分析來進行傳統建築聚落通風環境改善及外部空間通風環境優化的系統性分析。第五章為城市及地區尺度的模擬分析應用，希望藉由大尺度的城市通風廊道規劃解析，以及城市片區

與重要軌道運輸走廊地區的風環境分析與多尺度分析的整合運用，來探討城市外部空間通風環境優化與土地開發及城市設計間之關係，並提出城市設計時應注意的事項及相關的規劃設計準則之建議。第六章則總結前面各章的分析經驗，提出整體性的規劃設計建議。

綜合而言，本書以氣候因應設計、生物氣候設計及生態城市的觀點切入，藉由理念的探討及 CFD 模擬分析方法的多尺度應用(建築、社區、城市尺度)，希望能對於如何透過 CFD 模擬分析來協助自然通風設計理念在建築及城市設計專業操作時的落實，提供一些具體的參考資訊。值得特別說明的是，本書第一章嘗試以風土建築的生態智慧及哈工大的步行街的通風環境與熱舒適度分析經驗為例，來說明要落實生態城市及生物氣候設計理念的真正關鍵可能還是在於正確的價值觀及空間規劃設計思考模式的調整。作者認為，空間資訊科技的提升(包括 CFD 模擬分析技術及 AI 技術)，可以協助改善我們的生活以及建築與城市設計的決策操作模式，但是解決當前城鄉環境問題的核心切入點，應該還是在於如何建立正確的觀念及價值觀，例如從先人之日常生活哲學中所累積出的生態智慧以及在風土建築中一些透過「人與環境長期互動」過程，所學習到的「師法自然」之設計手法，其實就是最好的設計創意之來源。工業革命後之都市化及設備化的城市發展，雖然創造出新的城市文明，但對於環境的負荷，卻日益加重，也讓我們的集居環境離真正的「與自然融合及環境共生」的目標越來越遠，並逐漸失去了許多先人留給我們的生態智慧。所以作者認為，CFD 模擬分析方法及後續相關新技術(例如人工智慧)的運用，不應是讓我們的生活環境更加的設備化與人工化，反而是要協助我們去找尋這些運用大自然力量的規劃設計手法，並進一步思考如何透過模擬分析技術及相關科技的應用，來發揮生物氣候設計及相關生態智慧的理念精神與價值，這些思想的泉源其實離我們不遠——對自然環境多一些觀察，並積極思考什麼是我們要的生活模式？以及什麼是我們及未來子孫要的建築與城市？應可獲得一些啟示。此即為本書撰寫背後的核心觀點，也希望藉由 CFD 模擬分析方法及工具之應用，來協助對於建築及城市通風環境改善的實務操作，提供一些具體的科學性分析基礎，以利於相關的設計檢討與省思。

第二節 風土建築的生態智慧與自然通風設計

風環境因應設計的理念精神，應在於自然通風設計觀念及正確價值觀的建立。傳統風土建築中強調順應氣候運作的生態智慧(ecological wisdoms)，提供了建築及城市自然通風設計良好的參考資訊。風土建築理念中所論述的「風土」一詞中，具有土地及地域氣候環境的意涵，所以風土建築應與土地及地域氣候環境具有某種程度的依存關係，其對環境應具有適應性，並能與地區氣候環境、地方文化與生活習俗緊密的結合。依據建築學者拉普普(Rapoport, 1969)在其名著《住屋形式與文化》一書中所提出的觀點：建築可有兩大類傳統，一類可歸屬為宏大、壯麗設計的傳統(例如城市美化運動形式之強調幾何空間秩序及大而美的城市設計，此係目前中國建築及城市設計流行的作法)，而另一類則可歸屬於順應民俗文化及地方風土的傳統(即風土建築或鄉土景觀之傳統)。前者建造的目的是為了展現特定的意圖或是炫耀；而後者才真正能反映出地域環境的特徵及民眾的日常生活需求。對於生態建築與生態城市發展而言，似乎是第二類傳統才能可持續的發展，也才有機會建立能因應氣候變遷的集居空間營造模式。

綜合而言，風土建築是在地民眾為了生活而採取之對自然與土地，以及土地上的空間與氣候環境的一種調適方式，其往往是最經濟且最在地化的空間營造模式，也充分反映出「師法自然」及「順應環境變遷而調適」的生態智慧(余正榮，1996)。全球氣候變遷及大自然的反撲，促使建築、城市規劃設計及景觀等領域的專業者開始思索生態智慧可提供的機會與契機(Xiang, 2014)。生態智慧意指從大自然的運作中獲得啟迪，順應及善用大自然的力量，進而發展出一套空間營造的知識論及環境管理哲學，例如中國早期的都江堰水利工程在防洪、灌溉及生態基礎設施建設上的成就，就是一個良好的範例(象偉寧，2015；吳綱立、金夢，2017)。生態智慧一詞雖是近年來才正式出現在相關的學術文獻之中，但生態智慧理念的根源卻有很長時間的發展背景，可追溯到先人與環境共處所發展出的生活哲學及一些高瞻遠矚的生態哲學理念，例如中國思想家老子在《道德經》中所提到的「人法地，地法天，天法道，道法自然」之尊重自然運作的生活態度。類似的觀點，也曾被西方近代的生態學家及觀察家所提出，例如 Patrick Geddes 在一百多年前就提出「做計畫前應先作調查」(survey before plan)的教條，這個現代規劃師皆耳熟能詳的作法，其實是對自然及文化涵構的一種尊重。Geddes 並指出規劃者應以自然區域為範圍，仔細分析區域內人造環境與自然生態及文化系統之間的相互依存關係，並維持整體生態系統的平衡，此百年前提出的概念，就是現今生態城市及城鄉互賴理論的基礎(Hall, 2002; 吳綱立，2017)。Aldo Leopold (1949)的土地倫理概念也主張應思考如何維持人和土地之間的和諧關係，並揭示出「土地是孕育萬物的母親，人們只是過客，要將良好的土地資源及大自然環境留給後代子孫」。Ian Mcharg 1960 年代的名著 *Design with Nature* 及其在美國賓州大學所發展的生態土地使用規劃學派，將生態土地使用規劃及疊圖分析的方法，導入傳統的土地使用規劃模式之中，亦具有里程碑的意義。Arne Naess(1973)的深層生態學 (deep ecology)則提醒吾人應思考如何調整目前過度強調人類中心論的生活模式及對環境的

態度。1980 年代後期起，景觀生態學(如 Forman and Godron, 1986)、生態規劃設計思潮(如 Van der Ryn and Cowan, 1996)，以及生態城市、生態社區(如 Register, 1987; Calthorpe, 1993; Roseland, 1998)等理念的發展，皆提供了有用的知識論基礎。近年來，在全球氣候變遷的衝擊下，建築及城鄉規劃更強調，應發展能增加土地使用和空間營造之調適與回應能力的規劃設計模式。

綜合相關文獻可知，風土建築是在建築與土地使用過程中，向大自然學習及順應氣候而自然調適的在地空間營造經驗之積累。其具有順應氣候環境、民俗文化、地域特徵及地方生活習慣等多重面向上的功能與意義(衛東風，2009；林憲德，1997，2012；吳綱立、金夢，2017)，例如印尼熱帶島嶼的 Tana Toraja 風土建築(圖 1-1)及蒙古寒地的風土建築(圖 1-2)都具有這方面的特性。Tana Toraja 風土建築在多雨的氣候地區，利用傾斜的屋頂，來達到快速排水的目的，其干欄建築形式的一樓建築架空，也有利於地面層空間的通風散熱，而出挑的屋簷，則創造出具遮蔭效果的半戶外空間，可作為居民休憩與聊天交誼的場所。蒙古寒地的蒙古包風土建築則利用緊實的外殼結構來抵擋寒地的強風，並利用浮力通風原理來加強室內的通風換氣。

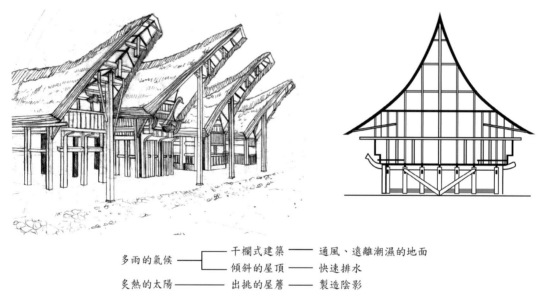

圖 1-1　印尼風土建築 Tana Toraja
(資料來源：本研究繪製)

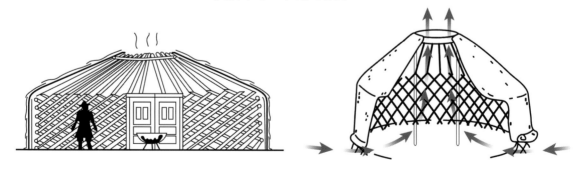

圖 1-2　蒙古寒地蒙古包風土建築的通風換氣
(資料來源：本研究繪製)

晚近風土建築及風土景觀的相關研究也顯示，一些強調與自然環境及地域文化和諧共生的空間營造模式及風土建築，在某種程度上也反映出順應氣候特徵之生態智慧的理念精神。例如中國南方及東南亞的干欄建築、黃河流域的歷史古村、陝北和豫西的窯洞、東北農村的菜窖，以及印尼島嶼的風土建築(如圖 1-3 和圖 1-4)，在空間形式及建築材料使用上，皆具有

圖 1-3 印尼島嶼風土建築(Bawomataluo)的建築形式有利於自然通風及創造舒適
的半戶外休憩空間　(資料來源：本研究繪製)

圖 1-4 印尼島嶼風土建築(Sumbanese traditional house)的材料使用有利於通風散熱
(資料來源：本研究繪製)

從自然中學習、隨著環境變遷而調適、因應氣候環境而進行空間佈局、就地取材,以及利用自然力來進行設計等生態智慧的理念精神。對於現今大量的科技運用,但仍未能有效地解決環境問題之際,風土建築或風土(鄉土)景觀中所呈現的生態智慧理念精神及師法自然的設計手法,應可提供一些思索的方向(俞孔堅等,2005;吳綱立、金夢,2017)。例如被列為世界文化遺產的日本白川鄉合掌村,就是一個聚落空間營造成功地融入自然環境的良好案例(見圖 1-5 和圖 1-6)。目前白川鄉合掌村內共有「合掌式」建築 113 棟,以切妻式合掌屋為主。合掌村的村屋大多為南北座向,順應山脈走向進行聚落建築的空間佈局,以阻擋冬季順著地勢吹來的寒風,並可調節日照量。切妻式合掌屋之屋頂設計成 60 度斜角的正三角形,此角度使得屋頂可承載厚重的積雪,同時讓過高的積雪自然崩落。建築物的切妻面朝向南北,屋頂長軸面則朝東西方向,此種建築形式的安排可促進冬季融雪時的建築乾燥,也能讓陽光均勻地照射在茅草屋頂上,夏季午後的陽光可以藉由屋頂接收,再透過熱作用讓茅草保持乾燥。茅草構造的厚實屋頂可防雨,而木構造結構及多孔隙的茅草屋頂,則有助於透氣散熱(圖 1-5 至圖 1-7)。

圖 1-5 合掌村順應氣候與地形的建築配置　　圖 1-6 建築形式與材質有利於通風散熱

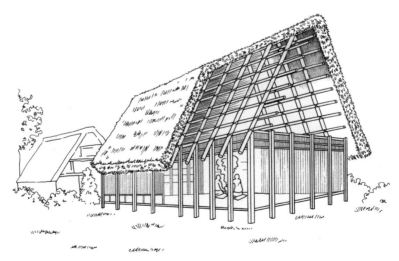

圖 1-7 合掌村建築的構造及材質使用示意圖
(資料來源:本研究繪製)

8

此外，合掌村的聚落中有傳承自江戶時代的村道，其順應地形，以自然的曲線呈現網目狀分佈，再加上植栽及水圳渠道，以此分隔出不規則的田地及家屋基地，由於沒有設置圍牆及綠籬，使得聚落呈現寬闊的景觀，而適當的建築棟距，除了有利於社區通風，也可避免火災時的延燒。合掌屋的配置模式、建築型式及構造方式，冬季時可防大雪，夏季則通風涼爽，此乃為當地居民為因應自然環境，運用生態智慧所營造出的良好聚落發展模式。

日本沖繩的名護市政廳是另一個符合自然通風理念的建築設計案例。濕熱氣候地區的建築應營造出多孔隙、具豐富陰影變化及穿透性的建築環境，以發揮自然通風散熱的功能。名護市政廳即充分發揮此精神，並反映在建築設計上，因此形成一個具地域性建築風格的通風綠建築佳作(圖1-8)。該建築物的量體設計以階梯狀方式向後退縮，樓梯及無障礙坡道向外伸出，成為建築造型的一部分。退縮的建築上種植九重葛，使其沿著框架狀的建築量體向上攀升，除了可加強立體綠化的效果之外(圖1-9)，也能藉由三度空間綠化來發揮減熱及創造陰影的效果。由建築物南向立面看去，設有幾處通風開口，是引風設計手法之一，而穿過北部和南部建築物的建築管道，則將涼爽的海風，以自然通風的方式引入建築內部，達到淨化空氣及降溫的目的，藉此減少空調的使用。

圖1-8 名護市政廳多孔隙的立面設計

圖1-9 名護市政廳的量體退縮及立體綠化

南投 921 災後重建的內湖國小則是另一個通風建築設計的案例(見圖 1-10 及圖 1-11)，此校園也是一個綠建築校園，其所採用的綠建築手法包括：採木構造建築，建築規模以二層以

圖1-10 南投內湖國小的自然通風設計

圖1-11 自然通風設計結合建築造型

下為原則，教室分佈於林木之中，展現森林小學的特色；順應地形興建，保留自然地形地貌，減少挖填土方對環境所造成的衝擊。就自然通風設計而言，此校舍建築採木構造及挑高屋頂，並設置排氣窗，以便利用自然通風來降低夏季時開冷氣的需求；而通氣塔設計也與尼泊爾塔樓造型結合，成為建築造型特色之一。整體而言，此校園可算是一處小而美、生態，並符合自然通風理念的綠色校園。

　　以上風土建築案例中有關生態智慧與自然通風設計手法應用的經驗顯示，通風建築設計的創意來源及素材，其實就在我們日常生活的周遭。空間規劃設計師如能多觀察一下地域氣候環境的特徵，善用地區自然環境的驅策力(如風、光、水、熱)，並使用在地化的材料和反映地方風土文化及生活模式的建築形式，應有機會創造出自然通風綠建築的佳作。

第三節　通風設計與外部空間使用[*]

　　良好的自然通風有助於營造舒適的城市環境，並可發揮退燒減熱及增加戶外空間使用舒適度的功能，所以建築師及規劃師在進行空間規劃設計時，實應思考如何利用自然通風的特性，並配合建築計畫及植栽計畫，來創造良好的集居環境。以下案例是作者於 2012 年及 2015 年在中國哈爾濱工業大學(簡稱哈工大)任教時，進行校園通風環境調查分析及環境行為研究的部分成果，適可反映出一些規劃設計時應注意的議題。研究調查分析地區為哈工大一校區的步行街，此為哈工大最具特色的公共開放空間，也是校園景觀廊道的主軸帶。哈工大為中國著名的 985 高校，一校區是哈工大最早的校區，不僅伴隨著學校的成長，也是學校的文化與精神的象徵。本研究所探討的步行街是哈工大一校區內集行政、教學、休閒、娛樂、飲食多功能於一體的多功能街道空間。步行街位於哈工大一校區教學區，南起行政樓入口，北抵校外街(圖 1-12)，為黑龍江省高校中的第一條行人徒步街。自 2008 年 11 月起，哈工大為加強校園內交通管理與空間使用安全，將此校園開放空間劃設為行人徒步區，禁止機動車輛通行，由於有良好的交通控制，加上適當的綠化及外部空間設計，使這條步行街成為哈工大一校區內人流活動的最佳聚集區。

　　作者自 2012 年夏季起，連續二年針對該地區的風環境及溫熱環境進行研究，也調查了空間使用者對於此公共空間使用舒適度的感受，以及相關的 CFD 風環境模擬分析與評估。調查時除了使用熱線式風速儀及溫濕度儀來觀測與記錄風速、溫度、濕度之外，也以紅外線熱像儀分析研究地區之建築、鋪面及景觀元素的表面溫度，調查時間是 2012 年及 2013 年夏季的八月至九月。需要說明的是，哈爾濱雖為中國知名的冰都，但夏季時仍普遍炎熱，所以適當的外部空間通風，對於戶外使用的舒適性，具有相當大的助益。目前步行街已成為哈工大一校區的林蔭景觀道路，步行街兩側種植柳樹和少量的檜柏與榆樹(圖 1-12 至圖 1-13)，夏季時綠意盎然，為一校區內人流最多的區域。步行街的設計在校園充當為一個線型的廣場，具有交通及公共廣場的功能，一校區校園規劃時將教學、圖書館、食堂等建築物配置在步行街兩側，兩側建築高度均在五層左右，西側建築主要為食堂，東側主要為圖書館及教學樓，步行街盡端為圖書館及行政樓。西側配合食堂位置被放大為廣場，設置了連續的開放空間，由多個廣場空間組合成線性的街道空間，供人群駐足與交流。廣場開放空間配有經整體設計的花壇、座椅等基礎設施，創造了適合師生停留、小憩、談話的開放空間。

　　哈工大步行街為校園內主要的景觀廊帶，雖然兩側夏季綠柳成蔭，但由於兩側建築物量體龐大，且使用過多硬鋪面，也造成建築物前的廣場空間夏季時炎熱難受(圖 1-14)。慶幸的是，經由植栽綠化及建築配置的導風，部分紓解了此夏日炎熱不舒適的情況，也創造出一些有綠蔭且通風良好的休憩空間。經 CFD 模擬分析可發現，哈工大的步行街景觀活動軸帶，雖然因

[*]本節內容係作者在哈工大建築學院任教時的研究成果，研究調查期間受到哈工大城市規劃系陸明教授、成大建築系洪一安博士、哈工大景觀系學生及研究生劉俊環同學的許多協助，在此特別致謝。

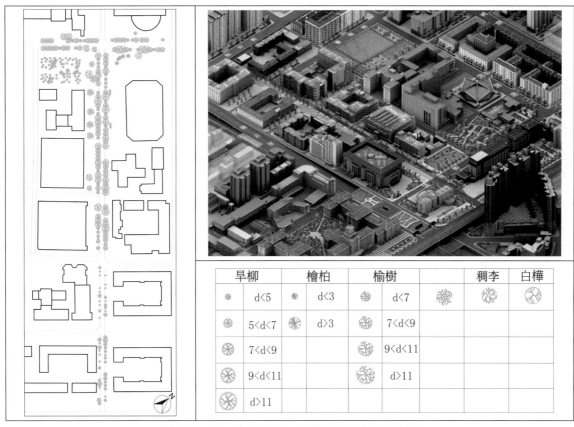

旱柳		檜柏		榆樹		稠李	白樺
⊛	d<5	⊛	d<3	⊛	d<7	❋	⊛
⊛	5<d<7	⊛	d>3	⊛	7<d<9		
⊛	7<d<9			⊛	9<d<11		
⊛	9<d<11			⊛	d>11		
⊛	d>11						

圖 1-12 哈工大校園步行街的植栽調查結果

圖 1-13 哈工大步行街植栽分佈狀況及植栽孔隙率

圖 1-14 哈工大步行街兩側建築前廣場因過多硬鋪面設置造成夏季時炎熱

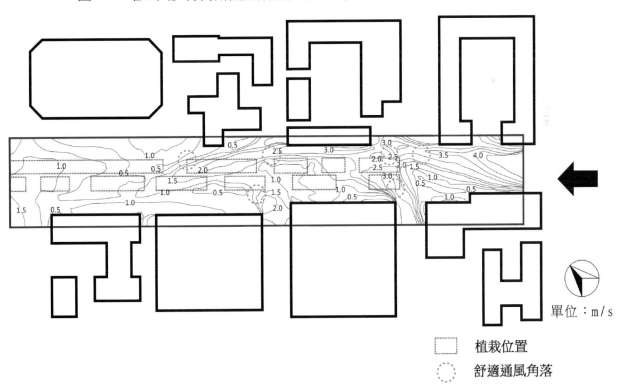

圖 1-15 哈工大步行街的 CFD 通風環境模擬分析結果 (夏季風速等值線分析結果)

水泥建築量體及硬鋪面使用過多造成夏季時炎熱，但其透過經建築物配置的參差變化及植栽計畫(圖 1-15)，也創造出一些校園內具有不錯通風效果的戶外活動角落空間。圖 1-15 所示為步行街考量植栽設置效果後的風速模擬分析等值線圖，由圖中的數值可看出風速等值線的分佈狀態。以哈工大夏季的氣候環境狀況而言，外部空間平均風速在 1.2 m/sec 至 2.5 m/sec 時，為較舒適的狀態，由圖 1-15 中可看出，部分校園開放空間角落成為不錯的通風節點，事實上依據作者持續多年現場觀察的結果(當時作者住在附近宿舍)，這些有植栽綠化且通風良好的校園角落上，配置著戶外座椅，其實也是哈工大校園內使用性最高、最受歡迎的角落空間。部分步行街通風角落的使用狀況及紅外線熱像儀分析結果，如圖 1-16 所示。此外，哈工大步行街兩側的柳樹、榆樹、檜柏等喬木的種植，也創造出涼爽及具陰影效果的戶外活動空間，提供學生及校園訪客良好的步行經驗(圖 1-17)，並營造一些可供駐足與休憩的活動場所(圖 1-18)。

步行街通風角落使用狀況 1

步行街通風角落紅外線熱像儀分析結果

步行街通風角落使用狀況 2

步行街通風角落使用狀況 3

圖 1-16 校園戶外通風良好的角落空間成為學生及訪客喜歡逗留及休憩交誼的場所

| 步行街林蔭大道夏季狀況 | 步行街林蔭大道紅外線熱像儀分析結果 |

圖 1-17 夏季時哈工大步行街的植栽綠化創造出清涼舒適的校園活動空間

| 步行街樹下遮蔭處使用狀況 | 步行街樹下遮蔭處紅外線熱像儀分析結果 |

圖 1-18 哈工大步行街旁的戶外休憩空間夏季時使用狀況

　　哈工大步行街結合通風環境營造及植栽設計的經驗顯示，除了建築配置及量體計畫所造成的導風效果之外，自然通風設計也可搭配著植栽綠化來營造具景觀效果及空間使用舒適度的環境，以哈工大步行街的情況為例，雖然一些大型建築物前面的廣場因使用過多硬鋪面而造成夏季時炎熱的外部空間，但透過適當的風廊效果引入及植栽綠化，可帶走熱能，並創造出舒適的外部空間使用環境，哈工大步行街因而成為校園內最受歡迎的戶外活動空間，對許多畢業的校友而言，此亦為他們最懷念的校園活動場所。大學校園的戶外空間也是學習及想法交流的重要場所，通風舒適且尺度親切的外部空間有助於學生交流及創意發想，大學校園規劃設計其實應該多創造出一些這樣的空間。

【註釋】

註 1. 臺灣和中國大陸在都市規劃(城市規劃)的基本名詞使用上，目前仍存在一些差異。例如英文 Urbanization 的概念，臺灣通常使用「都市化」一詞，而中國大陸則稱之為「城鎮化」或「城市化」。又如 City 一詞的中文意涵，雖然實務應用上，仍有尺度與規模上的差異，但臺灣較常使用「都市」一詞，「城市」一詞雖有使用，但不若都市一詞普及(城市通常用於指規模較小者)；而中國大陸則普遍稱之為「城市」，城市一詞也可用來形容 1000 萬人以上的超大城市，如上海、深圳、北京、廣州、重慶等。由於本書內容涉及兩岸的案例及相關理論發展的探討，故採入境隨俗的作法，對相關名詞的使用係視案例所在地點或論述內容而定，以當地學界及專業界較習慣的用法稱之。

第二章　建築及城市的風環境分析

第一節　風環境分析

本書所探討的內容為跨領域研究議題，涉及氣候因應設計(climate responsive design)、生物氣候設計(bioclimatic design)、風環境分析、城市環境學、城市規劃設計、建築設計、風工程、溫熱環境評估，以及生態城市與生態社區設計等多方面的知識。在風環境分析領域，與本研究直接相關的理論與文獻可歸納為以下幾部分：城市熱島效應、風環境與環境風場、行人風場分析、風速梯度理論、室內通風評估、熱舒適度評估等，茲分別簡述如下。

一、城市熱島效應

城市熱島效應已經成為當今城市中相當普遍的現象(歐陽嶠暉，2001)，城市熱島是人們改變地表而引起微氣候變化的一種綜合現象，因城市環境中大量的人工發熱與龐大的人造物蓄熱體、綠地稀少等因素，造成城市中缺少蒸發，無法利用蒸發冷卻來消耗熱能，使得城市有如一座發熱的島嶼。熱島效應與通風環境有關，目前相關研究顯示，市區比郊區存在著更多的紊流和比較深厚的邊界層，氣流在經過城市時因低層摩擦增大，會導致風速降低而產生通風效果不佳的情況，並在城市上方形成塵罩，造成空氣污染物難以垂直擴散；而城市中的廢熱在缺乏適當通風環境的情況下，也常難以有效地擴散，因而造成城市中空調使用機率的增多，進而產生更多的廢熱，形成惡性循環(林憲德等，2001；林炯明，2010)。城市中土地利用情況也被認為對於城市溫濕度環境具有實質與關鍵性的影響，熱島效應現象多出現在高密度及硬鋪面大量使用的都市化地區，例如林憲德等(2001)對於台南的研究中發現，在早上與晚上時段，每降低 10 %的建蔽率，約有 0.3℃ 的降溫效果。李彥墨(2009)的研究也指出，熱島效應的影響因子包括：自然環境變化、城市人為熱源、城市建築表面材料特性、城市植栽與水體，其中通風狀況是自然環境影響因子中一個重要的影響變數。

二、風環境與環境風場

風是空氣流動所產生的現象，一般而言，氣流是由空氣密度較高處往空氣密度較低處流動，因而形成了風。地表附近的空氣移動受到地形起伏、建築物、林木、作物及植栽分佈等所形成的摩擦作用之影響，使得平均風速隨高度而改變，越接近地表，風速越慢，形成一個垂直分佈剖面。城市中的環境風場係指城市建築物周遭氣流變化之情形。當空氣氣流進入城市環境中，會造成風環境改變的影響因素包括：地區氣候、建築量體與配置、街道尺度、街區空間紋理、開放空間狀況、植栽配置、地表材質等。風環境的探討一般分為室內及戶外兩部分，就戶外風環境而言，城市風環境會受建物及地表環境(如地表粗糙度)之影響，當單一建築物受風時，其周邊風環境可能會產生以下效應：角隅風、下降氣流、迴風、渠化效應、縮

流效應、穿堂風、街谷風、渦領域、上吹風等(丁育群、朱佳仁，1999；謝俊民、阪田升，2012；朱佳仁，2015；何明錦等，2015)。如何利用這些風環境的特性，進而配合適當的規劃設計來避免不舒適的角隅風或因建築量體配置所產生的不舒適氣流，並善用通風廊道效應，來加強城市片區與建築的自然通風，已成為空間規劃設計專業者應學習的知識與技術。表 2-1 所示為常見的因為建築形式、配置方式、建築量體組合、建築高度差異，以及建築開口設計等因素而產生的氣流效應，建築師及城市規劃設計師應考量予以適當的利用來改善基地及建築物的通風環境，也應思考如何透過建築造型設計、配置及量體計畫，來減緩因不舒適的氣流效應所造成的空間使用或環境上之衝擊，上述風環境現象與氣流效應也將在本書中透過計算流體力學(CFD)模擬分析及實際案例的分析來加以探討，以期能強化建築及城市的通風環境設計。

表 2-1　常見城市風環境現象及氣流效應分析表

角隅風		迴風	
氣流從建築物兩側繞過去時，流速會加速，造成建築角隅的風速加強，導致行人活動的不舒適。	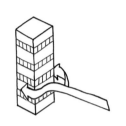	氣流流經高大建築物時，停滯點下方的氣流會沿壁面向下流動，形成與迎風面相反方向的迴風，特別是高層建築前有低矮建物時，迴風流速會加快。	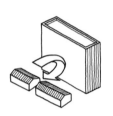
迎風面渦流		建築尾流	
氣流沿建築物迎風面向下切時，在建築前方會形成渦流，造成行人活動的不適；建築物迎風面愈寬，下切渦流效果愈強。	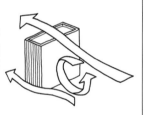	氣流經過高層建築物時，會在建築物後方形成流場紊亂的尾流區，影響該處戶外活動的舒適度。	
渠化效應		縮流效應	
氣流流經兩側並排且有較平整立面的建築物時，會如同流經渠道兩壁（俗稱街谷），促使地面的氣流沿街谷流動。		氣流由寬廣之區域進入逐漸變為狹窄的街道空間時，隨著街道斷面空間的減少，氣流會產生加速的現象，造成街巷強風影響行人活動。	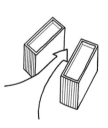
攀爬效應		穿堂風	
氣流沿著逐步上升且退縮的建築群流動時，會向上攀爬，帶走部分建築物及屋頂的熱能。		當建築物迎風面與背風面之間有氣壓差，並有前後貫通的開口或挑空時，會造成氣流快速從開口流過，形成穿堂風。	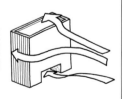

(資料來源：本研究參考 Gandemer, 1975；謝俊民、阪田升，2012；洪一安，2012 等資料繪製)

就建築及城市設計領域而言，風環境中的氣流效應及其對空間規劃設計的影響係屬於敷地計畫領域中重要的考慮因素之一。以往建築師或都市規劃設計師在涉及此方面的操作時，多是透過個人的經驗或是參考教科書中所提到的原則，在其專業實踐中進行相關的操作，但通常無法透過實際的模擬分析與評估工具來對設計方案進行檢測或是驗證。隨著數位化模擬分析技術與工具的發展，目前坊間已有數套可供城市規劃設計師及建築師用以檢視通風環境及氣流效應與建築配置及建築量體計畫之關係的專業模擬分析軟體(如 PHOENICS, FLUENT, WindPerfectDX)，這些新一代的模擬分析工具可在建築設計階段中快速地評估建築計畫與設計構想對於基地及周遭風環境的影響，或是在建築物完工使用之後，用以進行相關的環境衝擊分析或環境風場評估(例如見圖 2-1)。本書中所呈現的研究成果即是運用 WindPerfectDX 軟體來進行多尺度的建築及城市通風環境設計的經驗探討，以期能將自然通風設計及生物氣候設計的理念導入相關建築與城市設計的操作之中。

圖 2-1 以 CFD 模擬分析探討台北 101 量體高度對周圍環境風場的影響
〔資料來源：吳綱立、陸明、劉俊環等 (2013)，此為 2013 年哈工大城市規劃系與成大建築系及台大城鄉所合辦的聯合開放設計工作坊─順應微氣候的大眾運輸場站地區城市設計：以台北信義計畫區為例，哈工大城市規劃系師生的研究成果，作者為該工作坊的主持人及指導老師〕

風環境與環境風場分析是跨領域的研究議題，涉及城市氣象學、風工程及建築與城市設計等領域的知識。本書側重於以建築與城市設計的角度，來探討相關的風環境及環境風場的影響。多年來國內外學者對城市環境風場的研究已累積了不少具體的成果，提供重要的參考資訊(例如 Olgyay, 1963；賴光邦，1984；Oke, 1988; Blocken and Carmeliet, 2004；蕭葆羲，2005；Oguro et al., 2008；朱佳仁，2006，2015；陳海曙，2009；何育賢，2009；林君娟、謝俊民等，

2010；鄭元良、何友鋒，2010；李偉誠、謝俊民，2011；邱英浩、吳孟芳，2010；邱英浩，2011，2012；林子平，2012；香港中文大學，2012；Yuan and Ng, 2012; Hsieh and Wu, 2012；翁清鵬等，2015；苑魁魁等，2016；黨冰等，2017；王安強、林子平，2018）。例如鄭元良、何友鋒(2010)針對城市環境風場提出改善策略，包括通風廊道與街道佈局兩類，茲將其中與本研究較相關的建議整理如下：

(一) 通風廊道規劃

- 沿盛行風方向設置通風廊道，並設置與通風廊道交接的風道，可以驅散熱氣、廢氣與微塵。
- 通風廊道應與主要道路、綠地、綠帶等相連，且應貫穿社區街廓。通風廊道應沿盛行風方向延展，並配合海、陸風的風向，形成帶狀網路。
- 對於連接主要道路或通風廊道的街道，建物配置的角度應有利於增加社區內的通風程度。

(二) 街道佈局

- 主要街道應與盛行風方向平行或最大成 30 度角，以利盛行風得以進入街廓或社區。
- 與盛行風成直角的建築面寬應盡量縮短，以減少熱氣滯留的範圍與時間。
- 基地配置時，應將建築物較長面寬與風向平行，並適度退縮建築牆面線，形成開放空間，以利空氣流通。

三、行人風場分析

行人風場(pedestrian wind)是環境設計與城市外部空間設計時重要的考慮項目之一，行人風場係指地面以上 1.5 公尺至 2.0 公尺高度的氣流變化情況，此範圍對於行人行走時的舒適度及安全性通常有較大的影響。行人風場的舒適度會影響到戶外活動的安排及戶外空間使用者的意圖及身心感受。通常以蒲福風力等級來評估行人風場之舒適度，行人風場舒適評估的考量因素一般包括：風速、行人活動方式和評估場所的特性，以及空間使用者的衣著狀況。目前相關研究提出不同的行人風場舒適度評估標準，尚無一致性的通用標準，但無論採用何種評估方法，通常會考慮兩個條件因素：(1)如何採用適當的行人舒適性風速分級標準；(2)各級風速標準的容許發生頻率(郭建源，2011；郭建源等，2016；方富民，2015)。

環境風場及行人風場分析對戶外通風與戶外活動舒適度及行人安全提供了具體的參考資訊，目前不少國家或城市都嘗試發展其行人風場評估標準，評估基準多依據「蒲福風力等級」及當地的實際舒適度調查為基礎。依據相關文獻(例如高雲飛等，2005；Yuan and Ng, 2012)以及臺灣中央氣象局的資料，本研究整理出以下適合戶外活動之蒲福風級與戶外風環境關係(見表 2-2)，一般而言，當行人風場風速達 1.0 m/sec 以上時，會具有令人滿意的舒適度等級，故在進行戶外空間通風改善時，應嘗試達到此門檻，但當風速高於 5.5 m/sec，則進入蒲福風級

的第四等級標準，此時風速對於行人行走會有較明顯風阻的影響，風速越大越容易使人感到不舒服。

表 2-2 與戶外活動有關的蒲福風級和戶外風環境關係分析表

蒲福風級	風之稱謂	一般敘述	公尺/秒(m/s)
0	無風 Calm	炊煙直上、戶外通風不足、靜風狀態。	0.0 - 0.2
1	軟風 Light air	炊煙能表示風向，但不能轉動風標。	0.3 - 1.5
2	輕風 Light breeze	感覺有風，樹葉搖動，普通風標轉動。	1.6 - 3.3
3	微風 Gentle breeze	樹葉及小枝搖動，旌旗招展。	3.4 - 5.4
4	和風 Moderate breeze	地面揚塵，紙片飛舞，小樹幹搖動。	5.5 - 7.9
5	清勁風 Fresh breeze	有葉之小樹搖擺，內陸水面有小波。	8.0 - 10.7
6	強風 Strong breeze	大樹枝搖動，電線呼呼有聲，舉傘困難。	10.8 - 13.8

(資料來源：本研究整理自中央氣象局、香港天文台等氣象資訊中心的資料)

依據上述蒲福風級及城市環境的特性，一般而言，就臺灣及中國大陸東南地區的城市發展情況，夏季外部空間平均風速在 1.0 m/sec 至 2.5 m/sec 時為戶外活動時較舒適的風速範圍(但實際的狀況也依氣候分區及研究地點的環境特性而異)，本研究後續戶外通風狀況的評估，會參考此標準，再視研究地區實際的環境情況，予以調整與修正。

值得特別說明的是，國外學者對於行人風場評估所提出的評估原則多係建立在風速分級標準和發生頻率的基礎之上(Melbourne, 1978)，例如 Lawson 和 Penwarden (1975)參考蒲福風速分級，將平均風速對照發生機率，區分各活動性質，分為長時間停留、站立、行走及不舒適等 4 種；Isyumov 和 Davenport(1975)依據風速等級及發生機率，建議戶外活動的類型；Willemsen 和 Wisse (2007)以平均風速對照發生機率，作為區域風場分類標準，研擬 NEN8100 評估準則，以現地 VIS(平均風速) = 5 m/sec 作為舒適性風場的評估基準，將區域使用類型分為行走、散步及坐定等 3 種，依平均風速 > 5 m/sec 出現機率的不同，分為數種等級。茲將國外相關研究之評估標準整理於表 2-3。

國內學者丁育群、朱佳仁(1999)提出的環境風場標準，則是依據城市使用分區而有所不同。住宅區為一般民眾生活休憩區域，以寧適性的考慮為主，故可容許強風發生的機率較低；工業區及商業區為上班、購物之處，可容許強風發生的機率則稍放寬，評估標準整理如表 2-4 所示。

表 2-3 國外行人風場舒適度評估標準彙整表

舒適度評估標準	活動類型			風速範圍 (m/s)	發生機率
Lawson & Penwarden (1975)	長時間停留			$\bar{U} \geq 3.4$	<4%
	站立			$\bar{U} \geq 5.5$	<4%
	行走			$\bar{U} \geq 8.0$	<4%
	不舒適			$\bar{U} \geq 13.9$	>2%
Isyumov & Davenport (1975)	長時間停留			$\bar{U} \geq 3.6$	<5%
	短時間停留			$\bar{U} \geq 5.3$	<5%
	慢速行走			$\bar{U} \geq 7.4$	<5%
	快速行走			$\bar{U} \geq 9.8$	<5%
	危險			$\bar{U} \geq 15.2$	>5%
Willemsen & Wisse (2007) NEN8100	行走	散步	坐定		
	佳	佳	佳	$v_{IS} \geq 5$	≤2.5%
	佳	佳	佳	$v_{IS} \geq 5$	2.5%-5.0%
	佳	尚可	劣	$v_{IS} \geq 5$	5.0%-10%
	尚可	劣	劣	$v_{IS} \geq 5$	10%-20%
	劣	劣	劣	$v_{IS} \geq 5$	>20%
	危險			$v_{IS} \geq 15$	0.05%-0.03%
	極度危險			$v_{IS} \geq 15$	>0.3%

(資料來源：本研究整理)

表 2-4 住宅區、工業區及商業區之行人風場舒適度評估準則彙整表

舒適度評估標準	舒適度等級	陣風風速 (m/s)	發生頻率	發生機率
住宅區	宜人	>8	<180 小時/月	<25%
	擾人	>11	>50 小時/月	>7%
	危險	>25	>3 小時/年	>0.03%
工業區及商業區	宜人	>8	<225 小時/月	<31.25%
	擾人	>11	>72 小時/月	>10%
	危險	>25	>3 小時/年	>0.03%

(資料來源：丁育群，朱佳仁，2000)

　　當行人風場無法滿足區域內活動目的之需求，甚至影響到舒適度和空間使用安全時，則應該採取適當的改善措施，行人風場改善措施一般包括：調整建築物設計、設置防風或導風設施等(內政部建築研究所，2006；朱佳仁，2015)，就調整建築設計部分，相關考慮因素如圖 2-2 所示。

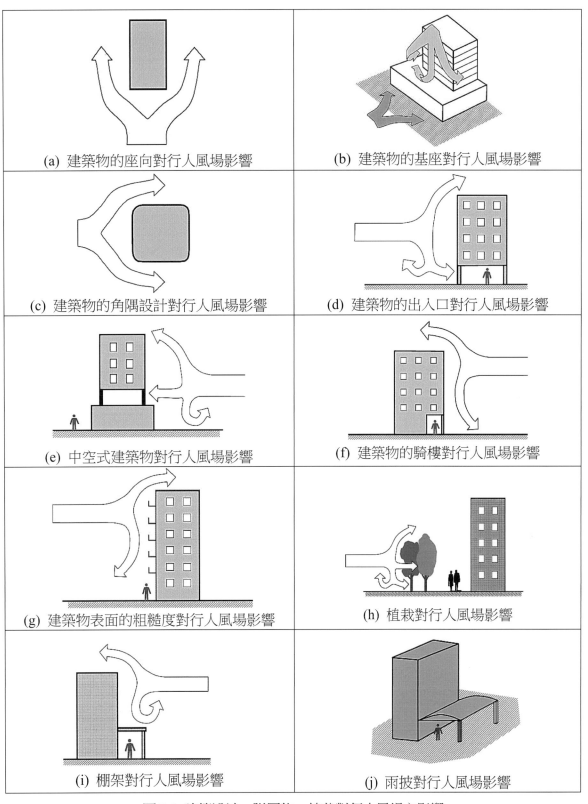

(a) 建築物的座向對行人風場影響　(b) 建築物的基座對行人風場影響

(c) 建築物的角隅設計對行人風場影響　(d) 建築物的出入口對行人風場影響

(e) 中空式建築物對行人風場影響　(f) 建築物的騎樓對行人風場影響

(g) 建築物表面的粗糙度對行人風場影響　(h) 植栽對行人風場影響

(i) 棚架對行人風場影響　(j) 雨披對行人風場影響

圖 2-2 建築設計、附屬物、植栽對行人風場之影響
(資料來源：整理自朱佳仁，2015)

當建築物無法修改其設計時，可以在建築物四周設置防風或導風設施來改善行人風場，防(導)風設施一般包含圍欄、牆面、植栽、棚架和雨披等。此外，相關研究也顯示，若建築物本體採用配合不同季節之季風而進行配置規劃時，也可以發揮利用自然通風來改善行人風場的效果(內政部建築研究所，2006)，相關配置原則整理如下(見圖 2-3)。

- 建築群缺口或開放空間迎向夏季盛行風向，可使入流風易達於建築群內空間。
- 建築群配置宜將開放空間較大者置於上風處，開放空間較小者置於下風處。
- 建築物依據夏季風向錯開排列，以避免前方建築物之擋風作用。
- 規則並列建築物的座向，宜配合盛行季風成一個有利的角度，以利建築物間之風流通。
- 組合型建築物如工字形建築之腹部及口字形、日字形的中庭等，易造成風流動上的死角而產生通風不良，需加大建築物間距與中庭尺度或採用適當的透空性設計。
- 將建築配置於迎接盛行風之上風處，使建築群其他部分獲得適當的通風效果。

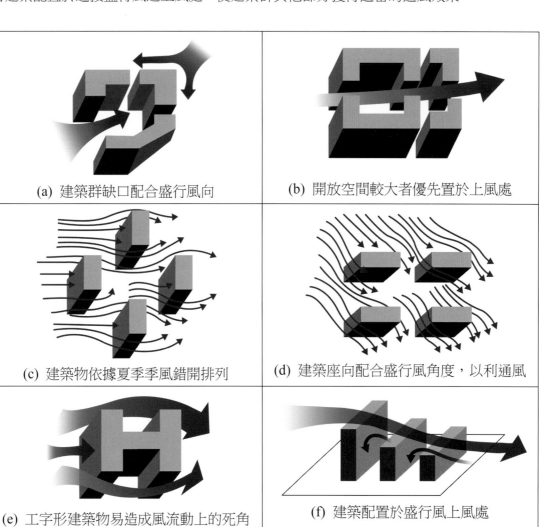

(a) 建築群缺口配合盛行風向　　(b) 開放空間較大者優先置於上風處

(c) 建築物依據夏季季風錯開排列　(d) 建築座向配合盛行風角度，以利通風

(e) 工字形建築物易造成風流動上的死角　(f) 建築配置於盛行風上風處

圖2-3 建築配置與季風關係分析圖

(資料來源：修改自內政部建築研究所，2006)

四、風速梯度理論

　　風是空氣流動所產生的現象，良好的通風具有減緩熱島效應、改善空氣品質、減少空調設備使用等效果。在進行城市室外風環境解析時，需瞭解一些城市通風的原理。依據相關文獻(例如朱佳仁，2006；謝俊民、阪田升，2012)，本研究整理出以下風環境原理及理論：當氣流由鄉村及近郊吹入城市時，其入流風受建築及地表粗糙度等因素的影響所形成的氣流狀況如圖 2-4 所示。

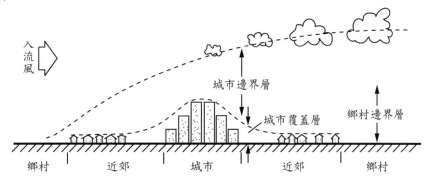

圖 2-4　城市入流風剖面示意圖
(資料來源：修改自 M. Santamouris, 2001)

　　在進行相關風環境模擬分析操作時，需瞭解以下風速梯度理論的內涵：

1. 因建築物阻礙等因素，城市的風速小於鄰近的郊區；由於地表的粗糙度不同，城市及郊區的風速垂直分佈，也有明顯的差異。

2. 由於高處摩擦力逐漸減弱，風速隨著離地面高度增加而增加的現象，為風速梯度理論的基本假設。風速剖面的曲度(圖 2-5)會因地況特性不同而異。在接近地面 1.5 公尺以下部分，受地表粗糙度的影響較大。

3. 風速到達一定高度時，就不會再隨海拔升高而有太大的變化，此高度稱為邊界層高度。

4. 風速隨海拔降低而受地表現象影響導致減速的現象，可以進一步用指數係數(α)來描述，如圖 2-5 所示。在風環境模擬中需設等風速高度(粗糙高度)，如圖 2-5 風速梯度剖面圖中的 Zb。

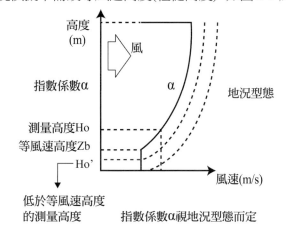

圖 2-5　風速梯度剖面圖 (資料來源：修改自謝俊民、阪田升，2012)

5. 設定風速條件時，應先調查焦點建築物的周邊建築物平均高度，作為設定入流風的「等速流高度」之參考。

前述風速的指數係數代表不同地況對邊界層風速的影響，亦即海拔高度越低，風速受地表狀況影響的程度越大，速度也會隨之減慢。因此，風速遞減程度會因為地況特性不同而異。此部分可參考日本建築學會出版的「建築物荷重指針‧同解說」中對指數係數制定的建議(如表 2-5)，再依據各地區的實際情況而調整。中華民國建築物耐風設計規範中，也有依據地況分類，對於指數係數及邊界層高度制定相關的標準(目前分三類)。

表 2-5 日本「建築物荷重指針」中依地況分類的指數係數、邊界層高度及等風速高度

地況分類		地況特性	指數係數	邊界層高度	等風速高度
滑 ↕ 粗	A	海面、湖面、無障礙物地表	0.10	250 m	5 m
	B	田園、樹木、低層建築物分散散佈地表	0.15	350 m	5 m
	C	樹木、低層建築物密集、中層建築物（4-9 層）分散散佈地表	0.20	450 m	10 m
	D	中層建築物（4-9 層）多數散佈地表	0.27	550 m	20 m
	E	高層建築物（10 層以上）密集散佈地表	0.35	650 m	30 m

(資料來源：日本建築學會，2015)

五、室內通風評估

在內政部建研所發展出的綠建築指標評估之生態、節能、減廢、健康四大面向中，節能與健康皆與室內通風直接有關。一般而言，室內通風會影響到空調使用、室內的空氣品質，及使用者的舒適度與工作績效，所以加強室內自然通風已成為建築設計時的重要考量之一。室內自然通風的手法主要包括風力通風及浮力通風，風力通風是利用水平風壓來進行通風換氣，當風吹在建築量體時，會在建築物表面產生風壓，在上風側產生正風壓，而下風側則為負風壓，風力通風就是靠正負風壓的差距來造成空氣的流動，進而達到通風的效果，例如一般利用建築物兩側的開窗呼應，來促進室內空氣對流的效果，就是一種利用風力通風的做法。浮力通風是利用垂直氣溫差的吸力來導引氣流，形成熱空氣上升，冷空氣則由建築下側開口流入。浮力通風量之大小取決於氣溫差與開口高度差，一般而言，溫差和高度差越大，浮力通風的效果越好。邱英浩等人(2010)探討如何利用自然通風技術來改善慈濟台中分會建築物的室內熱環境及通風效果，其研究結果顯示，不論室內熱源、進氣口條件為何，風速越大，室內換氣效能越佳，亦越能有效降低室內溫度，提升室內環境品質。另外，在相同的風速條件下，室內熱源越大之換氣效能越佳，此時浮力通風效能較優於風力通風。林憲德(2006)並特別指出，臺灣的建築專業環境應營造開放型的通風文化，以高架通風地板、通風百葉、挑高

屋頂、通風塔、多孔隙外殼、陽台、導風型開窗等方式來加強熱濕氣候的建築通風，以創造出具通風節能特色的綠色建築。

六、熱舒適度評估

熱舒適度(thermal comfort)和人們生活密切相關，普遍應用於城市與建築物理環境分析、環境設計及公共衛生等領域，以評估特定城市地區或建築的熱環境，藉以探討熱環境對工作和生活的影響，以便研擬熱環境評估指標與改善措施(Humphreys, et al., 2016; 張偉等，2015)。熱舒適度主要針對人體的熱感覺，因參考面向之不同而有不同的定義。美國冷凍空調學會(ASHRAE)將熱舒適度定義為人體對周圍熱環境是否滿意的主觀判斷，其係建立在人體熱平衡理論的基礎上，即人體熱量得失達到平衡，並且皮膚溫度和出汗速率維持在舒適的範圍內(ASHRAE, 2010)。Fanger 指出，熱舒適度為人體對溫度、濕度、風速、輻射等物理環境的感受與喜好(Fanger, 1972)。

熱舒適度評估指標是判斷熱環境優劣與否的主要方式之一。吳志豐與陳利頂(2016)將熱舒適度評估指標分為經驗性指標和機理性指標兩大類。經驗性熱舒適度評估指標多為熱舒適相關研究早期發展出的指標，將熱舒適程度定義為人體對空氣溫度、空氣濕度、風速、輻射等多項環境因子綜合作用下的反應。在此基礎上，研究者開發出一些環境熱舒適度的經驗性指標，包含：有效溫度(ET)、表觀溫度(AT)、風冷指數(WCI)、濕球黑球溫度(WBGT)、平均輻射溫度等。經驗性熱舒適度評估指標的優點為易於計算與理解，故至今仍被廣泛的應用，但其主要缺點包括：未考慮環境變數的綜合作用，使得經驗性指標只能評估特定的熱環境面向；缺乏對人體熱調節機制的考慮；各類經驗性指標的評估結果之間缺乏可對比性。

機理性熱舒適度指標是以熱交換理論為基礎，加上科學性基礎，所發展出的熱舒適度評估指數。一般常用的指標包括：標準有效溫度(SET)、室外標準有效溫度(OUT_SET)、預計熱舒適指數(PMV)、生理等效溫度(PET)、通用熱氣候指數(UTCI)等。機理性熱舒適度指標以人類肌體熱交換為核心，可應用於不同氣候條件的熱環境評估，但需要注意的是，因為涉及更多的參數，在測量和計算過程中容易導致誤差。

在熱舒適度計算工具方面，為了便於研究的操作，本研究採用目前廣被應用的美國加州大學柏克萊分校建築環境中心之 CBE 熱舒適計算工具(UC Berkeley Thermal Comfort Tool)來進行相關熱舒適度的分析(圖 2-6)，此計算工具係依據 ASHRAE Standard 55-2013 設計，可以基於人體新陳代謝率、服裝熱阻、空氣乾球溫度、環境平均輻射溫度、風速、空氣濕度等參數，進行 SET、PMV、PPD、熱感覺等熱舒適度指標的計算。

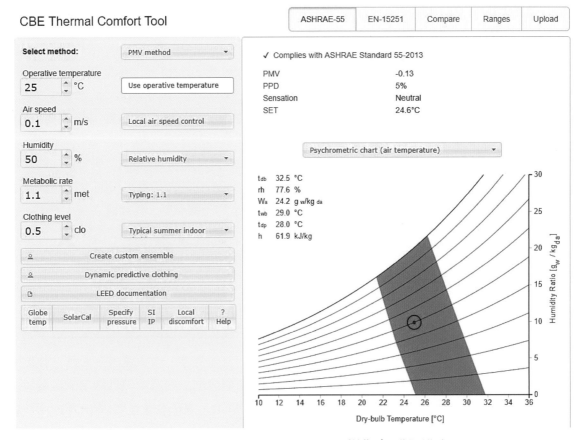

圖 2-6　CBE Thermal Comfort Tool 操作介面說明圖
(資料來源: UCB 建築環境中心)

　　國內外學者在熱舒適度的研究方面多年來也獲得一些重要的成果。在心理熱適應度的研究方面，不少研究探討「經驗」因子對熱濕氣候區域人們對感受的影響，研究結果顯示，熱濕氣候區域的人們能容忍較溫帶區域高的溫度，覺得舒適的溫度也較高 (Feriadi and Wong, 2004; Feriadi et al., 2003; Karyono,2000)。另外，依據林子平教授及國外此領域學者的研究分析，人們的期望(Hwang and Lin, 2007)、可控制的認知(Brager et al., 2004; Paciuk, 1990)、文化特性 (Givoni,1998; Malama et al., 1998)、曝露的時間(Fan et al., 1993)也都對熱舒適性有明顯的影響。在戶外環境方面，林子平教授(2012)的戶外熱舒適度研究，嘗試建立臺灣居民的「熱舒適性接受範圍」(Thermal acceptable range)。其研究中針對臺灣半戶外(5460 人)及戶外(2247 人)，共蒐集了 7707 組有效數據的問卷，研究結果顯示，臺灣居民的「熱舒適度接受範圍」在半戶外為 22.9~27.6°C SET，戶外為 23.0~33.1°C SET，此結果可作為未來戶外及半戶外空間人們舒適性界定之重要基準 (Hwang and Lin, 2007)。另外，其研究也求得臺灣的熱舒適度的接受範圍在 26~30°C PET，此範圍與中西歐的熱舒適度(約 18~23°C PET)相比，高出 7°C PET 左右，顯示出熱舒適度在不同的氣候區域有明顯的差異(Lin and Matzarakis, 2008)。

第二節　城市通風廊道規劃及通風引導準則

一、城市通風廊道規劃與相關案例

　　城市通風廊道(簡稱風廊道)規劃是推動生態城市建設的重要工具，海峽兩岸皆有進行此方面的研究。中國大陸在此方面相當積極，不少大城市皆有推動城市通風廊道規劃或相關的研究(例如任超等，2014；梁顥嚴等，2014；北京市氣候中心，2015；苑魁魁等，2016；張雲路、李雄，2017；黨冰等，2017；王梓茜等，2018 等)，並嘗試將規劃成果納入城市總體規劃或土地開發管控。目前城市通風廊道規劃研究常使用的方法包括地面粗糙度分析及地表通風潛力評估，也有研究嘗試結合 GIS 及遙感技術。地面粗糙度分析主要是對粗糙度長度(roughness length)的評估，其係指在邊界層大氣中，近地層風速向下遞減到零時的高度，可用以表示城市和植被區的地表粗糙程度；而地表通風潛力(surface ventilation potential)則是指由地表植被和建築覆蓋以及周邊開放區域程度所界定出的空氣流通能力，實際操作時可由天空開闊度和粗糙度指數來衡量。中國大陸的城市風廊道規劃常被用來作為舒緩城市熱島效應及改善空氣品質的重要措施，在城市計畫的總體規劃層面常與城市綠地計畫及水與綠廊道計畫相配合，或沿著主要的交通運輸路線，劃設出一級和二級的城市通風廊道，並研擬相關的土地使用管控措施。目前中國已實施城市通風廊道規劃或相關研究的大城市包括：北京、香港、廣州、鄭州、惠州、濟南、武漢、長沙、杭州等，也有一些三線城市(如河南省的駐馬店市)嘗試在城市快速擴張發展的時期，有魄力的推動城市通風廊道規劃，以引導土地使用及城市空間佈局的調整。

　　近年來臺灣的研究者也開始進行城市通風廊道規劃及城市地區通風改善的研究，例如成功大學的黃信橋研究生和林峰田教授以多主體模擬系統來進行台南市城市通風廊道規劃的探討，在北台區域發展推動委員會的北台區域永續生態改造暨環境退燒示範計畫中也有提出以通風廊道規劃來減緩熱島效應之衝擊的構想。整體而言，目前臺灣相關研究仍較偏向於街道及地區尺度的分析，而中國大陸城市通風廊道規劃所探討的尺度則相對的大很多，通常是在總體規劃層面的探討與宏觀管控。茲將相關案例整理於表 2-6，部分代表性經驗梳理分析如後。

表 2-6　城市通風廊道規劃案例分析表

實施地區 (研究或規劃 單位)	空間尺度	規劃目的	主要劃設方法
駐馬店市中心城區城市通風廊道規劃(深圳市城市規劃研究院及駐馬店市規劃局)	城市 + 片區尺度	爲改善城市氣候和空氣污染、緩解中心城區熱島效應衝擊、提供更舒適宜人且可持續發展的工作及生活環境，並爲城市總體性規劃和相關的地區控制性詳細規劃之編制，提供參考資訊。	透過區域風環境分析，配合熱島強度、城市冷源以及通風潛力等評估分析，再加上與區域水與綠網絡規劃的套疊，來指認出主要及次要的城市通風廊道，並探討相關的土地開發管控，以及代表性功能片區的通風優化策略研擬。

(續表 2-6)

實施地區 (研究或規劃 單位)	空間尺度	規劃目的	主要劃設方法
惠州市通風廊道規劃(惠州市住房與城鄉建設局)	城市 + 片區尺度	通過規劃手段來實現必要的空間管制,以達到自然通風、加強氣流流通、緩解熱島效應、稀釋污染等目的。	透過城市通風系統之空間結構分析、城市通風廊道系統補償地區之檢討,以及作用地區控制導引的規劃,在現行城市規劃機制的詳細性控制指引中,指認出城市通風廊道的位置,並提出相關的管控建議。
北京中心城區通風廊道規劃(北京市氣象局、北京市規劃委員會)	城市 + 片區尺度	促進城市的空氣良性循環,緩解城市熱島效應及降低空氣污染,改善城市微氣候,並促進節能減排,進而推動新型的永續城鎮化建設。	透過長期氣象資料的分析及風熱環境模擬分析與地表通風潛力之評估,來協助城市通風廊道的劃設。在實務操作上,利用高分辨率的衛星影像資料,並藉由地表粗糙度和天空開闊率之計算,來推估中心城區的通風潛力分佈狀況,藉以協助劃設城市通風廊道及研擬改善策略。
香港通風廊道規劃(香港中文大學)	城市 + 片區尺度	改善城市氣候和空氣流通,締造更健康、舒適和可持續發展的城市生活環境。	透過氣象資料分析、微氣候實測、CFD 模擬分析、風洞試驗,以及對市民的舒適度感受進行問卷調查等多元工具之整合應用,來協助進行城市通風廊道規劃,並提出設計準則的建議。
廣州中心城區通風廊道規劃與管控(廣州市交通規劃研究院)	城市 + 街區尺度	透過城市通風廊道規劃,控制城市熱環境和空氣污染的擴散,合理地處理建築群建設與通風廊道間之關係,引導城市熱島環流向外輸送,並將城郊的涼爽氣流引入。	透過風環境測點之實地量測、通風廊道地表阻抗值計算、通風廊道最小阻抗路徑模擬分析,以及建築形態對風環境影響之模擬,來建構出城市通風廊道模型,並用以探討城市通風與城市街區空間結構及空氣品質之關係。
台南市風廊道規劃之初探(成功大學:黃信橋、林鋒田)	地區尺度	嘗試結合多主體模擬系統來進行城市通風廊道規劃,藉以彌補傳統最低成本路徑演算法之不足。量化評估在符合空氣動力學理論之空氣流動規則下,通風廊道規劃模擬結果的解釋能力,進而提出一套通風廊道規劃模型與可應用面向。	利用研究地區之氣象資料與所收集的粗糙元資訊,搭配多主體模擬系統及 CFD 模擬分析,以協助從理論層面來界定城市通風廊道。實際操作時,係透過側面投影面積指標與相關的空氣動力學參數,以及地理資訊系統來進行模擬分析的操作。

(資料來源:本研究整理)

　　北京的城市通風廊道規劃係與整個城市的開放空間系統及城市發展空間佈局結合(圖 2-7),嘗試規劃五條 500 米以上的一級通風廊道及多條 80 米上的二級通風廊道,一級通風廊道

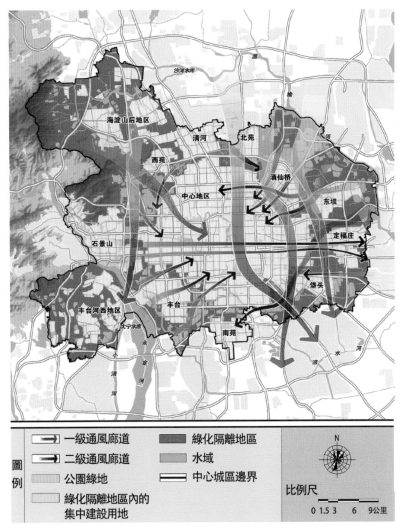

圖 2-7　北京中心城區通風廊道規劃示意圖
(資料來源：北京市規劃委員會，2014)

希望引入潔淨的空氣來減緩北京市嚴重的霧霾問題及城市熱島效應的衝擊，二級通風廊道則希望帶入輕軟風，來增加片區的舒適度及改善空氣品質。北京城市通風廊道規劃也嘗試配合北京向外擴充蔓延的城市發展型態，一級通風廊道順應著盛行風與山谷風，南北貫穿、切割熱島效應區域，並連接公園綠地系統；二級通風廊道則重點性的分割三、四環強熱島區域(深圳市規劃設計研究院，2018)。就方法論而言，北京城市通風廊道規劃採用 GIS 空間分析與 WRF 中尺度氣候模擬分析的配套整合，在土地使用及空間發展策略方面，則強調加強入流風吹入地區的生態修護與復育、保留冷源、降低風廊道地區的建築覆蓋率、增加冷源用地，以及推動合理化的建築佈局及土地使用管制。北京結合科學性分析及計畫管控措施的城市通風廊道規劃與推動作法，成為中國大陸許多其他城市借鏡的案例。在北京等大城市推動城市通風廊道規劃之後，一些二、三線城市也相繼的推動或進行相關的研究，以下圖 2-8 所示為惠州市的通風廊道規劃概念圖，其也是嘗試從城市發展的空間佈局、開放空間系統規劃及土地使

用計畫之檢討著手，進行整體性的城市通風廊道規劃，以便合理的引導城市發展與氣候環境特性相配合。

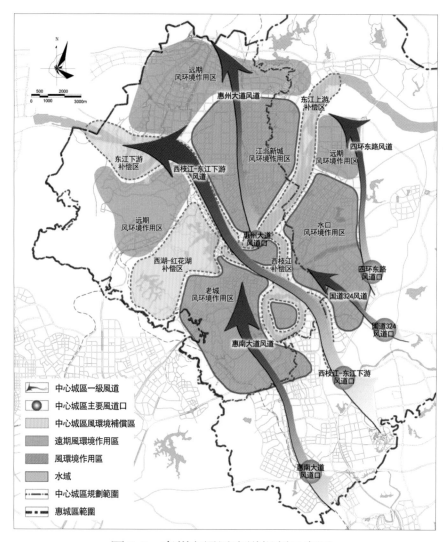

圖 2-8　惠州市通風廊道規劃示意圖
(資料來源：惠州市城市規劃編制研究中心，2016)

　　就臺灣地區目前的通風廊道規劃與研究方面，本研究選取以下兩個實際應用通風廊道概念於生態城市設計的案例進行探討，簡述如下：

(一) 台南沙崙高鐵車站生態城市規劃及生態社區規劃

　　沙崙高鐵特定區生態城市暨生態社區計畫是臺灣經建會推動的生態城市重點計畫之一，嘗試將台南沙崙高鐵車站周邊的特定專用區，打造成一個示範性的新興生態城市(新鎮)及強調循環再生及綠社區理念的永續生態社區。此計畫由臺灣都市設計學會負責規劃設計，並邀請歐盟及日本的生態社區規劃團隊參加，此計畫嘗試以台南高鐵車站為核心，整合大眾運輸導向發展(TOD)與生態城市規劃的理念，所採用的生態城市規劃技術，包括：自然淨化、能源循

環利用、保水保樹、有機栽培、綠色交通及生態街道，也配合地區氣候的特徵，嘗試導入通風廊道規劃及相關的微氣候調控概念。相關的設計構想如圖 2-9 及圖 2-10 所示。

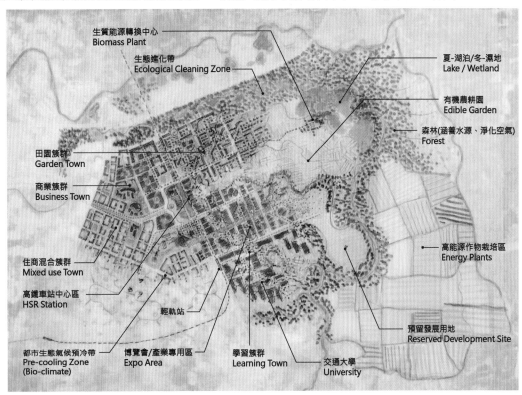

圖 2-9 台南沙崙生態城市規劃概念圖 (資料來源：本研究修改自經建會，2004)

圖 2-10 台南沙崙生態城市風廊規劃概念圖 (資料來源：經建會，2004)

(二) 新北市通風廊道規劃與退燒減熱策略規劃

　　隨著城市熱島效應的日趨嚴重，一些城市或都會區域也嘗試推動相關的城市退燒減熱及通風廊道規劃策略，以臺灣的新北市為例，在 2000 到 2015 年之間，隨著城市規模的擴張及開發強度的增加，熱島強度也明顯的增加(圖 2-11)，所以規劃當局嘗試配合區域的地形、地貌及開放空間系統，導入適當的通風廊道規劃，以達到城市退燒減熱的目的，相關的空間規劃構想如圖 2-12 所示。

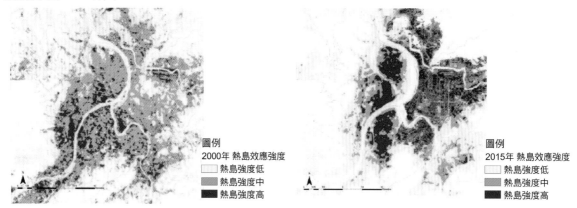

圖 2-11　新北市城市熱島強度示意圖
(資料來源：新北市核心都會區減緩熱島效應指導計畫暨策略點改善規劃，2017)

　　新北市的通風廊規劃係嘗試配合城市設計管控，在導風口處預先規劃建築座向、方位、建築高度等設計管控措施，以便降低城市熱島效應的衝擊。以下為新北市在三重、蘆洲、五股一帶的導風口規劃及管控建議(見圖 2-12)。

圖 2-12　新北市城市通風廊道規劃示意圖
(資料來源：新北市核心都會區減緩熱島效應指導計畫暨策略點改善規劃，2017)

二、都市設計通風引導準則

　　城市通風廊道設計導則係屬於都市設計準則中的一種。城市設計準則(urban design guidelines)，或稱為城市設計導則，是城市設計管控機制之一，其目的在於引導土地合理利用、保障環境品質、促進城市空間有秩序的發展，以及營造地區風貌特色。隨著全球氣候變遷，環境意識的高漲，城市設計準則已成為提升城市環境品質、城市退燒減熱及營造景觀和諧性的重要設計管控工具之一。一般而言，城市設計準則的內容會包括城市設計基本元素的管控(如土地使用、建築量體、建築形式、天際線、街道空間、開放空間、植栽綠化、水域空間、廣告標誌等)。以實務角度而言，城市設計準則應該避免因為管制過度(over-regulation)，而影響到建築師或設計師的創意，相對地，其應該是嘗試透過適當的準則導引以及配套獎勵措施，來有效地引導城市的合理發展及環境改善，此外，設計準則內容亦應符合地方風土民情及氣候特徵。

　　近年來，隨著低碳生態思潮的興起，已有一些依據生態城市、海綿城市理念所制定的設計準則。由於本書內容主要考慮建築及城市外部空間的通風環境改善，故設計準則的考慮應包括改善地區微氣候的準則以及城市新興地區與再發展地區的設計準則兩部分。在改善地區微氣候的準則方面，香港規劃署的風環境評估標準報告中所提出的設計導則，提供了一些有用的資訊(香港中文大學，2012)，其提出六項可改善城市氣候的規劃設計措施：綠化、地面覆蓋率、與開敞地區的距離和連繫、建築物量體、建築物通透度、建築物高度。茲將其中與本研究較有關的部分整理如下(圖 2-13 至圖 2-14)。

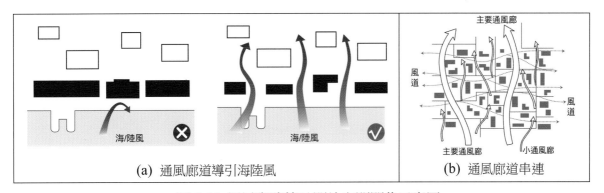

(a) 通風廊道導引海陸風　　　　　　(b) 通風廊道串連

圖 2-13 通風與建築及開放空間關係示意圖

(資料來源：香港中文大學，香港規劃署委託研究，2012)

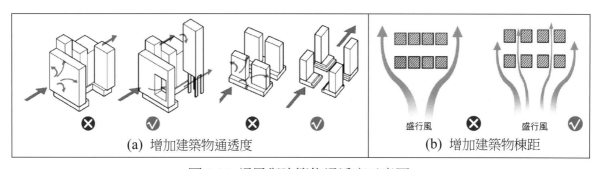

(a) 增加建築物通透度　　　　(b) 增加建築物棟距

圖 2-14　通風與建築物通透度示意圖

(資料來源：香港中文大學，香港規劃署委託研究，2012)

(一) 與開敞地區的距離和連繫

城市空間的連繫對促進良好的通風十分有效。可透過城市空間紋理，利用通風廊道、風道、開敞空間、綠化、城市綠地及周邊綠化空間等連接海濱區域和植被山坡，以便有助於空氣流通。

(二) 建築物通透度

形狀如屏風的建築會阻擋城市通風，並在建築物背面形成了大片不良的滯風區。在城市地區高樓臨立的建築型態下，高層建築之間，尤其是靠近行人層的空隙及空洞，均是有利於增加建築物通透度的設計項目。

(三) 建築物高度

階梯式的建築物高度設計有助於引導風的流向及避免滯風情況，所以就地區通風的考量而言，應儘量於區內採納不同的建築高度，並將建築高度朝盛行風來的方向逐漸降低，以促進空氣流通，但過高的建築物會增加城市粗糙度，減弱地面至平均建築高度之間的城市通風(圖2-15)。

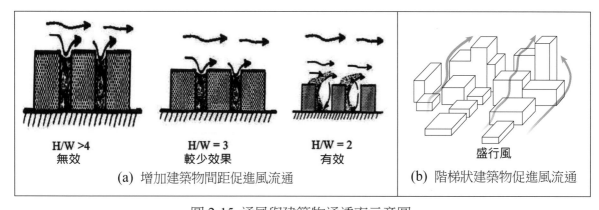

(a) 增加建築物間距促進風流通　　　(b) 階梯狀建築物促進風流通

圖 2-15　通風與建築物通透率示意圖

(資料來源：香港中文大學，香港規劃署委託研究，2012)

　　香港規劃署提出的風環境因應設計準則提供了不少有用的設計管控構想及資訊，唯此準則主要是針對高密度、高強度開發的城市地區所設計，無法適用於新興的小城鎮地區(這些地區其實也有夏季炎熱及熱島效應的問題)。臺灣近年來幾個大城市或區域的退燒減熱計畫也提出了一些有用的設計準則或規範，例如台北市城市熱島效應退燒改善計畫(圖 2-16 及圖 2-17)、北台區域永續生態改造暨環境退燒示範計畫，皆有提出概念性的規範或準則；然而，這些設計準則皆是針對大都會的高密度城市環境所設計，並無法直接應用於其他地況地區，因此如何發展因地制宜的風環境因應規劃設計準則，實為亟待深入探討的研究課題。

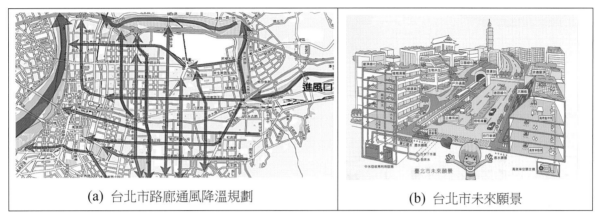

<table>
<tr><td>(a) 台北市路廊通風降溫規劃</td><td>(b) 台北市未來願景</td></tr>
</table>

圖 2-16 台北市路廊降溫改善規劃策略與未來城市發展願景圖
(資料來源：境群國際規劃設計公司，2013)

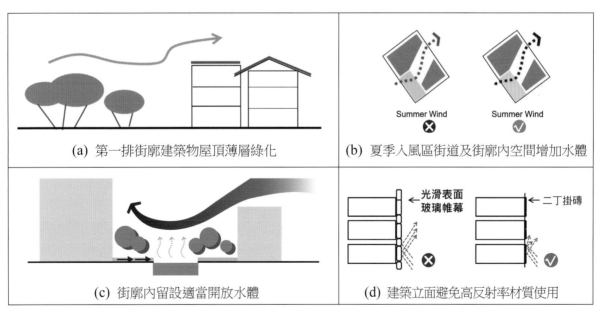

<table>
<tr><td>(a) 第一排街廓建築物屋頂薄層綠化</td><td>(b) 夏季入風區街道及街廓內空間增加水體</td></tr>
<tr><td>(c) 街廓內留設適當開放水體</td><td>(d) 建築立面避免高反射率材質使用</td></tr>
</table>

圖 2-17 運用街廓建築設計與植栽計畫來增加通風減熱效果示意圖
(資料來源：境群國際規劃設計公司，2013)

第三節　CFD 模擬分析方法與應用

一、CFD 數值模擬分析

　　目前風環境研究方法大致分為三種：現場量測法(field measurement)、模型試驗法(model test)、數值模擬分析法(numerical simulation)。現場量測法是最直接獲得該區域內風環境數值的方法，但需要花費大量的人力以及時間來做調查，而且通常區域內風環境的影響變數很多，不易控制相關的變數，以便讓研究者能透過所收集的數據資料來直接解析造成風場變化的原因。模型試驗法通常使用風洞試驗，以縮尺模型來解析可能發生之流況。風洞試驗因為風的控制性佳與可重複性高，可作為風環境模擬研究及預測的有效方法，一些相關研究並指出，風洞實驗與長期觀測有相同的趨勢(朱佳仁，2006)，但是其缺點則為建置模型的時間較長且經費支出較高，並可能因為縮尺效應而無法進行準確地模擬，因此近期一些研究嘗試結合數值模擬之研究方法來彌補此方面的不足。相較於前述兩種方法，數值模擬分析方法需要花費的時間成本及人力成本皆較低，且隨著理論基礎及硬體科技的發展，數值模擬分析可操作的範圍及精確度已大幅的提升，故被越來越廣泛地應用於流場及溫度場的分析。

　　計算流體力學(computational fluid dynamics, CFD)為數值模擬分析方法的一種，其結合了數值運算及流體力學，透過運算處理器，可解析風環境的狀況與趨勢(方富民，2016)。計算流體力學(CFD)分析應用數值方法來求流場的控制方程式的解算結果，其對流體力學的問題進行數值實驗、電腦模擬與分析，並運用 CFD 技術對於氣流組織進行數值計算，根據合理的邊界條件和參數設定，來計算或預測流場現象，並可顯示對地區空氣流動所形成的溫度場、速度場之分析結果(王福軍，2004；Hsieh and Wu, 2012)。近年來，隨著數位化模擬分析技術與使用者介面的發展，CFD 已被運用於較複雜的城市建成環境分析 (Moonen et al., 2012)，並能將分析結果以數值及圖像化的方式呈現，提供規劃設計者即時的參考資訊。目前坊間也有一些商業性的 CFD 軟體，提供容易操作的使用者介面，讓空間規劃設計人員不需精通流體力學運算原理就能進行基本的 CFD 模擬分析操作。

　　計算流體力學的基本操作原理為流體力學原理，其基本假設是：針對任何一個流體現象，可以由物理學的基本理論(質量守恆、能量守恆)推導出流場的控制方程式，再以數值解析的方式來求取控制方程式的最佳解。本研究主要探討 CFD 模擬分析在建築及城市通風環境設計上的應用，係強調探討 CFD 應用如何與規劃設計之概念發展及方案評估結合，並非專門探討 CFD 理論與運算技術的研究，所以對於 CFD 運算之相關流體力學原理的分析，書中並未加以深入探討，故在此需先加以說明。CFD 模擬分析的主要步驟與操作內容包括：(1)前處理：模擬模型建立與模型檢視、空間及模擬元件邊界條件設定、網格系統設定；(2)模擬計算：運用數值演算法求解，設定疊代次數，進行運算至收斂，以及(3)後處理：模擬結果的可視化分析。隨著 CFD 模擬分析軟體的發展，CFD 數值模擬提供了一個較符合經濟效益的微氣候分析方法，

除了可以提供量化的資料分析結果，對於氣流場和溫度場的可視化分析與描繪，也提供了不錯的使用者介面，相較於傳統的風洞實驗方法(Hunt et al., 1976)，CFD 分析較易於操作，並可節省人力與物力之耗費，故其現已被廣泛應用於城市環境評估、建築與城市設計、街道風環境、行人風場分析、熱環境評估、室內外通風與舒適度分析等方面之研究。

近年來國內外相關領域的研究者已進行不少實證研究，累積了重要的研究資訊。例如：運用 CFD 分析於城市設計(何明錦等，2015；邱英浩，2011；李偉誠和謝俊民，2011；Wu et al., 2013; Ying-Ming Su, 2017)、建築設計與評估(Lin et al., 2010；吳綱立等，2015)、住宅社區設計(邱英浩等，2014；吳綱立等，2014；Wu and Hsieh, 2017)、植栽配置與通風研究(邱英浩，2012；林家伃等，2016)、城市風廊道建置及地區通風環境評估(王安強、林子平，2018；吳綱立，2018)，多年來，國際相關研究領域的研究者，在此方面也做出不少具體的貢獻(例如 Oke, 1988; Asfour, 2010; Blochen and Carmeliet, 2004; Blocken et al., 2012; Hang et al., 2012; Yuan et al., 2014 等)。茲將部分相關的研究彙整於表 2-7。

表 2-7　CFD 數值模擬分析相關研究彙整表

作者	研究內容	研究成果
林君娟、謝俊民、程琬鈺 (2010)	利用 CFD 數值模擬分析配合實測資料之驗證，來評估台南市大林國宅城市更新地區行人風場之風環境。	在現行建蔽率與容積率的架構下，提出調整建築量體及設置通風廊道的策略，結果顯示，改善方案可提升研究地區行人風場之舒適度。
林家伃、邱英浩、游振偉 (2016)	以實測資料來修正 CFD 數值模擬模型，針對植栽結構、植栽與建築物配置關係對風環境之影響進行探討。	研究顯示，擋風效果以散形樹冠最佳、尖錐最差；孔隙率越小、擋風效果越佳；大於 0.9 之植栽密度，有利於削減風速；當樹冠層高度與植栽高度比例為 2：3 時，最具擋風效果。
何明錦等 (2015)	透過以 CFD 數值模擬為主，風洞試驗為輔的方式，系統化的探討城市地區的通風效應與評估方法。	研究顯示，連棟式街廊，配合季風風向，當街道座向與風夾角小於 45°角時，具有較佳的風廊導引效果。研究並提出相關的設計原則。
邱英浩、吳孟芳 (2010)	透過實測與 CFD 數值模型之比對，確定模型設定之後，藉以探討不同風速及街道尺度所形成的風場環境，並評估街谷內流況與通風效能。	研究結果顯示，街道尺度越小，街谷內所產生的風速越大，換氣率也較佳；反之，街道尺度越大，風速比越小，換氣率越差，而街谷內流況因街道內外壓力差變大，建築物上方（街谷外）產生的漩渦亦越明顯。
邱英浩 (2011)	透過 CFD 數值模擬，探討連棟建築型態之街谷流況與通風效能，並比較三種建築配置形式（包括連棟建築、獨棟並排、中庭空間）對戶外空間風環境之影響。	無論何種街道配置形式，均呈現出街道尺度(H/W)越小，平均風速比(U/Ur)變化越小的關係；獨棟並排建築形式的街道，街谷內的平均風速比不易受到基準風速之變化的影響，而封閉中庭的街谷之平均風速比的變化趨勢，會因中庭尺度越大，而變化幅度越小。
邱英浩、陳慶融、陳佳聰 (2014)	探討封閉式中庭建築不同鋪面材質與面積比例條件下之熱環境與風環境，以瞭解建築中庭鋪面設置對於減緩城市熱島效應之效果。	結果結果顯示，僅設置同性質鋪面時，越接近中庭外側，其空氣溫度受地表熱通量影響越大；越靠近中庭內側，其空氣溫度則較不受地表熱通量改變而影響，並將各階段分析所得數值，提出無因次分析公式。

(續表 2-7)

作者	研究內容	研究成果
李偉誠、謝俊民 (2011)	模擬不同類型城市街廓的受風情形，探討風環境狀況，配合韋伯分配，推估該區平均風速與微風發生機率。	研究結果顯示，城市街道中隨街廓長寬比的增加，風速減緩的現象也越趨明顯。
邱英浩 (2012)	利用 CFD 數值模擬與實測結果比對來驗證模型，進而探討植栽孔隙率、樹冠形狀變化與配置對於風場所產生之影響。	圓形樹冠風遮蔽效果可達 1 倍樹高，散形樹冠必須於 2 倍樹高處，方能達到遮蔽效果。並將實驗資料整理為無因次表，量測風速與配置可預估植栽背風處之風速變化。
劉輝志、姜瑜君、梁彬等 (2005)	採用風洞熱線測量、風洞刷蝕技術及 CFD 數值類比方法，分析北京地區建築於盛行風條件下之風環境，並相互驗證比較。	結果顯示，此三種方法得出的行人風場模擬結果基本一致，若相互配合，結果會更加合理，研究並分析各方法的優點及限制之處。
吳綱立等 (2015)	以台南市虹韻文創中心為例，探討如何結合微氣候因應設計理念及 CFD 模擬分析技術來加強綠建築設計的效果。	就建築配置、建築量體、綠屋頂、景觀水體降溫、遮陽及立面材質等面向，以 CFD 模擬分析，來協助設計方案的檢討，研究結果顯示，CFD 模擬分析可在建築設計階段，扮演重要的協助性角色，以減少設計錯誤的發生。
吳綱立等 (2017)	以金門縣盤山村頂堡社區(新舊建築雜呈的閩南傳統聚落)為例，探討新建的新式建築之量體與配置方式對傳統閩南建築聚落外部空間通風環境之影響。	研究結果顯示，傳統聚落內及聚落周邊現代新式建築的量體及配置方式，明顯地衝擊到傳統建築聚落外部空間的通風環境，造成部分外部空間的通風不佳。研究並依據實證分析結果，對現況提出改善建議。
A.-S. Yang, Y.-H. Juan, C.-Y Wen, Y.-M. Su and Y.-C. Wu (2017)	以畢爾包古根漢美術館為案例，透過 CFD 數值模擬分析，探討美術館建築周邊的風環境，計算舒適度，以評估長時間坐或行走的適宜性。	研究結果顯示，夏季時，博物館附近 73%的地區適宜訪客久坐，但是平臺前渦流效應會導致空氣品質惡化；冬季時由於平均風速達 6.3 m/sec，美術館旁 Le Salve Bridge 的周遭不適宜久留及活動。
An-shik Yang, Chao-jui Chang, Yu-hsuan Juan and Ying-Ming Su (2013)	利用 CFD 數值模擬分析，探討台北國際花卉博覽會新生公園附近之夢想館、天使生活館和未來館的行人風場的舒適度。	研究結果顯示，藉由修正建築物和樹木的配置，可以大幅改善新生公園三個展館周邊的風環境，創造出合適的自然通風環境。
B. Blocken, W. D. Janssen & T. van Hooff (2012)	利用 CFD 數值模擬評估，並輔以實測修正，探討恩荷芬理工大學校園內部行人風場的舒適性與安全性。	配合模擬分析結果，以改善行人舒適性和風安全為目的，提出通用性的城市地區風環境與風安全規劃設計改進的指導原則。
Chao Yuan and Edward Ng (2012)	利用 CFD 數值模擬與風洞實驗資料的比較，驗證不同建築型態對於行人風場的影響，並以 PET 評估風速對於戶外熱舒適度的影響。	研究比較不同的建築型態對於行人風場之影響，並提供通透度與孔隙度較高的建築型態之範例，以達到兼具維持良好通風及提升土地使用效益之目的。

(續表 2-7)

作者	研究內容	研究成果
Hong Leng, Fanqiu Kong and Yuan Qing (2017)	探討風環境如何影響空氣污染之擴散，結合 CFD 數值模擬、最小成本路徑(LPC)和統計分析，模擬十六種城市建築佈局的污染擴散狀況。	研究建議，通風廊道必須形成完整的體系，以降低污染之擴散；增加建築物開口的尺度及棟距可加強空氣污染的驅散；建築量體及高度規劃，應考慮由城市周邊至市中心逐漸增高，低層建築應該安排在城市周邊，而高層建築物則應配置在市中心。
Ying-Ming Su (2017)	配合實測資料來修正 CFD 數值模擬模型，藉以探討建築物高度與街道寬度比例和配置方向對通風環境狀況之影響，並以 PET 評估熱舒適度。	研究顯示，較小的街道 H/W 值，會導致平均風速變化較小；反之，則會導致平均風速變化較大。除了橫向氣流外，縱向氣流亦會增加通氣效果，因此建議城市設計不能僅考慮街道 H/W 比例改變所造成的橫向氣流影響。
Ming-Tse Lin, Hao-Yang Wei, et al. (2010)	透過 CFD 數值模擬分析，檢討臺灣科技大學新建設計學院的設計，分析各種通風設計策略的組合。	研究提出幾點適用於自然通風建築的設計原則：包括將建築物中庭規劃為通風廊道以減少風壓、建築物長軸與主要風向平行、利用流線的幾何形狀來解決內外部通風之問題。
Kang-Li Wu and Chun-Ming Hsieh (2017)	探討如何利用自然通風來改善台南市典型住宅社區中庭空間的通風狀況。透過現場實測與 CFD 模擬分析結果之比對來驗證模擬模型的適當性，接著評估四種不同配置型態及建築量體組合之中庭社區的通風狀況，並提出改善方案及進行相關的成效評估。	研究顯示，臺灣狹長街廓住宅社區外部空間的通風環境普遍不佳。中庭通風效果受到建築物棟距、開口位置及通風廊道留設適當與否等因素之影響。若在社區設計初期，就導入自然通風考慮，並配合 CFD 模擬分析，進行建築配置及量體之調整，應可在不減少整體容積的情況下，優化外部空間之通風效果。

(資料來源：本研究整理)

二、CFD 模擬分析方法、工具與應用

(一) 分析尺度與軟體應用

　　數值模擬分析與數值計算已成為城市環境評價方法的主流之一，目前市面上有多款相關的分析軟體，可針對不同尺度與範圍進行解析，以獲得風環境分析與評估的結果。其中，計算流體力學方法(CFD)因具有快速簡便、成本較低等優點，已在越來越多的相關工程與規劃問題上獲得使用，並逐漸成為主流的分析工具之一。需特別說明的是，目前與本研究課題相關的實證研究，多以幾個不同的尺度來進行城市風環境的探討，包括：宏觀、中觀、微觀等三種尺度，或是其中兩種尺度的結合。宏觀尺度的分析主要為城市氣象學及整體城市通風廊道規劃的範疇；中觀尺度的分析與城市設計及地區尺度的空間規劃設計(如社區開發)有較直接的關係；微觀尺度的分析則為建築基地尺度的通風設計或建築室內外通風環境的評估分析。本研究關注於探討都市功能片區、都市街廓社區及建築的通風環境評估與設計，故在分析尺度上應屬於介於微觀與中觀尺度之間的模擬分析(表 2-8)，目前此類分析通常使用 CFD 分析軟體

進行相關的模擬分析，此類軟體目前操作的最大空間範圍，大約是直徑 1.6~2.0 公里左右的空間範圍(核心領域切割到 2 米以下的網格)。茲將目前坊間相關風環境分析軟體的應用尺度、適用範圍及主要分析內容整理於表 2-8。

表 2-8 風環境及相關氣候分析軟體應用尺度與分析內容比較表

分析尺度	尺度與研究類型	分析範圍	常用分析軟體	主要分析內容
50~100 km	宏觀尺度分析 (區域氣象研究)	區域、國土計畫	氣象分析軟體	颱風、降雨、溫度、濕度、風向、風速、氣候變遷
8~50 km	中觀至宏觀尺度分析 (氣象學分析、城市微氣候分析與城市通風廊道規劃分析)	都市或都會區 一般而言，網格大小 >20m：城市通風廊道分析之網格系統會切割的更細。	• WRF • RAMS • CSU-MM • MM5 • PHOENICS • WindPerfectDX (大尺度模組)	• 溫度 • 濕度 • 風速 • 風向
5~1500 m	中觀與微觀尺度分析 (Meso & Micro Scale) 〔微氣候因應設計、生物氣候設計；城市片區(或社區)、街廓、基地、建築尺度的通風設計及溫熱環境分析〕	城市、城鎮、城市片區(或社區)、街廓、建築基地、建築物；一般而言，20m>網格大小>0.2m；焦點領域的網格大小一般在 1.5m 以下，或是更小。	CFD 分析軟體 • FLUENT • PHOENICS • WindPerfectDX • Ecotect/Winair • Star-CD	• 溫度 • 濕度 • 風速 • 風向 • 人體對風環境及相關熱環境的感受與反應

(資料來源：本研究整理)

上述軟體中，WindPerfectDX (圖 2-18)可對社區、街廓及建築基地等不同尺度的通風問題進行解析運算，適用於探討基於自然通風理念的風場優化和室內外流場分析。透過解析運算的結果，可提供直觀分析詳細的資訊，便於設計者對建築空間或街廓建築設計進行通風策略之調整，為一套可有效協助社區及建築設計的分析工具。此軟體可方便地匯入 CAD 或 SketchUp 等軟體建置的 3D 模型(圖 2-19)，也有不錯的可視化分析功能(圖 2-20)及模擬結果收斂與否的檢視方法(圖 2-21)，有利於規劃設計決策之檢討。基於以上特性，本研究使用 WindPerfectDX，作為本書 CFD 模擬分析與通風環境評估的主要操作軟體，並搭配 PHOENICS 軟體之應用。

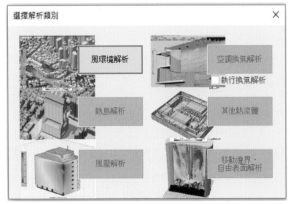

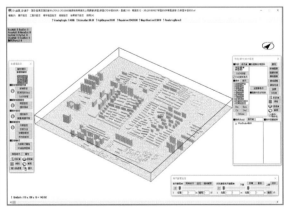

圖 2-18 WindPerfectDX 軟體分析功能示意圖 　　圖 2-19 SketchUp 模型匯入 DX 軟體示意圖

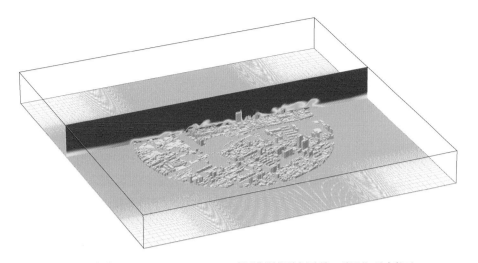

圖 2-20 WindPerfectDX 軟體模擬結果的可視化分析圖
(資料來源：高雄鐵路地下化廊帶三塊厝車站地區 CFD 分析，吳綱立，2018)

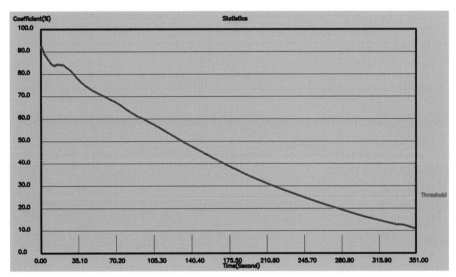

圖 2-21 WindPerfectDX 軟體模擬結果的收斂分析曲線圖
(資料來源：高雄鐵路地下化廊帶三塊厝車站地區 CFD 分析，吳綱立，2018)

(二) 計算模型公式

　　目前 CFD 模型計算的方式通常可以分為兩種，分別為直接數值模擬(direct numerical simulation, DNS) 與非直接數值模擬，非直接數值模擬又包含了大渦模擬(large eddy simulation, LES)及雷諾平均數值模擬(Reynolds-Averaged Navier-Stokes, RANS)。DNS 是直接求解完整的 Navier-Stoks 方程組，沒有使用任何簡化的湍流模型，理論上可以得到較為準確的結果，但是由於計算量太大，目前的計算資源常難以負荷。RANS 可以計算高雷諾數的複雜流動，但所得的結果是平均的結果，無法顯示一些流場的細節；LES 是基於湍流動能傳輸機制，直接模擬湍流中的大渦運動，可以得到比 RANS 更多的訊息，且計算量也較低，目前得到廣泛的應用。

一般 CFD 軟體的模擬分析運算多採用標準 LES (large eddy simulation)模型來求解室內外風場，分析其自然通風狀況。模擬運算涉及到的控制方程式主要包括：連續性方程、動量方程、能量方程，並採用 SGS (sub-grid scale: Smagorinsky)連解方程式：

$$\tau_{ij} \approx R_{ij} = \overline{u_i'' u_j''} = -v_{SGS}\left(\frac{\partial \overline{u}_i}{\partial x_j} + \frac{\partial \overline{u}_j}{\partial x_i}\right) + \frac{1}{3}\delta_{ij}R_{kk} = -2v_{SGS}\overline{S}_{ij} + \frac{1}{3}\delta_{ij}R_{kk} \tag{1}$$

$$\overline{S}_{ij} = \frac{1}{2}\left(\frac{\partial \overline{u}_i}{\partial x_j} + \frac{\partial \overline{u}_j}{\partial x_i}\right) \tag{2}$$

SGS 黏性係數由以下方程式計算得出：

$$v_{SGS} = C_s^{\,2}\Delta^2\left|\overline{S}\right| \tag{3}$$

$$\left|\overline{S}\right| = \left(\overline{S}_{ij}\overline{S}_{ij}\right)^{\frac{1}{2}} \tag{4}$$

其中，C_s 為 Smagorinsky 定數，通常設為 0.10。

(三) CFD 模擬分析操作流程

計算流體動力學 (CFD) 數值模擬分析操作主要可分為三個階段，分述如下：

(a) 前處理階段：建置或匯入 3D 模型檔案、檢查 3D 模型、建立模擬模型，設定風環境條件及邊界條件，網格切割與設定。

(b) 解析計算階段：執行 CFD 模擬分析(含設定疊代計算次數、模擬時間及收斂條件等，進行模擬運算)。

(c) 後處理階段：讀取與解析模擬分析的結果檔、進行模擬結果的可視化分析、結果檔輸出與分析圖及動畫製作。

CFD 操作流程如圖 2-22 所示：

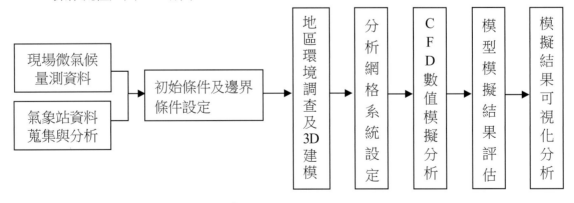

圖 2-22　CFD 模擬分析流程圖

(四) 常用 CFD 軟體比較

目前坊間常見的 CFD 環境模擬分析軟體包括：：Airpak、FlUENT、WorkBench、Ecotect (Winair)、PHOENICS、WindPerfectDX，其中 Ecotect(Winair4 是 Ecotect 的一款 CFD 外掛程式)為免費軟體，由卡爾地夫大學 Welsh 建築學院中研究群所開發出，主要為教學使用，其他軟體則為專業軟體，各有其應用範疇及特點。一般而言，FLUENT、PHOENICS、WindPerfectDX 為建築及城市設計領域較常用的風環境及溫熱環境CFD環境模擬分析軟體。FLUENT 從1975 年在英國謝菲爾德大學被開發出 tempest (FLUENT 的原形)之後，到 1988 年 FLUENT 公司成立，直到 2006 年被 ANSYS 公司收購，已有一段發展時間，目前並成為 CFD 分析的主流軟體之一，其擁有模擬流動、湍流、熱傳遞和反應等廣泛物理現象的能力。Airpak 是 FLUENT 的子軟體，同屬於 ANSYS 公司，以 FLUENT 為計算核心，可以藉由 IGES 和 DXF 格式導入 CAD 檔案，為工程師、建築師和室內設計師常用的環境系統分析軟體。PHOENICS 是世界上第一套計算流體與計算傳熱學商務軟體，由英國皇家工程院院士 D. B. Spalding 教授及 40 多位博士歷經 20 多年共同開發所完成，目前已發展成為一款能夠模擬傳熱、流動、反應、燃燒過程的通用 CFD 軟體，廣泛地應用於能源動力、多相流、航空航太、傳熱傳質、化工燃燒、船舶水利、建築、暖通空調、流體機械、環境、材料等領域。WindPerfectDX 為日本環境模擬株式會社開發，主要應用在建築、景觀、都計、室設、土木、綠色建築、BIM 等領域，其可直接匯入 3D 模型(AutoCAD、SketchUP、3DMax、Rhino 等)，除了可進行綠建築評價標準(GB/T 0378-2014)的室外風環境計算需求外，也可支援室內外自然通風的同時模擬解析計算。各軟體的特點比較分析如表 2-9 所示。

表 2-9 常用 CFD 環境模擬分析軟體比較表

	Airpak	FLUENT	WorkBench	Ecotect (Winair4)	PHOENICS	WindPerfectDX
建模難易度	易	難	中	易	中	易
與常用繪圖軟體的支援性	中	高	中	中	高	高
網格細緻度	中	高	高	低	高	高
模擬操作性	中	高	高	低	高	高
結果呈現的可視化程度	中	高	中	低	高	高
結果呈現正確性	中	高	高	低	高	高
適用性	室內或矩形量體	泛用	泛用	初學者	泛用	建築及社區尺度分析

(資料來源: 本研究整理)

三、微氣候量測計畫研擬及實地操作

為深入探討研究地區風環境之現況與問題，並驗證 CFD 數值類比分析模型之精確性，較完整的研究通常會擬定一套微氣候量測計畫，以便搜集研究地區內具體的微氣候資料，並與鄰近氣象站之資料整合，以期能瞭解研究地區實際微氣候情形。本書中研究案例所進行的微氣候量測計畫包括：風速、風向、溫度、濕度等的觀測與記錄，考慮研究人力資源及研究目的，本研究通常選定七月至九月上旬為調查月份，在其中選擇最能代表夏季炎熱氣候的時段來進行調查。每日量測時段分為上午場次與下午場次，使用儀器為記憶式熱線式風速計(AM4214SD)與記憶式溫濕度計(HT-3007SD)，通常採用移動式量測法，將儀器架設於角架，並置放在選定地點，測量 1.5 m~1.6 m 高度定點之行人風場的微氣候資料(表 2-10)。

表 2-10 微氣候測量儀器分析表

測量方法	移動式量測法		
測量內容	風速、溫度與濕度		
測量地點	依研究目的及人力資源狀況，選取適當的測點		
使用儀器	記憶式熱線式風速計(AM4214SD)與記憶式溫濕度計(HT-3007SD)		
測量儀器照片	記憶式熱線式風速計	記憶式溫濕度計	儀器架設方式

(資料來源：本研究整理)

量測儀器的精度及量測範圍說明如下：

A. 記憶式熱線式風速計：可即時將測得的資料記錄於 SD 記憶卡，資料可下載到 EXCEL，再匯入 SPSS 統計軟體，進行分析；風速測量範圍：0.2 ~ 25.0 m/sec，誤差：-5% ~ +5%；風溫測量範圍：0 度~ 50.0 度，誤差：-0.8 度~ +0.8 度。

B. 記憶式溫濕度計：可即時將測得的資料記錄於 SD 記憶卡，資料可下載到 EXCEL，再匯入 SPSS 統計軟體，進行分析；濕度範圍：5 ~ 95%，誤差：R.H. -3% ~ +3%；溫度範圍：0 度 ~ 50.0 度，誤差：-0.8 度 ~ +0.8 度；露點範圍：-25.3 度 ~ 48.9 度。

量測點選取：

實際調查進行時，通常依據調查的人力資源及空間範圍，選取適當的代表性量測點，進行調查計畫研擬，然後實地進行微氣候環境的量測與分析。以本書中提到的駐馬店案城市功能片區通風改善案例為例，該研究調查兩處駐馬店不同型態的典型功能片區，於每處選取25~35 個測點進行調查。選取測點之位置是均勻散佈在研究地區重要的空間節點，反映不同片區之土地使用及建築形態特徵，包含廣場或公共空間、中庭、交通要道節點、主要巷弄、入

流風流入的重要位置、重要開敞空間節點，以及明顯通風不佳的代表性地點。量測點位置應避免選定於建築物角隅，以免受到建築角隅風的影響。量測進行時，各片區會使用至少兩組以上的儀器同時測量。儀器使用前會先檢查其量測結果的一致性。調查人員會先經過事先訓練，以維持操作的精確度與一致性(相關案例見表 2-11)。

表 2-11 駐馬店市調查量測點空間分佈及部分量測點環境示意圖 (以舊區為例)

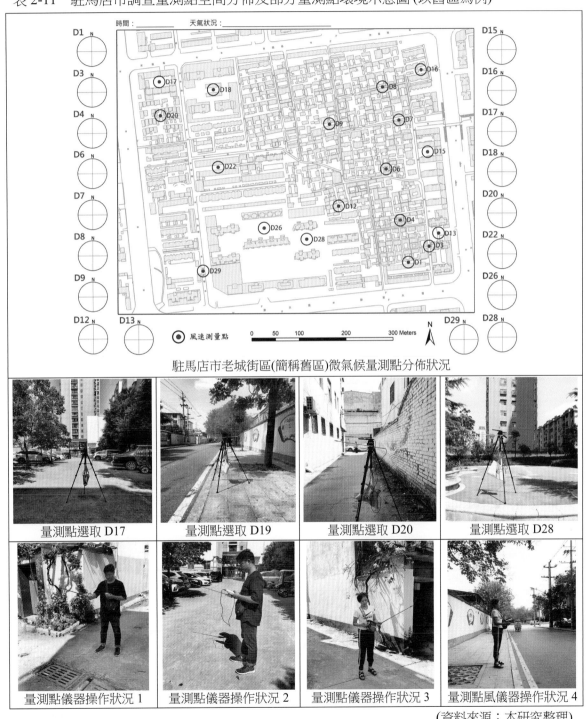

駐馬店市老城街區(簡稱舊區)微氣候量測點分佈狀況

量測點選取 D17	量測點選取 D19	量測點選取 D20	量測點選取 D28
量測點儀器操作狀況 1	量測點儀器操作狀況 2	量測點儀器操作狀況 3	量測點風儀器操作狀況 4

(資料來源：本研究整理)

四、天空開闊度調查分析

　　天空開闊度(SVF)，又稱天空率，是描述天空被建築物阻擋程度的形態學分析指標，常被用於城市熱島現象及城市通風與日照的研究。研究者多使用高解析度的 3D 建築物資料來計算天空開闊度(SVF)，或是使用魚眼相機技術來進行天空開闊度的量測與分析，在此基礎上來探討不同季節及時間點的 SVF 與城市熱島強度之間的關係(張海龍等，2015；楊俊宴、馬奔，2015)，或是分析天空開闊度與通風環境(或日照)及城市建築量體之關係(Chen et al., 2012; 吳綱立，2018)。天空開闊度與通風環境及使用者舒適度為本書研究案例的操作內容之一，後續操作將選取研究基地內適當的量測點來進行計算與分析，探討天空開闊度對戶外通風環境之影響。以下簡述兩種常用的天空開闊度計算方法。

(一) 利用 3D 建築物資料計算 SVF

　　透過 3D 建築物資料計算，SVF 是一種可快速計算大面積區域連續天空開闊度的方法。Zakšek (2011)等人提出以數位高程 (DEM)的柵格計算模型來估算 SVF 的方法，計算的原理如圖 2-23 所示。其中，天空可視立體角為 Ω、歸一化後的天空可視立體角即天空開闊度(SVF)。計算公式如公式 1 和公式 2 所示。此處 γ 為第 i 個方位角時的地形高度角，R 為地形影響半徑，n 為計算的方位角數目。相關研究經驗建議，n 取值不應小於 36，R 取值不應小於 20。

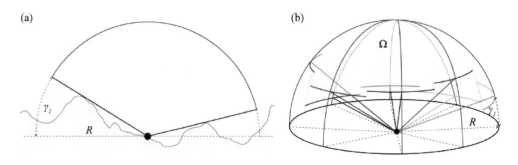

圖 2-23　　天空開闊度計算示意圖

(資料來源：北京市氣候中心，2015，城市通風廊道規劃技術指南)

$$\Omega = \sum_{i=1}^{n} \int_{\gamma i}^{\pi/2} cos\emptyset \cdot d\emptyset = 2\pi \cdot \left[1 - \frac{\sum_{i=1}^{n} sin\gamma i}{n}\right] \quad （公式 1）$$

$$SVF = 1 - \frac{\sum_{i=1}^{n} sin\gamma i}{n} \quad （公式 2）$$

　　張海龍等人也提出類似之基於城市 DEM 的 SVF 計算方法，如圖 2-24 所示，以方位角間距 α 將搜索半徑 R 組成的半球平均分割成若干塊，在每個「扇形體 S」中尋找最大建築物高度角。當 β 為所在扇形體 S 的最大建築高度角時，角間距 α 對應的扇形塊係數(View Factor VF)VF$_{slice}$＝sin²β・(α/360)。此時待計算點的天空開闊度 SVF 即等於 1 減去所有扇形體的 VF$_{slice}$值，亦即為

$$SVF = 1 - \sum_{i=0}^{n} sin^2\beta \cdot \left(\frac{\alpha}{360}\right) \quad ；其中：n = 360/\alpha$$

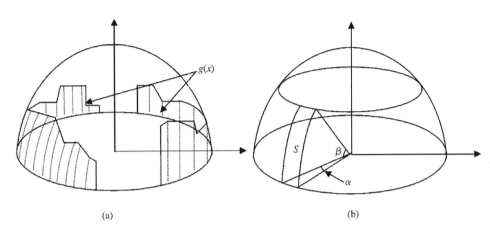

(a)　　　　　　　　　　　　　　　　(b)

圖 2-24　基於城市 DEM 資料計算 SVF 原理示意圖
(資料來源：張海龍等，2015)

(二) 利用專業魚眼相機拍攝的圖像計算 SVF

　　利用配置有專業魚眼鏡頭的數位相機所拍攝的圖像來計算天空開闊度，也是實務上另一種較常用的作法。實際操作時，常以 EF8-15 mm 的大魚眼鏡頭，於特定點水準向上進行天空開闊度的拍攝，再將拍攝的圖像投影到平面上，接著將彩色圖像轉換成灰度圖像後，定義出天際線，然後透過合理的變換演算法將灰度圖片劃分為阻礙部分和無阻礙部分(可視天空的範圍)，透過計算無阻礙部分的面積比例，可得到天空開闊度 SVF 的計算數值。由於此方法較為方便操作，且可配合城市設計研究，進行街廓建築量體管控的視覺化分析，故本書中的相關研究也以此方法來進行天空開闊度的量測與分析。以下圖 2-25 所示，為本書作者以 CANON EF8-15 mm 魚眼鏡頭的相機來進行天空開闊度的量測案例。相機拍攝高度為 1.65 公尺的行人風場高度，拍攝時儘量控制相機的水準及角度，以達統一的量測效果。拍攝完後依據照片中可見天空與建物的比例，根據天空開闊度定義，計算每個測點的天空開闊度數值。

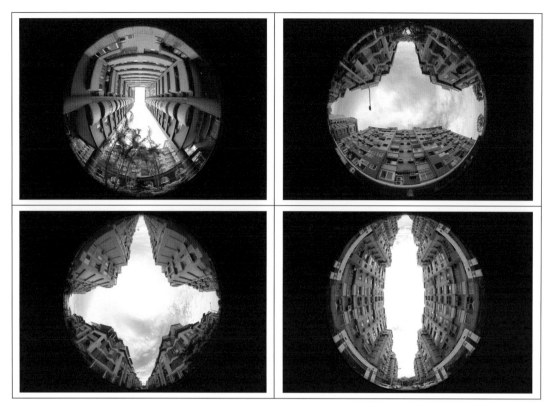

圖 2-25 台南市巴克禮公園旁住宅社區天空開闊度調查案例

(資料來源：本研究整理)

第三章　CFD 模擬分析應用於建築通風設計

第一節　CFD 模擬分析應用於台南市虹韻文創中心綠建築評估[*]

一、前言

在全球氣候異變的衝擊下，綠建築及城市設計的操作日益受到節能減碳思維的影響，建築師及城市設計師已經開始思考如何利用模擬分析技術來加強對微氣候環境的因應，並思索如何改變建築規劃設計流程，來營造更生態、低碳、節能、環保的建築及城市環境。過去傳統的 CFD 環境模擬解析流程需要高技術門檻，使人望而怯步，而現今的 CFD 模擬軟體大多已將風環境與都市熱島的分析功能導入，並加強模擬結果的可視化分析功能，以便與建築師的設計工作進行更適切的對話與整合。目前 CFD 技術運用在建築領域上，主要可從兩個方面來協助建築師進行方案設計：在建築資訊整合與評估方面，可透過 BIM 和 SketchUp 等軟體的快速 3D 建模趨勢，進行有效率的模擬操作及視覺化呈現，不僅能輔助建築師快速地進行設計草案之篩選，同時可針對不同氣候條件的建築設計與規劃方案進行適宜性評估。在綠建築概念導入和建築設計優化方面，則可配合所選取的綠建築指標，進行符合成本效益的優化設計，包含建築及基地通風環境分析、屋頂或壁面綠化、建材與鋪面的熱輻射分析、遮陽設計、水體對熱島效應之舒緩、開放空間形式和留設位置檢討，以及日照環境分析等，藉此對建築計畫進行系統性的評估，並檢討實施成本，以實現符合永續環境及微氣候因應設計理念的建築專業實踐。

本案例為結合 CFD 模擬分析與綠建築手法的實驗性操作，首先透過室外風場模擬分析來檢討建築物的座向和開窗位置，以及建築量體設計與量體組合方式的適當性，以協助建築配置與造型方案的檢討，並增進戶外空間使用的舒適度，接著進行室內外風場模擬來調整建築與自然通風狀況之關係，並根據模擬分析結果來修正建築設計及外部開放空間設計方案。此外，溫熱環境模擬則對建築與環境溫度進行模擬分析，首先依據建築物表面溫度模擬結果來進行建築材質的挑選，不同的建材將會影響吸熱及溫度上升的程度，適當的建材能發揮降低溫度及減少能源消耗的效果，接著，在考量日照陰影後進行屋頂或壁面的遮陽與綠化設計及植栽計畫，選擇日照時數較多的區域進行改善，以便將熱能有效地阻隔，提高空間使用的舒適度。綜合而言，配合 CFD 模擬分析，此案例經驗顯示出，CFD 模擬工具及方法可成功地與綠建築設計相結合，在設計初期階段就能預見一些問題及需求，藉以協助及時修正設計方案與控制成本。

二、空間需求與設計發展

(一) 建築機能與空間需求

---

[*]本節部分內容係依據葉世宗建築師事務所委託作者主持的產學合作研究計畫之成果而繼續發展，部分內容的初稿曾發表於 2015 年 7 月的臺灣建築師雜誌 (吳綱立、葉世宗、謝俊民，2015)。

　　本案(虹韻文創中心)位於臺灣台南市，是一棟集宗教建築、演藝、辦公、咖啡休閒等多種功能於一體的複合式建築。建築基地面積有 2,400 坪，建築面積約 1,109 坪，主要空間內容包含一個可容納約 850 人的大型演藝廳及兩個小型演藝廳(分別容納 330 人和 360 人)。大型演藝廳兼具教會主堂的功能。除室內空間之外，戶外空間也嘗試營造出一個包含水與綠景觀元素的生態廣場，以提供舒適的戶外活動場所，此複合式建築的造型與環境意象如圖 3-1 所示。大型演藝廳之設計理念取自聖經中的諾亞方舟，建築形體向東傾斜希望營造出象徵方舟的意象，使教會主堂成為建築的亮點之一。外部生態廣場也是本案的重點(圖 3-2)，嘗試配合微氣候環境的模擬分析，營造出舒適親切的戶外活動空間。

圖 3-1 文創中心東南向透視圖

圖 3-2 生態廣場環境意象圖

(二) 設計構想及空間計畫

本設計嘗試營造多元功能的宗教與文創中心複合建築之意象，依據建築師的構想，建築計畫嘗試以十字架的象徵型式，連接不同功能的空間元素(圖3-3)，以構成十字形的空間架構，藉以呈現出宗教空間的意涵。十字架的長向南北主軸(彩虹天橋)是文創中心的文創展示區和大廳，主軸二層南側是小型演藝廳，向南出挑(圖3-4)，象徵著「彩虹天橋」的意象，其東側的大演藝廳則具有教會主堂的功能，造型構想來自聖經中的諾亞方舟。地面層則提供多功能的戶外空間及生態廣場，讓人有可舒適地進入多功能宗教空間的親切感。主要空間機能如圖3-5所示。

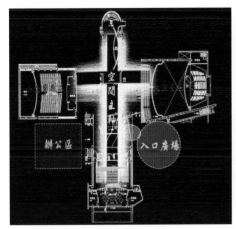

圖3-3 十字架象徵型式的架構

圖3-4 向南方出挑的小型演藝廳

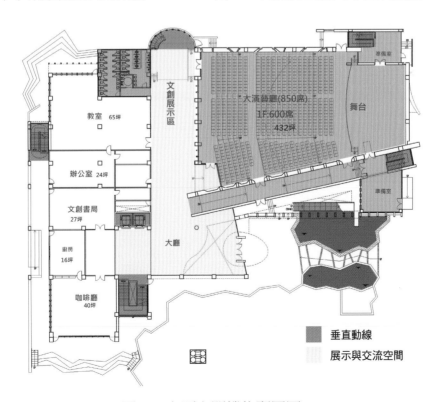

圖3-5 主要空間機能配置圖

(三) CFD 模擬分析與建築設計評估相結合的新操作模式

本案的一個特點是利用 CFD 模擬分析來協助建築與整體環境設計的評估。在此案進行過程中，本書作者與建築師團隊密切配合，透過 CFD 模擬分析來協助檢討設計團隊的建築量體構想、戶外空間設計，以及嘗試運用的綠建築手法。本案也嘗試發展出一個模式，讓 CFD 模擬分析能夠與設計概念發展及方案評估相結合，及時修正設計方案，其實此也為本書的核心論點之一，嘗試探討如何透過 CFD 模擬分析來輔助設計階段的決策，以期能改變傳統規劃設計與建造的操作模式與流程，傳統操作模式及本書建議模式的比較如圖 3-6 所示，說明如下：

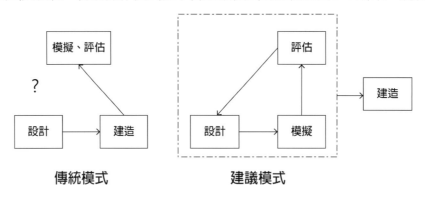

圖 3-6 傳統設計與建造操作流程與 CFD 輔助設計之設計與建造操作流程比較圖
(資料來源：修改自 Kang-Li Wu, I-An Hung and Hsien-Te Lin, 2013)

在數位化模擬分析工具尚未被普遍應用的年代，許多設計概念難以在設計概念發想的階段被具體地檢測，以致設計方案通常未經過仔細的評估便被建造出來，而設計上的缺失，通常只能藉由使用後評估(POE)來加以檢視，但發現問題時，往往為時已晚。現今借助數位化模擬分析軟體與方法的應用，可在設計初期就進行適當地模擬分析與評估，並在建築設計、評估與建造三者之間建立動態的循環回饋檢討架構，藉以透過模擬分析來預見問題，並及時進行修正，以減少設計決策的缺失所導致的成本。本案例操作即是依據此理念，利用 CFD 模擬分析來進行建築計畫方案及設計手法的檢討。

三、配合 CFD 模擬分析的建築設計發展

(一) 環境模擬分析條件設定

本案探討基地周邊的風場環境及日照熱輻射對於建築與基地之風環境與熱環境的影響，考量到通風環境評估及外殼熱輻射的模擬需求，實際操作時選擇夏季為模擬季節(熱島效應最強的時候)，依據鄰近中央氣象局氣象測候站近十年間的氣象資料及本研究現場微氣候調查的資料，本研究整理出研究地區以下的基本氣象資訊及模擬條件設定。

　　風速：3.04 (m/s)

　　盛行風向：西風(14.28%)、南風(13.79%) (風頻圖見圖 3-7)

14 時全天日射量：609 (W/m²)

日照模擬日期：7 月 23 日(大暑) 14 時

14 時室外氣溫：34.24 度

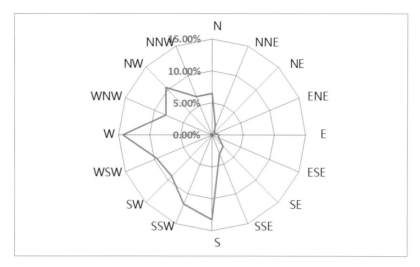

圖 3-7　夏季 10-17 時風頻圖

　　基地風場風速平均為 3.04 m/sec，第一及第二盛行風向分別為西風及南風，由於第一及第二盛行風發生機率相近，因此針對此兩風向分別進行模擬分析。α 指數值設定為 0.25。本模擬分析使用 WindPerfectDX 軟體，利用其方便建模及易於可視化溝通的功能，以便分析結果能有效地與設計師及計畫參與者進行對話溝通。

(二) 解析模型建置

　　在考量盛行風方向及計畫所需的分析範圍之後，建立 3D 解析模型，解析模型的範圍如圖 3-8 所示，解析標的建物模型如圖 3-9 所示。解析標的建物的 3D 模型係先以 SketchUp 軟體建模，然後轉成 stl 檔，輸入 WindPerfectDX 軟體進行檢視分析。

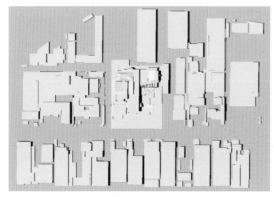
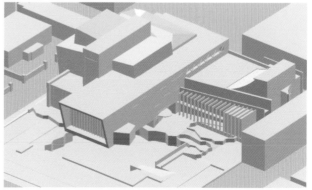

圖 3-8 解析量體與周圍環境模型　　圖 3-9 解析標的建物模型透視圖

(三) 網格切割設定

　　網格切割是以焦點領域、街區領域及全區領域三個領域進行網格設定，焦點領域包括虹韻文創中心及周圍街廓的部分建築，街區領域則包括周邊完整街廓內的建築。焦點領域每 0.5 公尺一個網格，街區領域則為平均每 1.5 公尺一個網格，平面及剖面的網格切割分別如圖 3-10 和圖 3-11 所示。

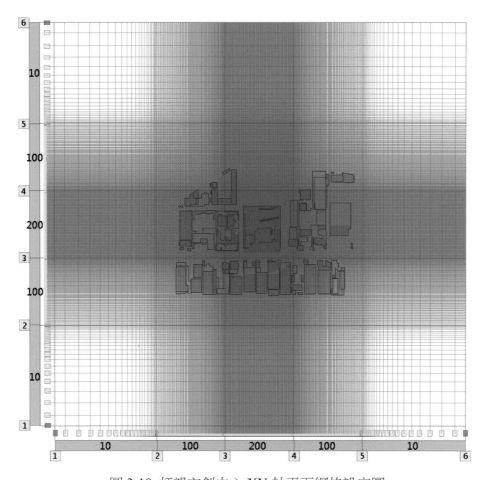

圖 3-10　虹韻文創中心 XY 軸平面網格設定圖

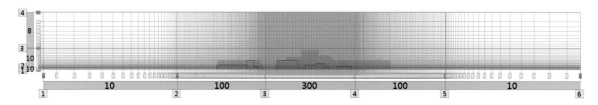

圖 3-11　虹韻文創中心 Z 軸剖面網格設定圖

四、模擬分析結果與討論

(一) 量體與配置方案檢討

　　首先利用 CFD 模擬分析來協助進行建築量體設計及配置方案的檢討，本案在設計概念發展階段共發展出兩個設計草案，一個為弧形大量體組合的方案，另一個為前述的以十字形空間架構來組合量體空間的方案。除了建築造型與內部機能之外，建築外部空間生態廣場的通風及使用舒適度也是本案考量重點之一。本研究運用 CFD 模擬分析對於建築量體配置後，外部空間的通風狀況進行評估，分析結果如圖 3-12 和圖 3-13 所示。

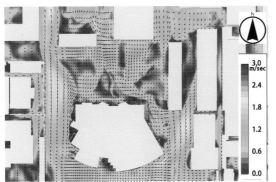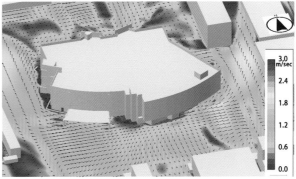

圖 3-12 弧形大量體方案之 CFD 模擬分析結果 (外部空間通風欠佳)

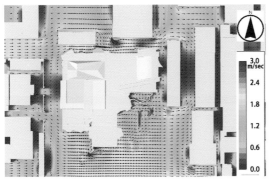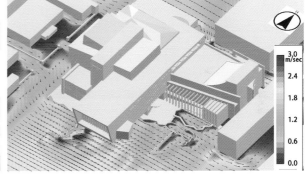

圖 3-13 十字形空間架構方案之 CFD 模擬分析結果 (戶外廣場通風改善)

　　如圖 3-12 所示，因弧形大量體建築物配置於入流風入口處，讓西側或南側吹入的夏季盛行風氣流無法流通到建築物後側的廣場，以致造成建築後側廣場空間的通風狀態不佳，而弧形的大量體也無助於導風或引導氣流穿越建築。相較於弧形大量體建築方案所造成的通風不佳狀況，圖 3-13 顯示十字型空間架構方案以及小型演藝廳下部挑空的設計，有利於營造出具有良好通風散熱效果的生態廣場，也可加強建築周邊的氣流循環。綜合考量設計創意及空間機能等其他因素，本設計案最後選擇十字型空間架構方案來繼續發展。

(二) 風環境模擬分析—西風

　　建築配置坐北朝南，夏季第一盛行風為西風，CFD 模擬分析結果如圖 3-14 所示。分析結果顯示，部分風勢受西方周邊建物之影響而減弱，另部分風勢則順著街道流入基地，並帶動基地風場。本案建物西側為迎風面，但西側有周邊建物阻擋風勢，使得本案建物與西側周邊建物之間的道路風場較弱(圖 3-15)，此處高處風場較強，但地面風場較弱，西側建築下方留設無通風開口，使得風勢受高處風場吸引往上攀爬抬升而非導向地面(圖 3-16)，因此行人在新建建築西側行走時會感到較為悶熱，再加上下午時段會受到太陽直射之影響，因此需在此設置植栽來遮蔽日照以減緩悶熱感，並考慮設置通風開口，讓地面風場有流通的空間。此外，本案建物南側下部挑空的演藝廳為量體造型設計的重點之一，騰空的演藝廳觀景台與下方下沉廣場之間形成一個通風廊道，雖有利於導風，但應避免此處產生縮流效應，導致行人遭受較強風勢的吹襲。

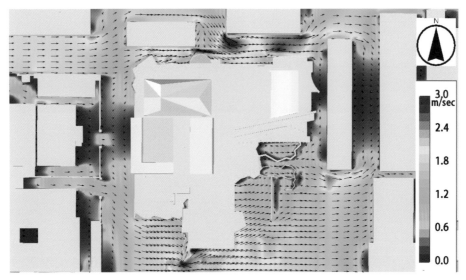

圖 3-14 西風：一樓行人風場通風狀況分析圖 (Z 軸 1.6 M 高度)

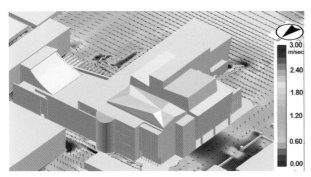

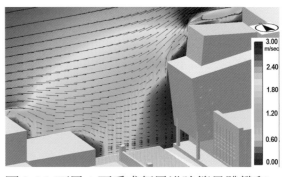

圖 3-15 西風：一樓行人風場分析俯視圖　　圖 3-16 西風：夏季盛行風沿建築量體攀爬

(三) 風環境模擬分析—南風

本案環境風場的夏季第二盛行風為南風，風勢因受南方周邊建物影響而減弱，吹至停車場時降至 1.8 m/sec 左右，故入流風場為行人感到舒適之風場(圖 3-17 和圖 3-18)。本案建物東側外型的稜角使得此處產生角隅風，再加上與東側建物較近而產生的縮流效應將使得局部風場變強，風速達到 3.0 m/sec 以上(圖 3-17)。本案建物西側外型的稜角同樣使得此處產生角隅風(圖 3-17)，造成此處外部空間的風速加快。考量夏季氣候較為濕熱，此處風速較強能帶動空氣流動，進而提高舒適度，但若因沙塵過多而影響行人舒適，則需考慮在此處配置植栽以減緩風速及沙塵，另外，可以在這些稜角的南側配合人行步道的整體設計，進行植栽計畫，包括考量喬木的樹冠大小、間距與枝葉疏密度，以降低角隅風效應，並達到調節溫度的功效。

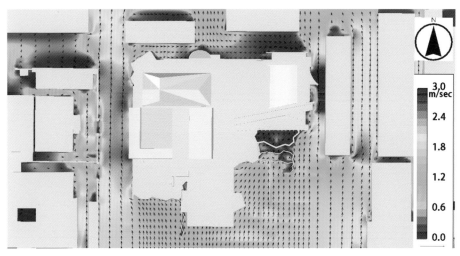
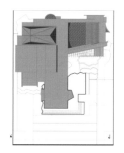

圖 3-17 南風：一樓行人風場通風狀況分析圖 (Z 軸 1.6 M 高度)

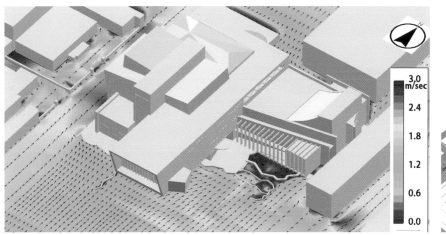

圖 3-18 南風：一樓行人風場俯視圖

五、配合 CFD 分析的綠建築設計手法測試

運用 CFD 模擬分析，本研究檢討下列幾種綠建築設計手法導入設計的可行性。

(一) 屋頂綠化

屋頂綠化能改善屋面的夏季隔熱效果，同時提供良好的活動場地。本案 CFD 模擬結果顯示，透過局部屋頂種植草皮或綠化，能將屋頂溫度較高地方的溫度降低下來(圖 3-19 至圖 3-24)。

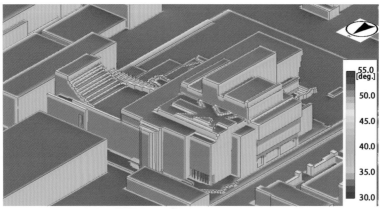

圖 3-19 屋頂綠化—外殼熱輻射分析 1　(無屋頂綠化)

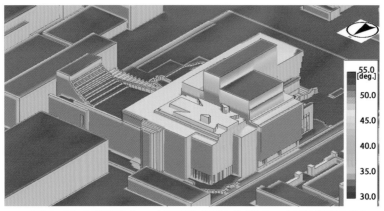

圖 3-20 屋頂綠化—外殼熱輻射分析 1　(有屋頂綠化)

圖 3-21　屋頂綠化效果圖 1

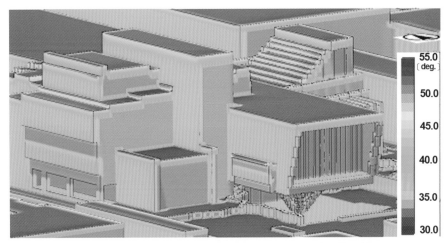

圖 3-22 屋頂綠化—外殼熱輻射分析 2 （無屋頂綠化）

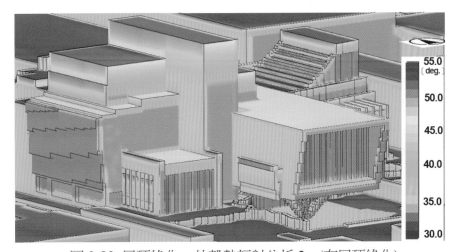

圖 3-23 屋頂綠化—外殼熱輻射分析 2 （有屋頂綠化）

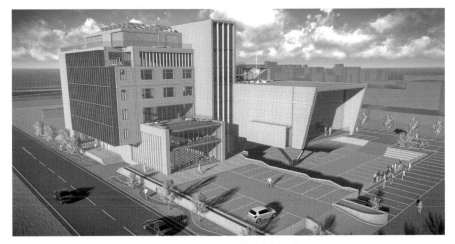

圖 3-24 屋頂綠化效果圖 2

(二) 外牆隔熱

　　精心設計的外牆隔熱可以創造良好的室內熱環境。根據 CFD 模擬分析的結果，一些局部外牆表面溫度較高的地方，可透過優質隔熱材料或遮陽綠化手法來達到牆面降溫的效果。如大型演藝廳東南角外牆透過遮陽設計可有效地降低牆面溫度(圖 3-25 至圖 3-27)。

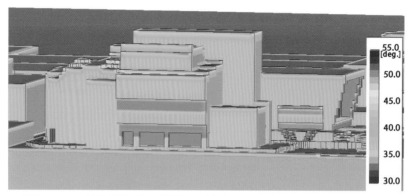

圖 3-25 西側外牆建材材質—外殼熱輻射分析 (無遮陽設計)

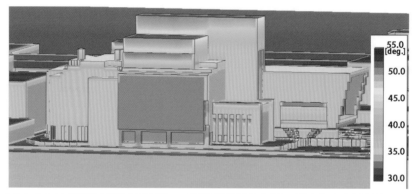

圖 3-26 西側外牆建材材質—外殼熱輻射分析 (使用垂直遮陽設施)

圖 3-27 外牆隔熱與遮陽設計

(三)　水體降溫

　　廣場硬鋪面過多造成地表溫度升高，也造成外部空間使用上的不舒適，配合模擬結果，於適當位置建造生態景觀水池，達到水體降溫及營造都市水空間的目的(圖 3-28 至圖 3-30)。

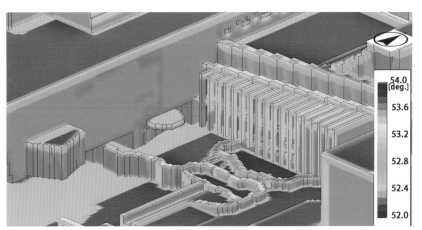

圖 3-28 水體降溫 (無水體設計)

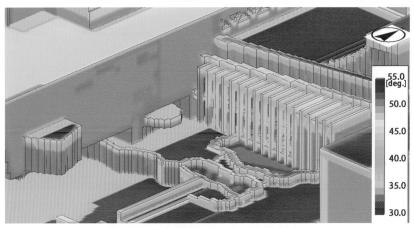

圖 3-29 水體降溫 (有水體設計)

圖 3-30 水體降溫 (景觀水池設計)

(四) 遮陽與立面設計

　　為實現合理的遮陽設計，以營造亞熱帶建築的立面特色，此建築設計採用多樣的外遮陽手法，包括：屋面出挑遮陽、遮陽格柵、遮陽板、遮陽沖孔板等(圖 3-31 和圖 3-32)，除發揮遮陽的功能之外，同時形成良好的建築立面效果與光影效果。

圖 3-31 遮陽與立面設計示意圖

圖 3-32 遮陽設計及光影效果示意圖

(五) 路面及停車空間透水鋪裝及戶外綠化

　　路面透水鋪裝對地區的自然水循環有著重要的意義。不透水的硬質鋪面會阻礙雨水回流到大地，設計中的基地路面均採用透水的路面鋪裝材質；停車場使用植草磚；停車場出入口及基地周遭的植栽帶則採用多層次植栽綠化，並搭配生態草溝的作法，以打造一個生態且綠意盎然的環境(圖 3-33)。另外，本研究結果也發現，多元綠化(如平台綠化及屋頂綠化等)，搭配建築量體退縮設計，可營造出不錯的風廊道導風及退燒減熱的效果(圖 3-34)。

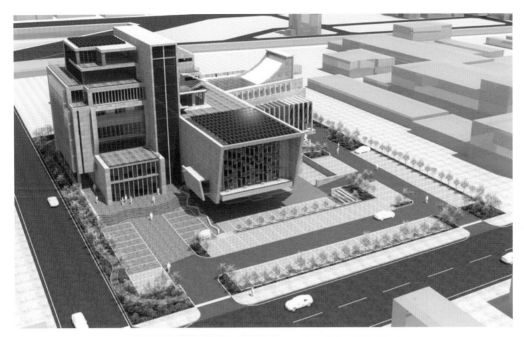

圖 3-33 路面透水鋪裝及戶外綠化示意圖

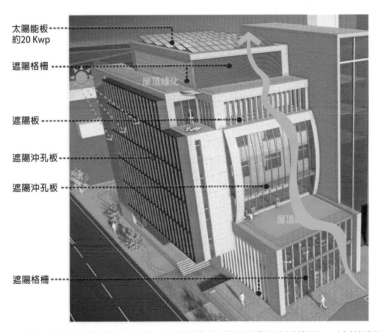

圖 3-34 多元綠建築手法應用 (屋頂綠化與量體退縮導風,並搭配遮陽設計)

(六) CFD 模擬分析與使用者評估結合

　　本案例為一個創新的嘗試,企圖將 CFD 模擬分析與建築設計之概念發展及實際完成後的使用評估相結合。在建築概念發展及建築量體計畫的草圖發展階段,研究團隊即與設計團隊配合,透過 CFD 模擬分析來加強造型設計與導風設計的結合,相關操作過程中的創意發想如圖

3-35 所示。透過 CFD 模擬分析結果的可視化呈現，有助於設計者及時修正建築造型及建築量體組合的方式，以檢討風環境因應設計構想的預期成效，以及達到營造具良好通風效果之舒適戶外活動廣場的目的。本案經一年多的施工，已於去年年底完成，在建築完成後，研究者又再回到現場進行通風環境及溫熱環境的調查分析，發現實測的結果與當時模擬分析的情境接近，顯示出配合 CFD 模擬分析的操作來修正建築設計，本案確實創造出具有不錯通風效果的外部空間，也達到降低建築量體表面溫度的目的，這些通風設計的考量並反映在建築造型上，成為建築設計的特色之一。

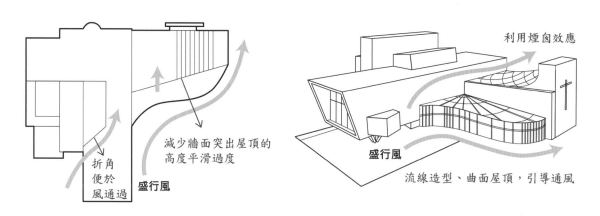

圖 3-35 配合 CFD 模擬分析來檢討建築量體與造型設計的過程示意圖

　　圖 3-35 所示為設計階段嘗試運用弧形造型建築量體之組合來加強導風設計之構想，然而因主要盛行風為西風，CFD 模擬分析結果顯示，部分弧形量體的實際導風效果可能不大，故最後的設計方案並未完全採用，但運用下沉廣場及地面層挑空的集會堂建築量體設計，則如同最初 CFD 模擬分析結果所顯示的，發揮了自然導風的效果(圖 3-36)，增加夏季時戶外活動的使用舒適度。建築完成後本研究實測的結果顯示，上述設計手法對於通風廊道及氣流的引入，確實發揮一些預期的效果(圖 3-37)，而具有良好通風環境及水景的建築南面之戶外廣場空間也成為一個舒適怡人的都市活動場所(圖 3-38)。

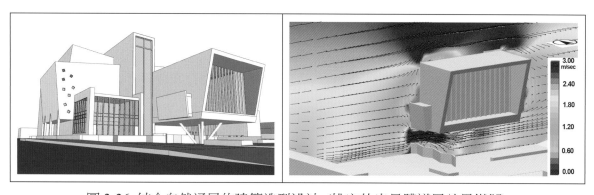

圖 3-36 結合自然通風的建築造型設計 (挑空伸出量體導風效果模擬)

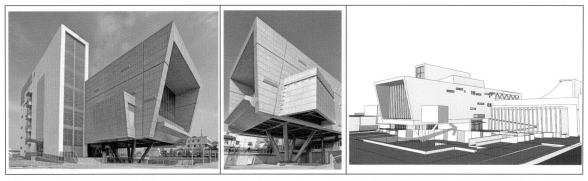

圖 3-37 結合自然通風的建築造型設計 (結合 CFD 模擬分析的設計概念發展與實際完成成果之對照，組圖之中央及左側照片為實際完成後的照片)

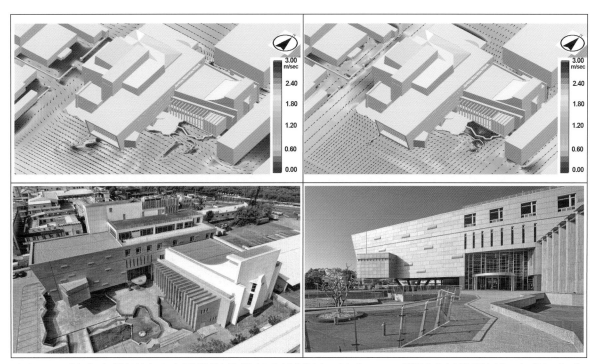

圖 3-38 結合自然通風及水體降溫的外部空間設計 (結合 CFD 模擬分析的設計概念發展與實際完成果之對照，組圖上方為設計階段的模擬，下方兩張照片為實際完成後照片)

六、結論與建議

　　本案例以微氣候因應設計的理念切入，透過 CFD 模擬分析的應用來發展設計方案及協助選擇適當的綠建築手法。研究結果顯示，CFD 模擬分析與微氣候因應設計理念可有效地結合，發展出具設計創意及適合亞熱帶環境的永續綠建築。除了實務操作之外，本案例操作也嘗試發展出一套結合模擬分析的設計操作流程，以便在規劃設計的初期階段(pre-design stage)就能預見一些問題，以協助及時修正，並發展出較佳的方案。就微氣候因應設計而言，本計畫考慮都市熱島效應的影響，依據基地環境狀況，模擬溫熱環境，檢討鋪面設計(柏油、水泥、透水鋪

面等)，並進行人工排熱計算和植栽計畫(地盤綠化、景觀設計、屋頂綠化等)，以及水體及建物設計的檢討，以期能有效地導入氣流達到都市降溫減熱的目的，並增加室內外環境的舒適度。此系統性模擬分析與建築設計操作的結合，應可對全球氣候異變下，建築設計與環境模擬分析之整合應用，提供一個新的嘗試經驗。此作法需建築師、業主，以及民眾對科學性分析方法應用在輔助設計決策的正確認知及支持，此方法論的深化與全面落實，可能還有一段漫長的路要走，但考量到其所將帶來的環境、經濟及成本上的回饋，應該值得一試。

第二節 CFD 模擬分析應用於高雄中山樓傳統建築保存維護與再發展[*]

　　良好的室內外通風環境設計能帶走熱能、減少人工空調的使用、淨化空氣，並能緩解都市熱島效應的衝擊。因此，如何加強建築及基地外部空間之整體通風環境的改善，實為當前在推動生態建築及生態城市設計時一個亟待深入探討的研究課題。然而，儘管此課題的重要性與日俱增，過去國內探討此課題的相關文獻，較少以整合室內及室外通風環境設計之綜合性考量，來檢視相關通風設計及綠建築手法應如何導入開發基地建築計畫之整體通風環境改善的實證研究，也較少探討 CFD 模擬分析應如何應用於歷史建築與周邊建築之再發展計畫的實證研究，由於缺乏足夠的實證研究資訊，使得風環境因應設計的理念在實際落實時，仍缺乏較多元且全面性的實證研究基礎。有鑑於此，本案例嘗試發展一套適用於歷史建築保存維護及周邊新建築發展評估的通風環境評估模式，並嘗試探討相關的通風設計手法，例如浮力通風及風力通風，應如何具體的導入歷史建築再發展的過程之中，並納入相關植栽計畫對通風影響的考量。透過實地調查分析、微氣候量測分析、CFD 模擬分析等方法的綜合運用，本案例希望能發展出有效的設計策略，來協助歷史建築及周遭基地的整體再發展。

一、環境分析與通風設計構想

(一) 研究基地位置與周遭環境

　　本案基地位於高雄市實踐路及海平路交叉路口旁，東南側臨舊街區，西北側多為尚未發展的空地，基地所在地區的環境狀況如圖 3-39 所示。

圖 3-39 研究建築基地及周遭環境 (以 Google 衛星影像繪製)

[*]本節係以葉世宗建築師事務所委託作者主持之產學合作研究計畫的成果為基礎而繼續發展，作者感謝葉世宗建築師及事務所同仁於研究計畫進行期間在資料提供及設計方案檢討上的全力支持與配合。

(二) 建築計畫內容與通風設計構想

　　本案基地位於高雄市左營區，是一個結合歷史建築保存維護與周邊新建建築開發的複合型計畫，包括歷史性中山堂建築之保存維護與通風環境改善，以及旁邊的新建商業建築開發之通風計畫(見圖 3-40)。歷史建築的保存維護需改善建築及周遭的通風環境，而新建商業樓開發則希望引入自然通風手法，以減少人工空調及能源的使用。新建商業樓規劃為地下三層、地上六層之鋼筋混凝土結構大樓。地上一層部分，面積約有 930 平方公尺，主要作為劇場後台、排練室、戲曲文化中心等使用。新建商業樓的二、三樓部分，擬將中央的空間挑空，以創造良好的室內空間通透效果及通風環境(見圖 3-41)，其餘的二樓樓地板面積將作為餐飲及商業使用，三樓的樓地板面積則作為主題餐廳。新建大樓二樓的戶外平台企圖打造成一個露天電影院，並在新建大樓北側的牆面，設計一個大型的 LED 螢幕。新建商業樓的四樓為電影主題餐廳。五樓到六樓則作為辦公室及育成中心。由於新建商業樓建築緊鄰中山堂歷史建築，在造型上需考慮如何與現有歷史建築在景觀及通風環境營造上有效地配合，並在施工時應注意避免施工而對歷史建築造成衝擊。由於中山堂為歷史建築，需予以保存維護，不可變更改造，但周邊的新建商業樓開發，則擬嘗試導入自然通風設計及相關的綠建築手法。然而，由於扣除中山堂歷史建築之後，此基地實際可供新建建築開發使用的面積並不大，而且委託單位又有多元的空間使用需求要同時滿足，也因此造成建築規劃設計及基地整體通風環境設計時的挑戰。本案例為本書作者與葉世宗建築師事務所密切合作的個案，建築師事務所充分接受自然通風設計的理念，且給予高度的支持，但此開發案之委託業主則有許多實際開發時要用來創造經濟收益的樓地板使用需求及商業空間機能的考量要同時兼顧，以致最後只能在既定的建築計畫及較高的開發強度下，應用 CFD 模擬分析手法來探討如何導入一些自然通風設計手法的可行性。此案嘗試導入自然通風與相關的綠建築手法，部分構想如圖 3-41 所示，並以 CFD 模擬分析來檢視這些手法在導風與城市退燒減熱上的效果。

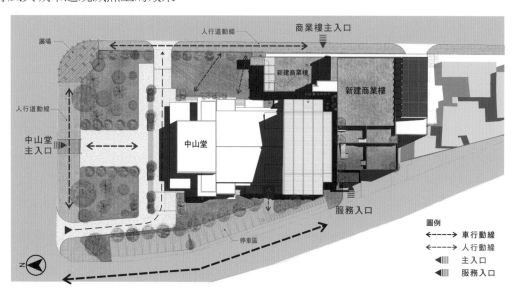

圖 3-40 研究基地歷史建築與新建建築及周遭環境

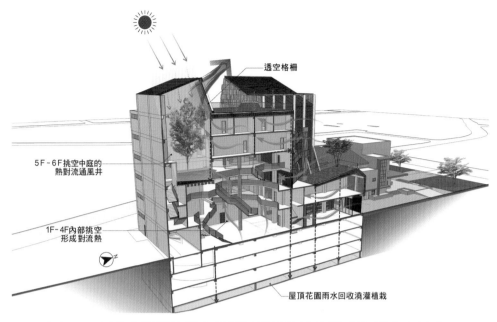

圖 3-41 新建商業樓建築自然通風設計及綠建築手法應用示意圖

二、CFD 模擬分析操作

(一) 氣象資料分析與模擬環境設定

　　本研究團隊蒐集附近氣象觀測站，近十年監測之風速和風向資料，並將氣象站收集的資料與實測調查資料進行彙整分析，據以設定模擬時的風向及風速值。在地區風環境分析方面，根據風速梯度及邊界層理論來瞭解研究地區的微氣候環境(見圖 3-42)，並進行不同高度的環境風速推估，以探討本案風速邊界條件之設定。指數係數值的計算公式如公式 1 所示，本案依據都市計畫航測地形圖，以基地中心向外半徑 350 公尺為範圍，計算周遭建物的平均高度，並進行地況分類的分析，再參考中華民國建築物耐風設計規範的地況分類方法，選定地況粗滑度為 B級，α 值為 0.25。

$$\frac{U(z)}{U_0} = \left(\frac{z}{\delta}\right)^{\alpha} \quad\text{............................(公式 1)}$$

$U(z)$：指數風速 (m/s)

U_0：基準風速 (m/s)

　z：任意高度 (m)

　δ：基準高度 (m)

　α：指數係數值

　Z_b：粗度高度 (m)

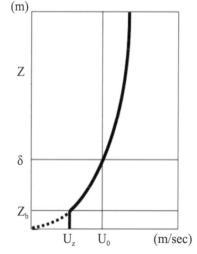

圖 3-42 風速梯度及邊界層
理論示意圖

　　經分析研究基地周邊的風場環境及日照情況，選定夏季為模擬分析季節，依前述氣象資料蒐集分析與本研究微氣候調查分析的結果，設定以下模擬分析的參數。

風速：2.66 (m/s)　　測點高度：15.0 公尺
夏季盛行風向：西北西風 (風頻圖見圖 3-43)
溫度：32.5 度
全天日射量：618.3 (W/m^2)　　日照模擬日期：7 月 15 日下午 2 點

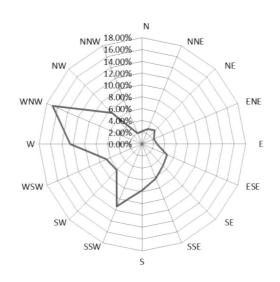

圖 3-43 夏季全日風頻圖

(二) 解析模型建置

　　在考量盛行風方向及模擬分析所需之焦點領域、街區領域及全區領域的建物基本資訊之後，接著建立 3D 解析模型，範圍如圖 3-44 示。中山堂歷史建築及旁邊新建商業樓建築的 3D 模型如圖 3-45 圖 3-46 示。

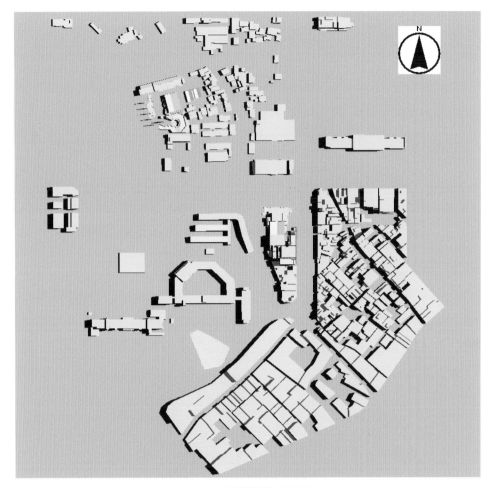

圖 3-44 解析模型示意圖

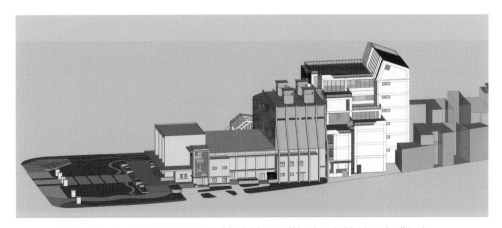

圖 3-45 中山堂與新建商業樓建築 3D 模型 (由基地西側觀看)

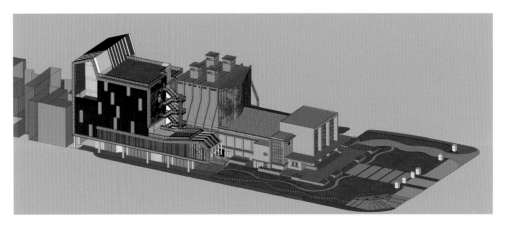

圖 3-46 中山堂與新建商業樓建築 3D 模型 (基地東側觀看)

(三) 網格切割設定

　　網格設計包括焦點領域、街區領域及全區領域三個範圍的網格切割設定，焦點領域包括研究基地內所有建築，街區領域則包括基地周圍約 350 公尺範圍內的建築，全區領域則為外側的範圍。網格切割設定如圖 3-47 及圖 3-48 所示。焦點領域 X-Y 軸為每 0.5 公尺一個網格。

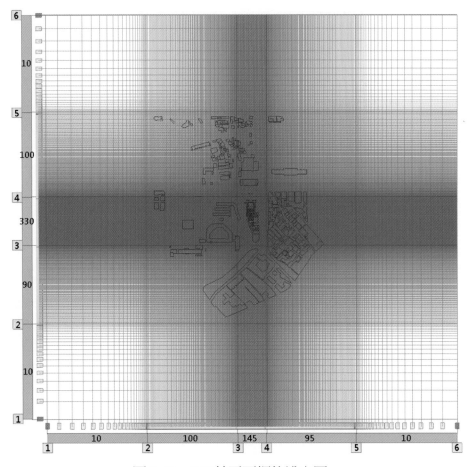

圖 3-47　XY 軸平面網格設定圖

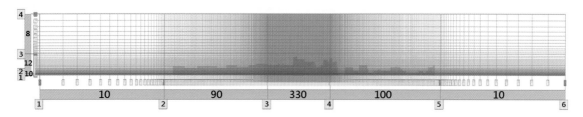

圖 3-48　Z 軸剖面網格設定圖

三、結果與討論

本案嘗試應用 CFD 模擬分析來檢視所提出之自然通風計畫及導風設計構想之成效，先進行基地整體通風環境的評估。

(一) 基地綜合性通風評估

1. 行人風場分析

高雄地區一般夏季時多吹南風，但由於本基地靠海，受海風及地形之影響，基地及附近地區夏季盛行風主要為西北西風，由於基地西北側的建築物不多，目前建物尚不會影響到入流風之風向，故風場主要是由西北西側方向吹入基地，建築配置及量體計畫若能配合此風場氣流吹入方向，應可加強通風及散熱。圖 3-49 至圖 3-51 所示為行人風場及基地整體的通風環境狀況。

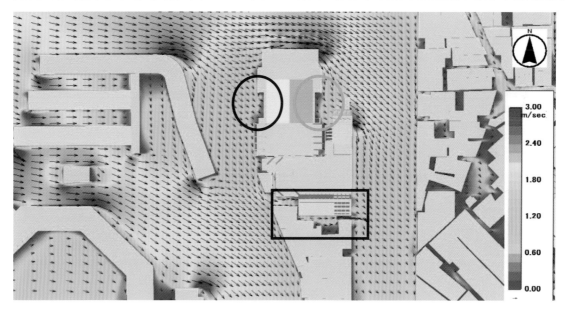

圖 3-49　一樓行人風場平面分析圖 (Z 軸約 1.8 M 行人風場高度)

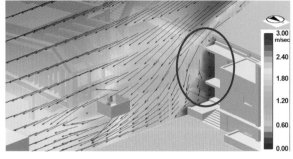

圖 3-50 一樓行人風場剖面分析圖 1　　　圖 3-51 一樓行人風場剖面分析圖 2

　　如圖 3-49 所示,基地建物西側內凹處(圖 3-49 黑色圓圈處)受到風場入流風直接吹送及西北側建物所形成的角隅風之影響,有較強的氣流流入,但地面風場的氣流流通至中山堂建築時,因受到一樓地面層入口處花台之影響,降低了風場氣流之向上提升的效果;另外,建物高層風場之氣流在沿著建築量體向上爬升而穿越屋頂時,也會受到第二、三層樓較深出簷設計的影響(見圖 3-50、圖 3-51 紅色圓圈處),使得風場氣流在向上抬升與攀爬的過程中受到一些阻礙,因而導致向上風場氣流的減弱,進而影響到基地周遭的整體氣流流通效果及風廊道的退燒減熱功能,故建議將一樓的花台予以階梯化,並將二、三層樓出簷深度予以調減(或部分透空),以增加向上攀升風場氣流之流動。此外,也可於西側迎風面種植大喬木來增加樹蔭面積以降低氣溫,以便即使風場氣流較弱,也能讓吹至此處的氣流溫度較為涼快,而不致感到悶熱。

　　建築物東側內凹處(圖 3-49 的綠色圓圈處)為背風側,加上高處風場受屋頂抬升而來不及下沉至此處,導致此處風場微弱,建議可將第二層樓出簷深度調整(或部分透空)以增加此處風場流動,或建議於建物東北角處的角隅風下游處種植導風植栽(如福木或羅漢松),引導部分風場進入建物東側內凹處,來改善此處的通風環境(見下節植栽導風部分)。基地南側小巷(圖 3-49 中黑色長方形框處)因風場由寬至窄吹送,而產生縮流效應,導致風速加強,需注意巷口的強風吹襲(圖 3-52),此部分應考量調整與臨棟距離,或於巷口開放空間處種植植栽,以減緩縮流效應產生。

　　另外,因北側及東側轉角形成角隅風加速(見圖 3-53),也需考量此兩處的風場吹襲,同樣地建議可種植檔風植栽或是將轉角柱形設計更改為圓形設計以減少角隅風的效果。

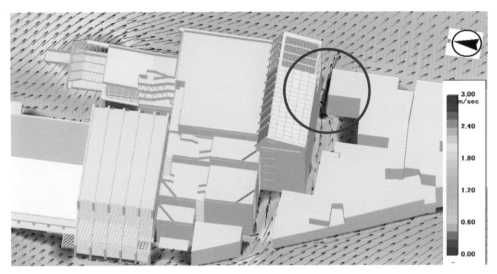

圖 3-52　行人風場透視圖(縮流效果)

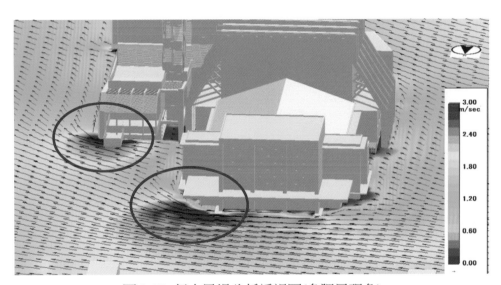

圖 3-53　行人風場分析透視圖(角隅風現象)

2. 行人風場風速等值線分析

　　行人風場風速之等值線分析如圖 3-54 至圖 3-56 所示。綜合而言，基地北側及西側迎風面地區之風速多維持在 1.3 m/sec 以上，屬於人體感到舒適的風場範圍。東、西兩側內凹區則受到二、三樓出簷過於凸出及背風側(東側)阻擋之影響，風速低於 0.8 m/sec，會感到悶熱。

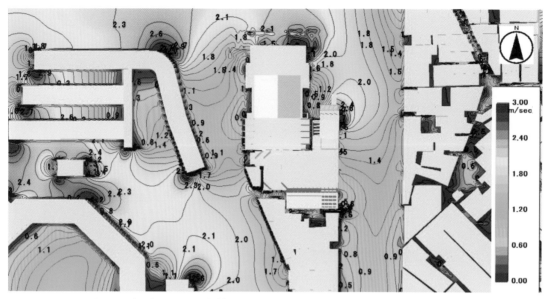

圖 3-54 行人風場風速等值線分佈圖 (Z 軸約 1.8 M 高度)

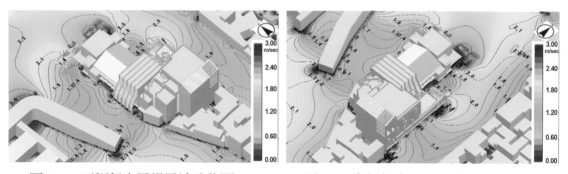

圖 3-55 西側行人風場風速分佈圖　　　　圖 3-56 東側行人風場風速分佈圖

3. 風場粒子分佈分析

　　圖 3-57 所示為近地面風場粒子吹送方向的分析，可看出夏季盛行風的吹送路徑。近地面風場粒子吹向受建物影響而形成幾條主要的路徑。高處風場粒子則隨著建物量體及屋頂形式穿越過建物由西往東吹送，隨著建築量體向上攀升。瞭解風場粒子的吹送路徑之後，可思考如何透過建築量體計畫及建築量體形式來加強夏季時的引風導風效果。

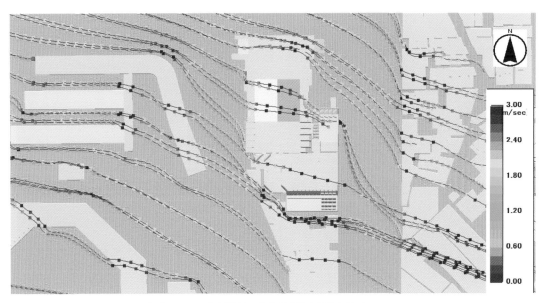

圖 3-57　風場粒子吹送路徑分析圖

(二) 通風設計及相關綠建築手法分析

　　經由前述綜合性基地通風環境分析及行人風場評估分析之後，本案嘗試導入相關的自然通風設計及綠建築設計手法，包括配合夏季入流風方向的退縮量體計畫；透過弧形建築量體來引導夏季入流風吹至建築東側通風不佳之處；利用浮力通風原理，透過室內通風管道設計，來加強新建商業樓內部空間的自然通風；於演藝廳頂層的工作空間，以結合造型設計的四座通風塔來加強此空間的自然通風散熱，並讓通風塔也成為整體建築造型設計的一部分，以呈現出通風建築的意象；以及透過植栽計畫來加強歷史建築東側空間的導風效果。本案應用 CFD 模擬分析，針對上述通風設計手法逐一進行模擬分析及效果測試，結果分述如下：

1. 透過建築量體設計讓夏季時西側的盛行風能沿建築逐步攀升，帶走熱能

　　為了順利引導氣流，西側新建建築的量體組合採逐步退縮及向上爬升的方式設計，以引導夏季入流風的氣流能沿著建築量體向上爬升，退縮的屋頂平台也將予以植栽綠化，以便配合夏季入流風的吹過，發揮導風及退燒減熱的作用(見圖 3-58 組圖中的左上圖)。此部分的構想，經 CFD 模擬分析測試後，顯示可發揮預期的功能(見圖 3-58 組圖中的左下圖、右上圖及右下圖)。

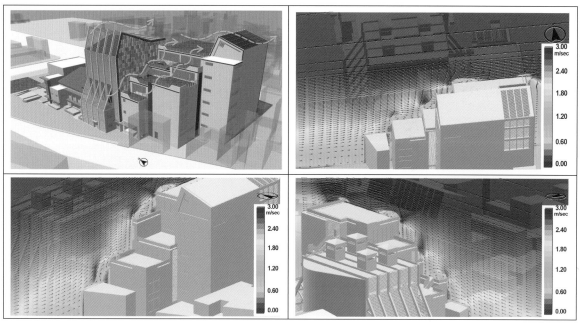

圖 3-58　順應夏季入流風方向的建築量體退縮設計構想及 CFD 模擬結果比較圖

2. 加設弧形量體引導夏季盛行風流至建築東側通風不佳處

(1) 概念發展：順應夏季入流風方向的建築量體導風設計

　　本案嘗試探討是否可利用北側建築新增的弧形導風量體來將西北西方向吹入的夏季盛行風引導至建築東側通風不佳的地方。弧形量體為輕型鋼構，可作為演藝廳的展示及休憩空間，也可作為建築造型亮點的一部分。整體構想如圖 3-59 至圖 3-60 所示。

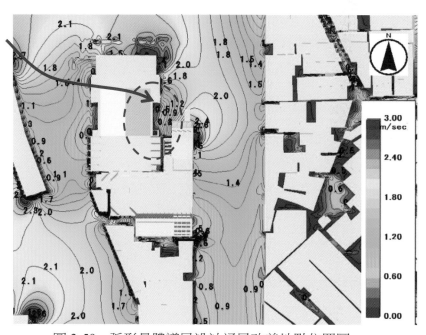

圖 3-59　弧形量體導風設計通風改善地點位置圖

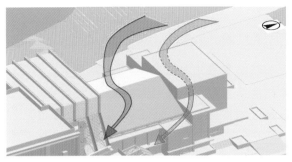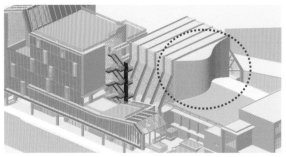

圖 3-60　加設弧形量體引風構想示意圖

(2) 弧形量體導風構想之 CFD 模擬分析測試

此部分擬透過新增弧形量體的導風作用，順應夏季盛行風的吹送路徑，將夏季盛行風引至建築的東側，以改善兩部分的通風狀況：一為建築東側行人風場及新建商業樓 2 樓戶外活動平台的通風狀況，另一則是希望將西北西吹來的夏季盛行風引入新建商業樓的二、三樓室內挑空空間，藉以增加新建商業樓室內空間的氣流循環，並減少人工空調設備的使用。此構想透過 CFD 模擬分析進行測試，部分結果如圖 3-61 所示。模擬分析結果顯示，此構想應屬可行，但新增弧形建築量體的弧度及突出面積與型式，以及新建商業樓引風入口的位置及開口大小需經細部設計，並經 CFD 模擬分析的檢視與評估。

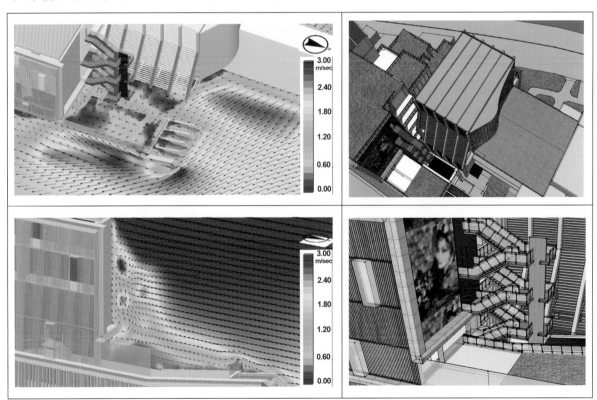

圖 3-61　弧形導風量體之 3D 量體模型及 CFD 模擬分析結果

(3) 弧形量體導風計畫之不同弧度方案比較

依據前述構想，提出以下三種新增弧形量體的弧度設計方案(圖 3-62)：

弧形量體弧度方案一：新增弧形量體於大跨距建築量體北向的偏左側(小弧設計)

弧形量體弧度方案二：新增弧形量體於大跨距建築量體北向的偏右側(小弧設計)

弧形量體弧度方案三：新增弧形量體於大跨距建築量體北向的偏右側(大弧設計)

接著以 CFD 模擬分析進行各方案的導風效果評估，連同無設置弧形量體的無弧方案，總共有四個方案要進行 CFD 模擬結果的比較分析，分析結果如圖 3-62 所示。模擬分析結果顯示出，新增弧形量體設置於原大跨距建築量體之偏右側的導風效果較佳，而新增弧形量體設置於偏右側之小弧方案與大弧方案的導風效果差異不大，唯新增弧形量體設計除了導風功能之外，尚須考慮建造成本及對現有建築結構與造型的影響，經綜合評估各考慮因素之後，最後選定新增量體於偏右側的小弧方案(圖 3-62 中的弧度方案二)為建議的方案。

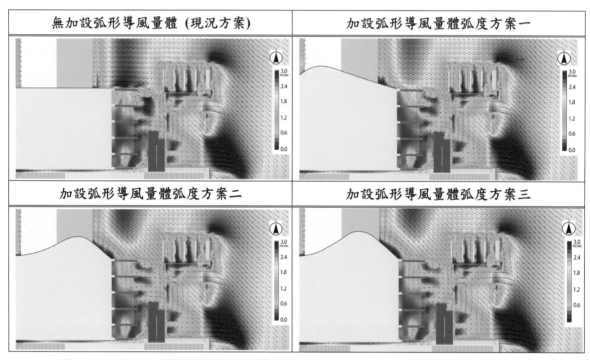

圖 3-62　現況方案及弧形導風量體不同弧度方案之 CFD 模擬分析結果比較圖

(4) 新增弧形量體方案導風效果評估

經 CFD 模擬分析測試弧形量體的不同弧度方案之效果，選定最佳的弧度方案之後(同時考量導風功能、建造成本、建築結構及空間機能等)，接著進行「有弧形量體」方案與「無弧形量體」方案的通風效果比較，以確認弧形量體的導風功能，CFD 模擬分析結果如圖 3-63 所示。

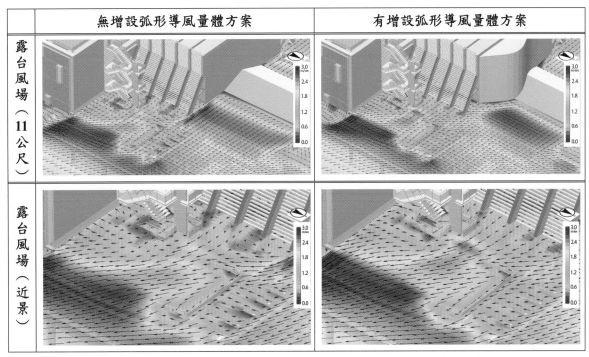

	無增設弧形導風量體方案	有增設弧形導風量體方案
露台風場（11公尺）		
露台風場（近景）		

圖 3-63　弧形導風量體通風改善效果評估 (無弧形量體 vs.有弧形量體)

　　如圖 3-63 所呈現的，結合造型設計的新增弧形量體方案，可以發揮一些導風的功能，將夏季入流風氣流引入原本通風不佳的建築東側外部空間及新建商業樓的 2 樓活動平台。

3. 室內浮力通風設計

　　接著進行如何利用浮力通風來加強室內通風環境改善的分析。本案的室內浮力通風設計擬結合通風管道設計及引風開口設計，並與建築內部的空間機能相配合。經由浮力通風基本概念的探討之後(見圖 3-64)，提出配合建築造型設計的具體設計方案，如圖 3-65 所示。經由 CFD 模擬分析的應用，對新建商業樓內部使用通風管道之浮力通風方案與其他方式的自然通風方案進行比較，結果如圖 3-66 所示，研究結果顯示，使用通風管道的浮力通風手法對於新建商業樓二、三樓挑空空間的氣流循環，具有較佳的通風改善效果，可將氣流引導到更多的室內空間，達到較好的整體室內氣流循環與自然通風換氣效果。

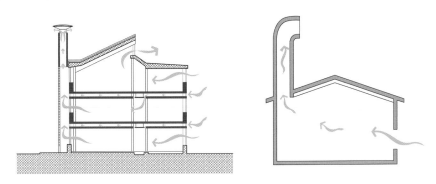

圖 3-64 浮力通風設計概念發展示意圖

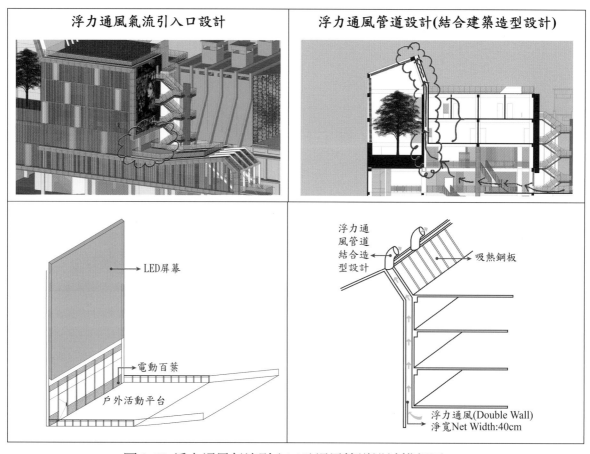

圖 3-65 浮力通風氣流引入口及通風管道設計構想圖

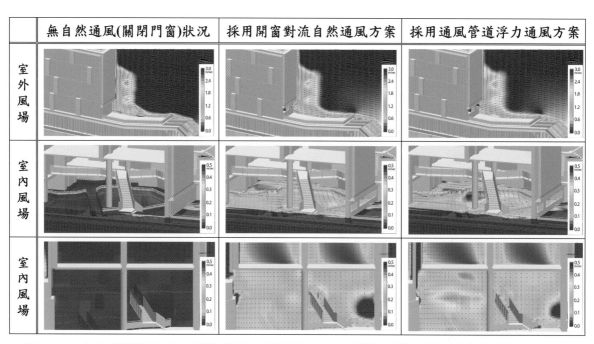

圖 3-66 無自然通風方案、開窗對流自然通風方案及通風管道浮力通風方案效果比較圖

在確定提出的浮力通風方案對於新建商業樓建築室內整體空間通風改善的效果不錯之後，接著應用 CFD 模擬分析來測試浮力通風入風口設計的位置，部分成果如圖 3-67 所示。研究結果顯示，通風口位於引風面的下側會比位於上側，有較佳的整體通風改善效果，能讓吹入的氣流流通到較多的室內空間，此結果符合一般浮力通風理論所建議的原則。

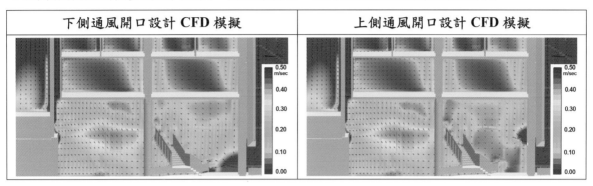

圖 3-67　浮力通風入風口位置比較圖

4. 通風塔通風設計

本案另一個自然通風設計的亮點為演藝廳頂樓的通氣塔設計。演藝廳頂樓的工作空間夏季時非常炎熱，為減少空調的使用，建議設置通風塔來加強此空間的通風換氣(圖 3-68)。本團隊提出兩套方案，分別為：「兩座通風塔方案」與「四座通風塔方案」。四座通風塔方案又分高塔和低塔兩種方案。各方案通風效果的 CFD 模擬分析結果如圖 3-69 所示，研究結果顯示，高塔效果比低塔為佳，而四座通風塔(高塔)方案有最佳的通風效果，此通風塔設計也可結合建築造型設計，並與雨水收集設施結合，讓此通風綠建築設計手法成為本設計案的亮點之一。

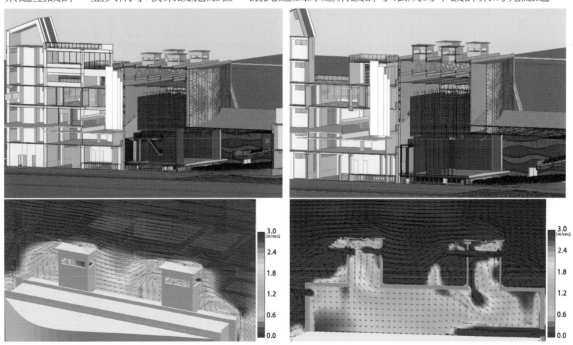

圖 3-68 通風塔設計及 CFD 模擬結果示意圖

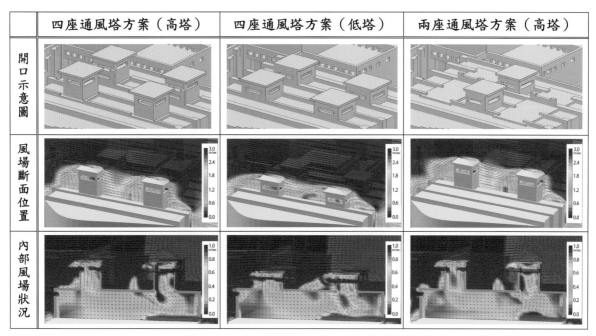

	四座通風塔方案（高塔）	四座通風塔方案（低塔）	兩座通風塔方案（高塔）
開口示意圖			
風場斷面位置			
內部風場狀況			

圖 3-69 通風塔設計方案 CFD 模擬結果比較圖

5. 植栽導風或擋風效果

　　植栽計畫也可發揮適當的導風或擋風效果，來引導或阻擋氣流。實際操作時需使用擋風或導風效果較佳的喬木(如福木及羅漢松等)。本案例應用 CFD 模擬分析來進行此類植栽擋風或導風效果的探討，喬木植栽擋風或導風構想如圖 3-70 和圖 3-71 所示，CFD 模擬分析結果如圖 3-72 和圖 3-73 所示，研究結果顯示，擋風喬木如果配置得宜，應可發揮適當的功效(見圖 3-73 導風植栽設置所造成的風向調整)。

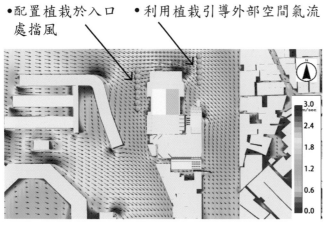

圖 3-70 植栽擋風或導風示意圖

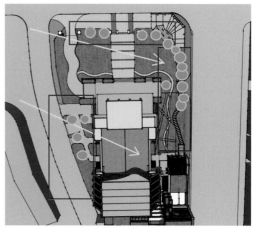

圖 3-71 植栽設計構想

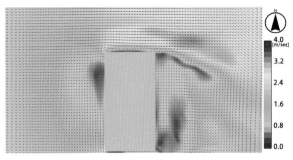 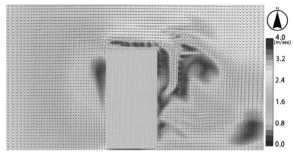

圖 3-72 植栽導風效果 CFD 模擬(無導風植栽)　圖 3-73 植栽導風效果 CFD 模擬(有導風植栽)

四、結論與建議

本案例透過 CFD 模擬分析方法的應用,對高雄左營中山堂歷史建築及旁邊的商業樓新建建築進行了整體通風環境評估及綠建築自然通風手法的探討,模擬分析夏季時建築內部及外部空間的通風環境,並提出通風改善的建議,茲簡述如下。

(一) 加強自然通風來增加空間使用的舒適性

受到海風及地形的影響,研究地區夏季盛行風為西北西風,本案基地位在入流風側的建物稀疏,風場順著入流風向流動,帶動基地周圍的風場,而本案除了東側及西側兩內凹處之風場較為微弱之外,也需注意南側巷口和北側及東側轉角處因縮流及角隅風現象所產生的強風,而其他區域則風場順暢,其風速維持在 1.2 m/sec 以上,屬於良好的風場環境,可有較佳的人體舒適性。就通風環境改善而言,建議將東西兩側內凹處、南側巷口開放空間、北側及東側轉角處種植植栽來降低氣溫及阻擋部分強風,以提高整體的舒適度。至於建築東西兩側內凹處的出簷形式也可予以調整,以增加風場流動。

(二) 自然通風與導風設計

由本案例風場粒子吹送路徑之分析可得知,有三條主要的風廊吹送路徑流經基地周邊,形成影響基地換氣降溫的主要通風路徑,所以若要更積極的利用風廊效果,應調整建築量體組合及加強新建商業樓室內的浮力通風效果,以強化整體的通風環境及使用者的舒適度,經 CFD 模擬分析的測試,本案所提出來的量體導風及浮力通風手法應屬可行,後續可進行更詳細的細部設計與通風效果評估。

(三) 基地溫熱環境改善

基地溫度場受到風場流動而有所影響,西側西曬面、東西兩側內凹處、南側陽台以及建物南側小巷,皆是因風場流動微弱而使得溫度升高的區域,建議西曬面增設水平遮陽,而出簷遮陽設計時也要綜合考量其對風場流動的影響。至於東西兩側內凹處則可依照風場設計配置植栽來降溫,南側階層式陽台應進行綠化設計或是將女兒牆設計改為隔柵設計,以發揮更

好的引風及退燒減熱效果。此外,並考量增加建物南側小巷之通道寬度,以避免縮流效果所造成的強風。

(四) 推動結合 CFD 模擬分析的通風綠建築設計

經由 CFD 模擬分析的測試,研究結果顯示,本案提出的綠建築設計手法可發揮一些強化自然通風效果的功能,可用於歷史建築的保存維護及周遭新建大樓的設計評估,至於 CFD 模擬分析工具在設計方案評估階段的應用成果,也證實其可有效地協助設計方案的檢討及進行通風成效評估。

(五) 回歸到觀念及價值觀的建立

最後,值得說明的是,經由 CFD 模擬分析方法的應用,本案例經驗顯示,CFD 模擬分析為一套有效的分析與評估工具,可協助設計階段的概念發展及方案評估,其可視化的分析成果圖及動畫效果,也有助於與業主、設計師及使用者的溝通,協助落實通風綠建築設計的構想。然而,此類數位化模擬分析工具的應用,雖提供了設計決策上的科技支援,但自然通風綠建築理念的落實,仍需依賴親自然設計(包含風環境因應設計)觀念與價值觀的建立,以便能善用大自然的力量來做最佳的設計,唯有認同此理念,才能減少人工化設備的使用,並讓業主及設計師接受因為採用 CFD 模擬分析而增加的工作量,以及相關設計方案檢討所需的時間與成本,而透過此操作模式所得到的回饋,將會是建築與環境的永續發展。

第三節　CFD 模擬分析應用於金門金湖鎮鎮民綜合服務中心設計[*]

一、案例背景

　　本案例為一個競圖案，作者與設計師團隊密切配合，嘗試運用 CFD 模擬分析及自然通風概念，在建築量體設計與開放空間設計時，即導入自然通風的考量，並配合夏季引風及冬季擋風的構想，調整建築設計及外部空間的形式與配置，以期能營造出符合風環境因應設計理念的綠建築。金門縣金湖鎮長久以來缺乏一個多功能的綜合性服務中心，此次透過中央政府的補助，擬興建一個綜合服務中心。對於地方而言，此案屬於一個大型的公共工程建設，除了要滿足基本的機能需求之外，也希望引入一些新的觀念及設計分析技術，基於此，作者與合作的團隊，提出自然通風設計的構想，並運用 CFD 模擬分析技術，來協助設計構想與方案的發展。

　　本案基地位於金湖鎮林森路與自強路旁的一個街廓(圖 3-74)，長約 400 公尺、寬約 180 公尺，街廓內東側下方有一處現有建築物，需要保存維護及再利用，其餘基地內則為幾個零星雜亂的老舊建築要予以拆除，以清出新建的鎮民綜合服務大樓的建築用地。新建大樓與現有需保存建築應如何配合，以及應如何建構出新的空間秩序關係，為設計時一個需考量的重點。另外，基地周遭有不錯的自然地景及山水景觀元素，如何掌握這些景觀元素的特徵，以營造出能與在地文化及地景風貌相互配合的建築形式與整體環境氛圍，為另外一個需考量的課題。

圖 3-74　基地環境分析圖

[*]本節案例為作者與葉世宗建築師事務所合作的競圖案之部分成果，建築設計發展由葉世宗建築師事務所負責，作者負責通風設計、CFD 模擬分析以及景觀方面的工作，作者感謝葉世宗建築師及事務所同仁的支持與協助，讓 CFD 模擬分析能與此競圖案的建築設計相結合。

二、建築規劃設計構想

　　基地的景觀資源條件良好，前有水系、東側邊界有太湖，基地後方有太武山。夏季時主要盛行風為西南風，可引入潔淨舒適的氣流。金門雖有海上花園之美稱，近年來因城鎮化發展及硬鋪面使用的增加，都市化地區夏季時普遍炎熱且熱島效應嚴重，有鑑於此，本設計方案的建築配置座向擬順應夏季盛行風風向，以便引入夏季時的盛行風，發揮通風廊道的效果，此作法一方面有助於夏季時整體環境的退燒減熱，另外也可配合地形，導入潔淨的氣流，發揮淨化空氣的目的。至於整體建築造型的設計構想則是以揚帆的船型量體造型為主，配合夏季盛行風風向，與街廓呈 30 度傾斜配置，以創造街角通風開口，並營造出入口處的公共空間廣場。公共空間廣場並配合建築物的空間機能，設置一個下沉廣場及通往 2 樓的平台廣場，以創造出具三度空間變化效果的公共外部空間，也藉以提升建築立面及開口的通風效果。建築入口廣場以人性尺度進行規劃設計，形式為傳統閩南建築元素「埕」的延伸，以創造舒適、親切的外部空間廣場，並發揮在地建築語彙的特色(圖 3-75)。

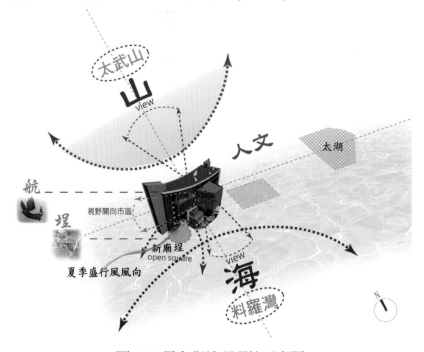

圖 3-75 風向與地理環境示意圖

　　本案為地方重要的公共建築，在設計時希望能兼顧地域性特色及時代的意義，所以建築造型設計一方面要反映出金門閩南文化的特色，另一方面則要呈現新的觀念及新技術的時代意義。為達上述目標，研究與設計團隊，嘗試以通風綠建築手法來創造通風廊道的效果，並配合外部空間設計，在夏季時導入舒適的氣流，發揮引風的功能，冬季時則利用樓梯間及不開窗的側面，達到擋風的效果(圖 3-76)。此外，街角引風廣場也特別進行原有老樹的保存，嘗試維護在地民眾的集體生活記憶及地方故事性。而具有船型造型隱喻意義的建築量體造型設計，則象徵著金門在全球化的時代正邁步走向世界的企圖心(圖 3-77、圖 3-78)。至於建築立面

及配合通風廊道設計之下沉廣場的壁面，則利用在地的材料及語彙(圖 3-79 至圖 3-82)，以營造具有鄉土建築意象的公共建築形象。

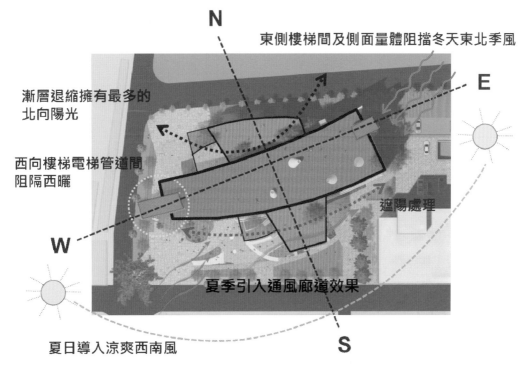

圖 3-76 建築物理環境分析圖

圖 3-77 通風廊道與建築設計示意圖

圖 3-78 建築設計示意圖

圖 3-79 材質效果圖

圖 3-80 立面鄉土材質效果圖

圖 3-81 建築語彙示意圖

圖 3-82 半戶外空間效果圖

　　本案例的另一個特色是在設計概念發展階段即配合 CFD 模擬分析來檢討建築配置、量體計畫及外部空間設計與整體通風環境的關係,以營造通風、節能、健康的公共綠建築。

三、氣象資料蒐集與分析

　　本研究蒐集研究地區近 10 年的氣象資料,並進行設計基地的微氣候實測分析,近兩年鄰近氣象站的相關風向資料整理如圖 3-83 及圖 3-84 所示,夏季月份的平均風速及年平均風速資料則整理於表 3-1 和表 3-2。經由這些資料的分析,可整理出模擬時的風向、風速輸入參數設定。

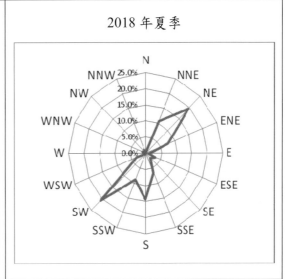

圖 3-83 金寧觀測站夏季風頻圖

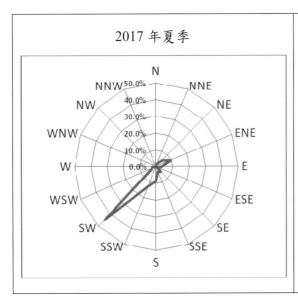
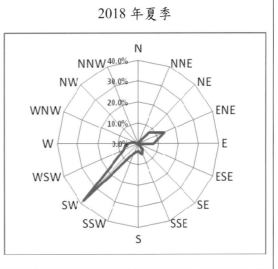

圖 3-84 金門觀測站夏季風頻圖

表 3-1 金寧觀測站夏季平均風速 (m/s)

2017 年		2018 年	
6 月平均風速	3.34	6 月平均風速	3.52
7 月平均風速	2.51	7 月平均風速	3.19
8 月平均風速	3.30	8 月平均風速	2.00
9 月平均風速	2.95	9 月平均風速	3.18
年平均風速	3.03	年平均風速	2.97

表 3-2 金門觀測站夏季平均風速 (m/s)

2017 年		2018 年	
6 月平均風速	3.13	6 月平均風速	3.34
7 月平均風速	2.43	7 月平均風速	3.11
8 月平均風速	3.01	8 月平均風速	2.53
9 月平均風速	2.85	9 月平均風速	3.07
年平均風速	2.86	年平均風速	3.01

四、模擬分析結果與討論

在發展設計構想的同時，本研究也透過 CFD 模擬分析，探討相關自然通風構想與量體及造型設計相結合的可能性。實際操作時，先建立 3D 現況量體模型，經測試現況模型模擬結果與實際微氣候量測結果一致之後，接著以不同的設計方案進行模擬分析。本案的網格設計分為焦點領域、街區領域及全區領域三部分，X-Y 軸的焦點領域每 0.5 公尺為一個網格，Z 軸的網格切割分三個區域，包括行人風場的下沉廣場至二樓平台為 Z 軸的焦點領域，每 0.25 公尺一個網格，以便能探討建築量體的細部設計與通風的關係。網格設定如圖 3-85 及圖 3-86 所示。

設計方案的 CFD 的模擬分析結果如圖 3-87 至圖 3-91 所示。CFD 分析結果顯示，順應入流風方向調整建築的水平軸角度及量體組合，有利於夏季時引入西南向的盛行風，營造出具自然通風效果的街角廣場及建築挑空空間。而下沉廣場及三度空間安排的開放空間設計也有助於該地區的氣流循環，增加地面層樓層半戶外空間及入口廣場處的使用舒適度(圖 3-87 至圖 3-91 中地面層及低樓層之風速在 1.0 m/sec~2.5 m/sec 的地區為較舒適的環境風場風速範圍)。

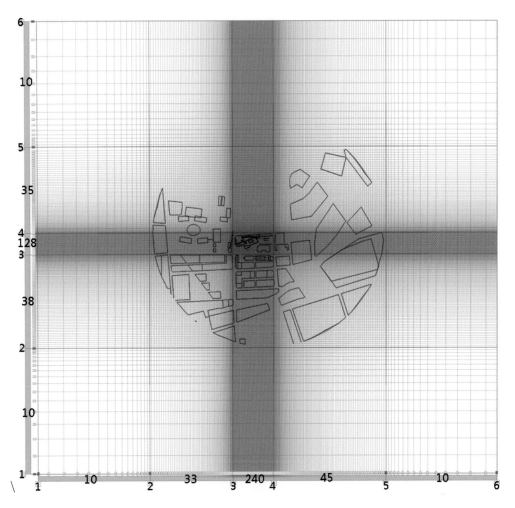

圖 3-85 金門縣金湖鎮鎮民綜合服務中心 CFD 模擬分析 XY 軸平面網格設定圖

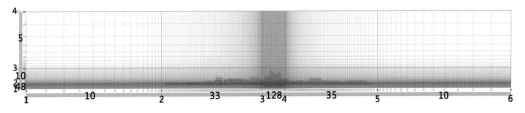

圖 3-86 金門縣金湖鎮鎮民綜合服務中心 CFD 模擬分析 Z 軸剖面網格設定圖

圖 3-87　CFD 模擬分析結果平面圖 (Z 軸約 5 M 高度)

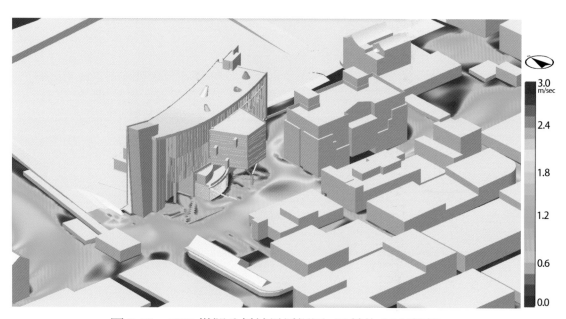

圖 3-88　CFD 模擬分析結果透視圖 (Z 軸約 2 M 高度)

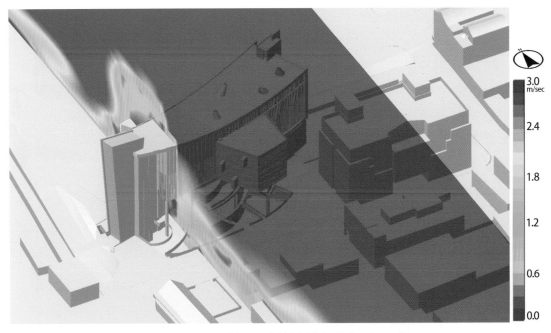

圖 3-89　CFD 模擬分析結果剖面圖 (入口處)

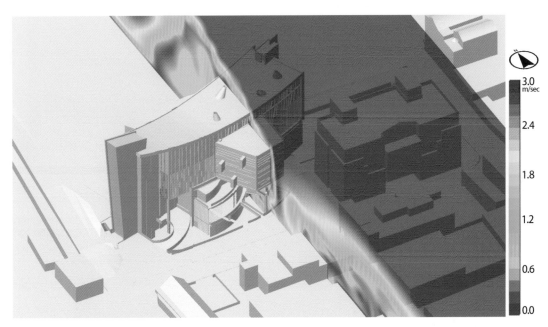

圖 3-90 CFD 模擬分析結果剖面圖 (出挑量體所形成的半戶外空間)

　　從圖 3-87 至圖 3-91 的 CFD 模擬分析結果可看出，配合地區通風廊道氣流引入效果的建築座向調整及量體挑空設計，可創造出具有不錯通風效果的外部空間，讓多數外部公共活動空間的風速可維持在 1.0 m/sec 至 2.5 m/sec 左右之讓人體感到舒適的風速範圍。這種配合風環境因應理念的建築設計手法，也創造出不同於傳統行政服務大樓的建築形式(多為在方盒子的框架下，去做設計變化)。金門夏季時相當炎熱，本案配合夏季西南向的盛行風，進行配置方

位的調整，並以靈巧多變化的量體造型設計，創造出具豐富立面陰影效果的量體組合，應可發揮建築退燒減熱的效果，並創造出具有良好通風環境的戶外空間及活動平台(見圖 3-89 至圖 3-91)。參考 CFD 模擬分析的結果，本設計案嘗試加強夏季時西南向盛行風的引入，同時進行相關的建築通風設計，包括利用挑空、遮陽百葉、對流開窗及天窗設計等、來到建築自然通風的效果(圖 3-92)；外部樓梯走廊通風設計(圖 3-93)；下沉廣場導風設計(圖 3-94)，以及建築量體挑高和透空設計來加強自然通風效果(圖 3-95)，CFD 模擬結果顯示，這些設計手法對於建築自然通風環境的優化，應可發揮一些預期的效果(圖 3-94 及圖 3-95)。

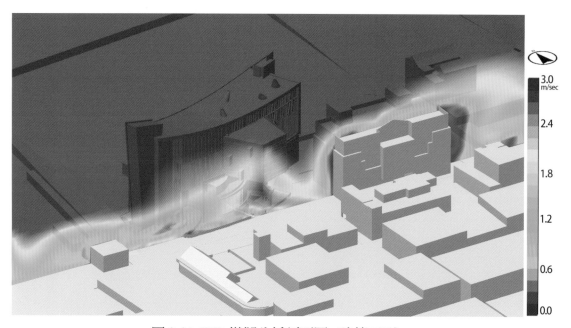

圖 3-91 CFD 模擬分析剖面圖 (建築正面)

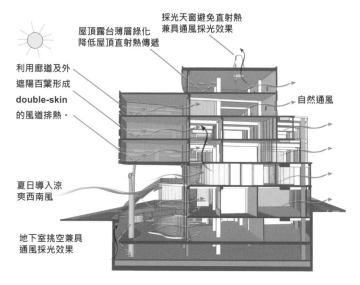

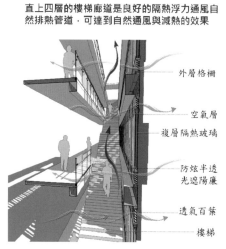

圖 3-92 建築自然通風設計示意圖　　圖 3-93 外部走廊通風設計示意圖

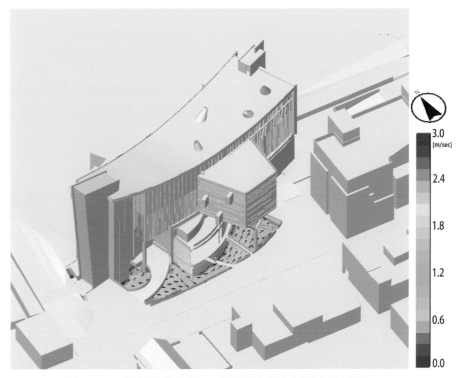

圖 3-94 戶外活動空間(下沉廣場)通風狀況分析圖

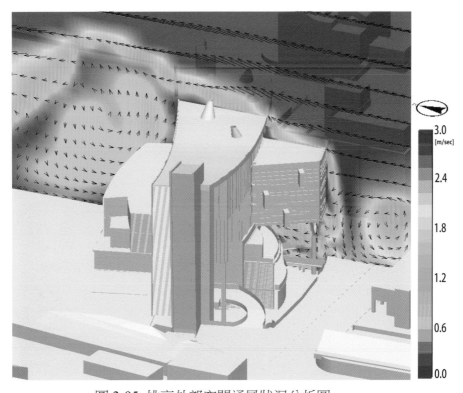

圖 3-95 挑高外部空間通風狀況分析圖

五、結論與建議

本案例嘗試結合自然通風理念及 CFD 模擬分析方法，進而創造出具靈巧造型變化的建築量體組合及建築配置型態，以及具良好通風效果的三度空間戶外活動廣場與平台，此外，建築形式也反映出亞熱帶氣候地區應營造出具豐富陰影變化及通風與遮陽效果之地域性建築的特徵。配合金門島嶼地區夏季主要吹西南風，冬季吹東北風的氣候特徵，本設計案的建築配置座向、量體計畫、開口設計以及開放空間設計，皆充分地與夏季盛行風之風廊引入效

圖 3-96　配合夏季引風(西南風)、冬季擋風(東北風)的金門通風綠建築設計及基地開放空間計畫

果配合，希望達到夏季引風、退燒減熱，冬季擋風(以樓梯間及建築背面面對東北季風)的目標(見圖 3-96)。夏季時良好的室內外通風環境、清涼潔淨的柔風吹拂、隨著軟風搖擺的綠樹枝葉，再搭配著金門傳統建築材質及語彙在和風及日照光影中的影像變化，這將會是這座海上花園島嶼中令人難忘的美景。然而，可惜的是，由於金門地區民風純樸，建築設計觀念上較為保守且較關注於創新作法在營造施工時的困難度，以致本團隊提出的競圖方案並未獲選，但是整個操作過程，仍是一個良好的科學性分析與設計創意發想相結合的經驗。在此過程中，設計團隊逐漸領悟到 CFD 模擬分析的功能與潛力，而 CFD 模擬分析之生動的可視化圖面效果與動畫效果，也有助於支持一些原先不太確定的設計構想，讓設計師願意大膽地去嘗試。整體而言，這是一次不錯的學術研究與專業設計實踐相結合的經驗，也提供了一個將理性分析與感性設計相結合的操作模式，但是，操作過程中也發現，要讓非工程背景的設計師能夠順利地進入 CFD 模擬分析在建築及城市設計應用的範疇，目前似乎仍需要更多的教育推廣課程，以及從使用者端(end users)來研發更簡易且友善的使用者介面。

第四章　CFD 模擬分析應用於社區及聚落自然通風設計

第一節　CFD 模擬分析應用於台南市文化中心旁社區外部空間通風環境優化[*]

一、前言

　　為了因應氣候變遷及城市熱島效應等環境問題對集居環境所造成的衝擊，營造具良好通風效果的社區外部空間，已成為社區規劃設計時一個重要的議題。臺灣地區的氣候潮濕悶熱，社區外部空間的通風狀況及使用舒適度，已成為近年來都市退燒減熱政策中一個重要的研究課題。良好的社區外部空間通風環境，不但有助於排除都市中的污染物質 (Ishida et al., 2005)，在夏季更可藉由加速熱交換來提高人體在戶外活動的舒適度 (Givoni, 1998)，並增加室內空間的自然通風能力 (Xie et al., 2006)。然而，儘管此議題的重要性已日增，但目前社區建築在規劃設計時，由於受到商業導向開發之經濟利益掛帥，以及要蓋出最多戶數或用完所有容積之思維的影響，多未將加強自然通風的考量列為住宅規劃設計時的主要決策項目，以致建築配置及量體計畫時常無法利用地區微氣候環境的特性，透過良好的開放空間設計及建築計畫來加強社區導風減熱的作用。例如目前相關都市設計及土地使用管制法規在對基地建築配置及社區開發的管控中，雖然有列出對建蔽率及空地留置比例的要求，但此類要求卻鮮少與地區風環境及溫熱環境的改善進行整體性的配套考量，以致常有因社區外部空間之通風不佳或未善用街道風廊效果，而影響到社區外部空間之使用舒適度的情況。有鑑於此，本節嘗試透過 CFD 模擬技術的應用，探討如何加強住宅社區外部空間的通風環境。基於前述背景與動機，本節以台南市四種具代表性的街廓社區為例，透過實地調查分析，以及 CFD 模擬分析的應用，探討下列研究問題：(1)如何系統性分析街廓社區之建築配置及量體規劃對外部空間通風狀況的影響？(2)如何建議適當的建築配置方案及中庭空間設計原則，以加強住宅社區外部空間規劃設計與地區風環境的配合，進而創造通風減熱的環境。最後，經由文獻與設計方案的比較分析，對住宅社區的建築規劃與外部空間通風狀況之關係做出評估，並提出相關規劃設計策略的建議。

二、理論與文獻回顧

(一) CFD 模擬在住宅規劃設計與管理的新趨勢

　　一般而言，住宅社區規劃設計有 Pre-design, Design, Post-design 三個階段。Pre-design 階段為設計的創意發展和概念發展；Design 階段主要為設計發展的過程和方案評估；而 Post-design 階段則為設計完成後的建造及使用者評估(Post Occupancy Evaluation, POE)。在數位模擬分析工具未被普遍應用的年代，許多不錯的住宅社區規劃設計構想，常因缺乏適當的評估分析工具，

---

[*]本節內容的初期研究結果，曾發表於 2017 年的英文期刊 *Applied Ecology and Environment Research*，15(4): 1815- 1831 (SCI 期刊，本書作者為第一作者)。本節所呈現的內容，為使用更新的微氣候調查資料及增加評估方案之後的後續研究成果。

故難以在 Pre-design 或 Design 階段被具體化地驗證或檢視，以致傳統藍圖及工程筆時代的住宅社區開發通常未能經過精確的評估，便被生產製造，因而不少設計上的缺失，常未能預先發覺，而只能在住宅完成後藉由使用後評估來加以檢討，但如果出現明顯的設計缺失，由於實際建築已經完成，往往為時已晚。現今藉由數位模擬分析技術與工具的發展，可在設計階段就預視到一些問題，以便在設計概念被實踐之前，及時加以修正，以減少因設計決策缺失所造成的成本 (Schlueter and Thesseling, 2009; Tsou, 2001)。基於此理念，本案例嘗試在建築規劃設計、模擬分析、評估與修正、建造與使用管理四者之間建立一套整合性架構，基本構想如圖 4-1 所示。基於此，作者進一步發展出一套方法論，以便在社區住宅規劃設計之概念發展及策略規劃階段，可檢視住宅配置及量體計畫對社區外部空間通風效果之影響。

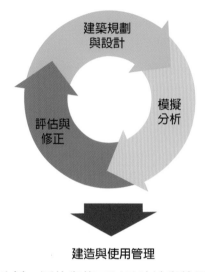

圖 4-1 建築規劃設計、模擬分析、評估與修正以及建造與使用管理之整合操作模式示意圖

(二) CFD 應用於住宅社區規劃設計

目前與本研究課題直接有關的文獻主要可分為三類：(1)建築通風的基本理論與模擬分析技術應用(如風工學研究所，1989；Etheridge and Sandberg, 1996)；(2)探討都市街廓尺度下的環境風場對外部空間活動的影響(如 Givoni, 1998; Capeluto et al., 2003)；(3)依據建築與街廓類型，探討可加強通風環境優化的規劃設計原則或是發展戶外通風評估指標(例如 Yuan and Ng, 2012; Masayuki et al., 2008; Moonen et al., 2011)。就應用及評估層面而言，相關研究多利用 CFD 理論與軟體進行模擬分析，例如 Capeluto 等人(2003)使用 SustArc 與 FLUENT 軟體，對 Tel Aviv 新商業區的通風與採光能力進行模擬分析，結果顯示，事先規劃時對微氣候環境的考量對於街區開發相當重要。Yuan 和 Ng (2012)利用 k-ω SST 紊流模式模擬都市風場，藉以探討如何利用土地使用管控及城市設計來解決亞熱帶都市夏季潮濕悶熱的問題，研究結果顯示，減少建蔽率、避免過大的建築量體、沿街建築退縮與增加開放空間的通透性有助於都市行人風場的通風。Moonen 等人(2011)藉由比較街廓建築長寬比與風向等不同情境的模擬分析結果，嘗試發展一套通風潛力評估指標，並在分析過程中比較 RANS 與 LES 不同紊流模式的差異性，最後提出以

平均風速與初始風速比作為建築外部風環境評估的基本指標。此外，近年來為了實務上的應用與操作，相關的戶外風場簡化評估系統也因應而生，此類的評估系統著重在可量化操作，例如 Masayuki 等人(2008)以都市風場模擬建立環境風場的資料庫，建構出一套 CASBEE-HI 風場評估體系，藉由夏季主要風向與建築物迎風面所造成的遮蔽面積比例來計算通風得分，並輔以空地率、鄰棟間距等考量來作綜合性的評估。綜合而言，目前相關研究已提供一些實證分析資訊，以作為建築規劃設計的參考。然而，目前相關研究中仍較缺乏以城市設計及住宅市場開發的實際考量為基礎，來檢討街廓住宅建築配置與外部通風環境關係的實證研究，由此可見本研究案例的創新處及對住宅規劃設計研究可能的貢獻。

三、研究方法

(一) 現場實測調查設計

為達到前述研究目的，本節案例以台南市巴克禮公園旁的住宅街廓作為實證研究對象，此地區目前擁有四種不同型態的住宅社區，每個社區皆為完整的街廓開發，為目前臺灣南部地區同類型社區開發的代表性案例(見圖 4-2 至圖 4-4 中的 A、B、C、D 的四種住宅街廓開發類型)。由於不同形式的住宅社區配置出現在同一微氣候環境的地點，恰好為比較建築配置及外部空間設計與中庭通風環境關係的適當地點。研究地區現況如圖 4-2 所示，選定的社區的東邊為巴克禮生態公園，南邊原為台糖農業試驗場(現已經過都市計畫變更，作為都市發展用地)，北側為 40 米道路，左側後方有一座高架橋，西邊為低矮的舊街區房舍，故以台南夏季至秋季的主要盛行風風向為南風的微氣候環境來看，此地區風環境受到社區周遭建築量體的影響已大幅降低，相當適合做都市風環境與社區配置檢討的模擬分析。

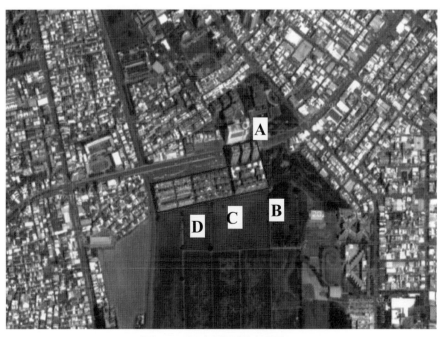

圖 4-2 研究地區位置圖

　　本研究所選取住宅社區片區包含四種不同型式的中庭社區建築(圖 4-3)，A 型住宅社區樓高 62 m，為單邊開口的中庭社區建築，由三棟 20 層建築所組成；B 型住宅社區為樓高 24 m 的 7 層樓公寓樓群所組成，為單邊開口的中庭建築；C 型住宅社區高約為 15 m，為有三處開口的帶狀中庭式透天住宅社區；D 型住宅社區樓高約為 15 m，為對邊開口的帶狀中庭式透天住宅社區，各社區中庭開放空間現況如圖 4-3 所示，社區建築配置現況如圖 4-4 所示。

A 型社區：單邊開口電梯大樓住宅社區	B 型社區：單邊開口 7 層公寓住宅社區

C 型社區：三處開口帶狀中庭式透天社區	D 型社區：對邊開口帶狀中庭式透天社區

圖 4-3　各住宅社區中庭開放空間現況

圖 4-4 社區建築配置現況圖

　　本研究的微氣候量測時間為 2018 年 7 月 12 日至 8 月 3 日的三週，此期間為南臺灣氣候最炎熱也是都市熱島效應衝擊較大的時段，所以良好的社區中庭通風對於營造舒適的社區活動環境非常重要。本研究在此三週內每週各選取氣候炎熱無明顯強烈陣風的上午及下午進行特定地點的微氣候量測。每次量測時間為 2 小時，量測內容主要為各中庭外部空間的風速與溫、濕度值。風速量測設備為 Cambridge Accusense UAS 1500 風速計(圖 4-5)、AM-4214SD 風速儀及 HT3007SD 溫濕度計。由於有多處測點要同時測量，測量時多台儀器同時使用，測量前並校對其精度與測量值的一致性。Cambridge Accusense UAS 1500 精度可達 0.15~0.20 m/s±5%，可連接筆記型電腦，長期記錄每秒 1 筆的資料，本研究將此儀器架設於距地面 1.6 m 高的腳架上，此高度約為人體頭部的高度，也是影響行人風場舒適度中人體較直接感受的範圍。本研究所用的 AM-4214SD 風速儀是較新的款式，可插入 SD 卡，記錄一段時間內的多筆測值，測量結果可導入 Excel 做計算或刪除極端的測值。在量測點的規劃上，本研究以選取重要的戶外活動地點及通風廊道的主要節點為原則，於 A 型住宅社區的戶外空間共配置 8 個測點(a1~a8)，由於 A 型社區是此區的居高點，其中有一個測點(a1)是配置在 A 型社區左側 20 層高樓的頂樓，藉以量測地區外部風速，以作為 CFD 輸入參數的參考。B 型住宅社區分別在中庭中間及開口部配置 9 個測點(b1~b9)，可比較其中庭入口處及非入口處的風速；C 型社區在狹長的中庭中間及側邊共配置 11 個測點；D 型社區也在通風出入口及主要活動地點共配置 10 個測點。測點空間分佈如圖 4-6 所示。

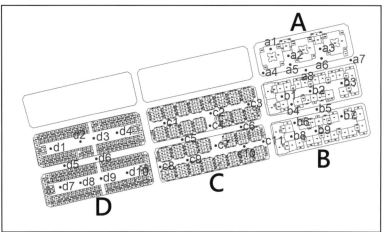

圖 4-5 Cambridge Accusense UAS 1500 風速計連接筆電　　　圖 4-6　測點位置示意圖

(二) CFD 模擬分析模型與條件設定

　　近年來國內外對於建築物通風之研究，大多採用計算流體力學 (CFD)的數值模擬分析方法來解析建築物的通風狀況，本研究在邊界 (boundary condition)條件之設定中，入風口處(velocity inlet)設定為梯度風場，其垂直風速分佈可以指數率 (power law profile)(公式 1)來表示，其餘外部空間之面設定為 outflow，建築物所接觸之下方設為不滑動邊界 (no-slip condition wall)。

$$\frac{U(z)}{U_0} = \left(\frac{z}{\delta}\right)^{\alpha}$$ .... (公式 1)

　　其中 U_0：邊界層外的風速(m/s)，又稱梯度風速；U(z)：Z 高度的風速(m/s)；Z：參考高度(m)；δ：梯度高度(m)；α：指數係數。

　　依相關研究慣例，邊界層(boundary layer)的高度與指數值依地況而定，本研究模擬區域為中層建築物為主的地區，因此指數值設定為 0.25，梯度高度為 400 公尺。其餘參數設定如表 4-1 所示。

　　本案例周邊為公園、未開發土地(原為農業試驗場)及大型地面停車場，故在建立模型時可忽略周遭建築量體的影響。計算流場時需將計算範圍內的空間以網格切割，並配合適當的邊界條件，利用數值方法求取控制方程式的數值解，合理地選擇計算分析的區域範圍將有助於提高模擬結果的準確性與減少計算量。參考先前研究經驗，本研究將模擬邊界設定為主建築物 10 倍高度的範圍，計算域的高度則達到 5 倍建築物高度，以滿足阻塞比小於 3%的要求。網格種類的選取上使用六面體結構性網格，以提高模擬的精度。在網格分佈上由於靠近物體周圍的流體變化會較其他區域大，為獲得精確的模擬結果，在此建築四周的網格較其他部分細密。至於分析軟體的選取，經比較數種 CFD 分析軟體的特性後，本研究採用 WindPerfectDX 軟體，其

優點為可直接導入 SketchUp 軟體的 3D 建模成果,且可視化的選擇較多,有利於與開發商及建築設計師溝通。本研究解析領域的網格設定分為焦點領域、街區領域及全體領域三個部分。由於需要解析到建築物的通風開口設計對社區外部空間通風環境的影響,所以焦點領域的網格需要高密度的生成。本研究焦點領域的範圍包括前述的四種住宅社區街廓及社區對面的德安百貨建築基地及周邊的停車場,焦點領域 XY 軸平面的網格間隔為每 1 公尺一個網格,此網格寬度應可解析狹小的建築間距及建築開口設計,至於街區領域 XY 軸平面的網格間隔則為平均約 3.5 公尺一個網格。三個領域的網格設定時並特別考慮到網格系統間的和諧銜接。最後模擬模型之 XY 軸及 Z 軸的網格設定如圖 4-7 及圖 4-8 所示。模擬基本參數及邊界條件如表 4-1 所示。

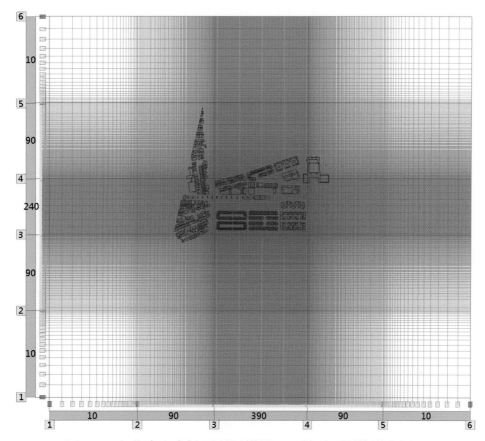

圖 4-7　文化中心旁社區現況模擬 XY 軸平面網格設定圖
(資料來源:本研究繪製)

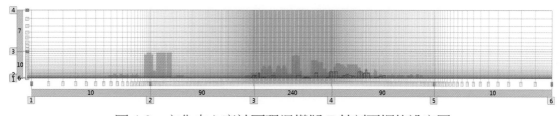

圖 4-8　文化中心旁社區現況模擬 Z 軸剖面網格設定圖
(資料來源:本研究繪製)

表 4-1 模擬基本參數及邊界條件設定表

邊界條件	設定值
入流風向	南風
風速(m/s)	2.71 m/s
CFD 求解方式	大渦流模擬(LES)
邊界容積(長×寬×高)	1,500m(N-S)×1,500m(E-W)×250m(H)
空間離散方式	不等間隔網格
計算網格數	19,795,776 格
基準高度(δ)	41 m
指數值 (α)	0.25
焦點區域經緯度	北緯 23°0'8"，東經 120°12'41"

四、結果與討論

(一) 模擬環境設定及模型驗證

在進行前述 CFD 模擬分析「前處理」的內容(包括模擬模型建立、模擬參數與邊界條件設定、網格系統設定等)之後，本研究接著進行數值計算分析(以 LES 模式求解)，包括設定疊代次數，進行數值計算至收斂的結果。進行數值計算時，由於本研究標的地區的規模很大，正式模擬時間很長(超過十小時)，本研究先進行短時間的模擬分析，先檢視模擬的結果是否合理之後，再進行正式的模擬分析。本研究將計算時間設定為 400 秒，數值計算的收斂曲線圖如圖 4-9 所示，由圖中可看出在接近 200 秒時，已達到收斂的門檻，顯示本數值計算的成果具有一定的合理性。

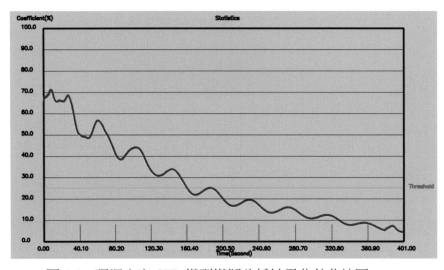

圖 4-9 現況方案 CFD 模型模擬分析結果收斂曲線圖

接著進行 CFD 模型模擬結果的驗證，為驗證模擬模型分析結果對住宅社區規劃設計的可參考性，本研究先以現況建模，然後將 CFD 模擬分析計算的結果與現場微氣候調查結果進行比對，以確定分析結果與實際情況是否具有一致性。此乃一般模擬模型建構過程中所需的模型驗證過程(model validation process)，完成驗證工作之後，方可再進行後續的方案模擬分析及預測推估。此部分操作係將抽樣選取量測點的模擬結果與實測值進行比對，以檢視模型的準確度。圖 4-10 所示為經隨機抽樣選取的 8 個量測點的實測值與 CFD 模型之模擬分析結果比對的結果，結果顯示，a3、b2、b6、c3、c9、d10 等量測點的模擬值與實測值相當接近，a5 和 d3 兩測點的差異較大，但其模擬值與實測值的差距仍在可接受的範圍之內，驗證結果顯示，本研究所建置的模擬模型具有可參考性。此外，本研究並就前述四個住宅社區全部 38 個微氣候量測點的 CFD 模擬值與實測值進行相關分析，所得的相關係數 r 為 0.81，顯示現況模型模擬的結果與實測結果接近，此模型應可用於後續的方案評估分析。另外，需要一提的是，在 A 型社區(電梯住宅大樓社區)一樓大廳通廊部分，因實測時發現中庭氣流是會藉由風道與大樓開口形成穿堂風的現象，所以在模擬模型上也增加了入口大廳之導風入口的修正。

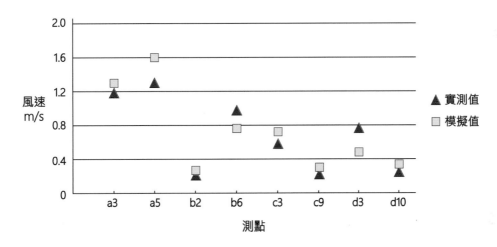

圖 4-10　抽樣測點之 CFD 模擬分析結果與實測結果比較圖

(二) CFD 模擬分析與方案評估

在確定模擬分析模型的可靠性之後，本研究接著使用 CFD 模擬分析來評估研究地區四種不同類型住宅社區的中庭通風狀況，評估內容主要為分析社區中庭空間行人風場風速值的空間分佈狀況。依據蒲福風級及本研究地區風環境的特性，夏季時風速在 1.0 m/sec 至 2.5 m/sec 的範圍，為戶外活動較舒適的風速範圍，低於 0.6m/sec 則屬於通風不佳的靜風狀態。本案例 CFD分析是以此地區夏季盛行風的風向進行，依據實測的結果，此地區七、八月時的主要風向為南風。現況 CFD 模擬分析結果如圖 4-11 及圖 4-12 所示(此二圖呈現 Z 軸高度 1.8 M 左右的模擬結果)，由此結果可看出：「住宅建築面臨風場的位置」及「中庭開口型式與位置」會明顯地影響到社區中庭空間的通風狀況。本研究所分析的 B 型、C 型、D 型住宅社區皆有直接面向盛行風風向的迎風面，理論上其中庭應較 A 型住宅社區(20 層大樓社區)的中庭有較佳的通風狀

況，但分析結果卻呈現位於後面街廓的 A 型住宅大樓的中庭通風情況較佳，本研究推論此乃主要由於 B 型、C 型社區的迎風面之建築群體(南向外側的建築群體)，並沒有留設相應的迎風面開口所致，以致氣流必須從後側建築的中庭開口及建築兩側的側入口繞入，致使其外部空間的通風狀況較差。至於 D 型住宅社區雖有開口位於迎風面，但是開口過小，且中庭過於狹長，也導致風廊效果無法導入整個社區，使得社區整體外部空間的通風狀況欠差。此外，研究結果也顯示，帶狀中庭社區的建築配置若留設有較多的開口(如 C 型社區)或開口位置利於中庭空氣的流通(如 B 型社區的開口處)，皆會明顯地提升空氣有流通區域的外部空間通風狀況。此外，建築軸向與風廊的關係及建築棟距等因素也有明顯的影響，例如 C 型住宅建築的建築長軸未順應主要的盛行風風向，故難以發揮社區導風的作用，而 D 型住宅建築僅有面對風向的狹小通風開口，也影響到街廓社區的整體通風效果。

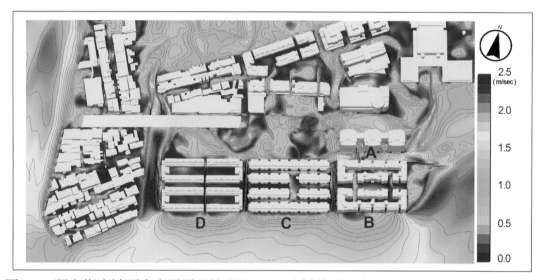

圖 4-11 研究街廓社區中庭通風環境現況 CFD 分析結果 (地區尺度，Z 軸約 1.8 M 高度)

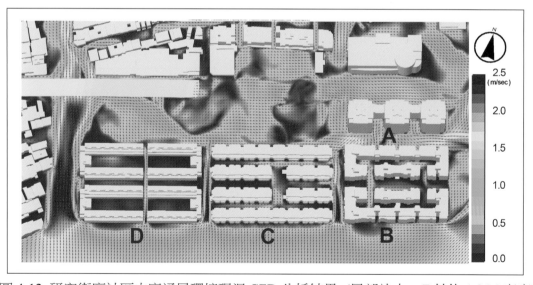

圖 4-12 研究街廓社區中庭通風環境現況 CFD 分析結果 (局部放大，Z 軸約 1.8 M 高度)

經實證分析歸納出一些社區中庭通風問題的可能原因之後，本研究接著提出改善方案，並對方案進行 CFD 模擬分析，以評估各方案的中庭外部空間通風改善成效。在考量目前住宅市場對社區開發的需求(主要為對容積使用及住宅戶數的要求)及一般常用的社區通風設計原則之後，本研究提出四套改善方案，分別為：(1)微調方案、(2)混合建築型態組合方案、(3)錯落配置方案、(4) L 型住宅建築組合方案。加上原來的現況方案，總共有五個方案將進行 CFD 模擬分析，以供比較，此五個方案的建築量體透視及正視建築效果如圖 4-13 至圖 4-17 所示。

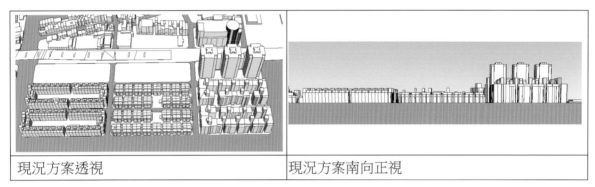

| 現況方案透視 | 現況方案南向正視 |

圖 4-13 街廓住宅社區設計方案 1 (現況方案，不做任何改變)

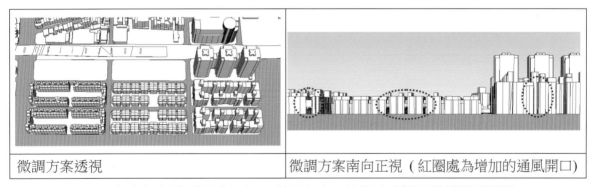

| 微調方案透視 | 微調方案南向正視（紅圈處為增加的通風開口） |

圖 4-14 街廓住宅社區設計方案 2 (微調方案：於部分建築量體增設通風開口)

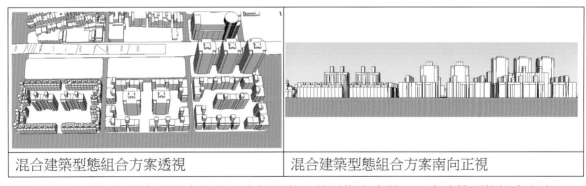

| 混合建築型態組合方案透視 | 混合建築型態組合方案南向正視 |

圖 4-15 街廓住宅社區設計方案 3 (大幅調整：狹長街廓合併，混合建築型態組合方案)

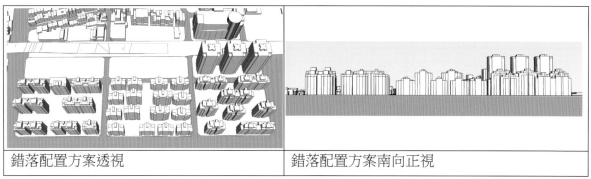

| 錯落配置方案透視 | 錯落配置方案南向正視 |

圖 4-16 街廓住宅社區設計方案 4 (大幅調整：狹長街廓合併，長型住宅建築錯落配置方案)

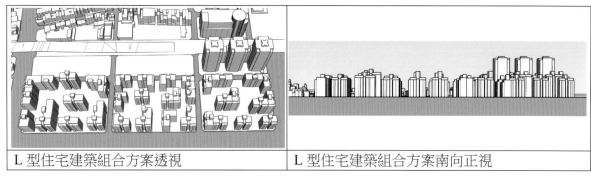

| L 型住宅建築組合方案透視 | L 型住宅建築組合方案南向正視 |

圖 4-17 　街廓住宅社區設計方案 5 (大幅調整：狹長街廓合併，L 型住宅建築組合方案)

　　本研究提出四套改善方案，各有不同的考量：微調方案是假設在不明顯減少總坪數及戶數的情況下，在部分現建築量體中增設通風開口(見圖 4-14)，設計手法包括在 B 型社區南側建築群中增加一處通風開口，再將減少的容積補到南側通風入口兩側建築的頂層，以營造入口意象。對於位於中央的 C 型住宅社區是在面南之中央三戶的銜接單元中留出通風開口，而減少的容積也是補到此三戶建築的頂層，以營造視覺的效果。至於左側的 D 型透天社區則是在四個角落的建築單元交接處留設出通風開口，並將減少的容積補到入口處建築的頂層，以加強入口的意象。上述透過建築量體微調來增設通風開口的手法，皆是在以不減少容積及住宅戶數為前提的情況下進行，經本研究對建商的訪談結果，土地開發業者對此作法的接受度較高，但其實際的中庭通風改善成效，則需 CFD 模擬分析結果來提供具體的評估資訊。其他幾種調整方案則為較大幅度的調整，其將 B 型、C 型、D 型社區原有的兩個狹長街廓合併(合併後新街廓尺度約為 80m × 100m，為較人性尺度的街廓規模)，並調整建築形式、建築配置與量體組合，以及綜合考量中庭尺度與包被感、建築臨棟間隔，以達較佳的社區中庭的通風效果。例如混合建築型態組合方案中 C 型社區和 D 型社區的建築型態採用透天住宅與中高層住宅大樓的組合，由於不同住宅型態的組合，會反映出不同的價位及市場需求，此作法將有助於引入不同社經背景的住戶，對於增加社區人口的多樣性應有所助益。

　　運用 WindPerfectDX 軟體針對五個方案(含現況方案)的模擬分析結果如圖 4-18 至圖 4-22 所示，出圖的斷面設定係呈現 Z 軸高度為 1.8 M 左右的 CFD 模擬結果，此斷面可顯示出各住

宅社區外部空間行人風場的通風狀況。研究結果顯示，本研究提出的加強中庭通風效果的設計策略已發揮一些功效。就微調方案而言，留設通風開口區域的戶外通風已有所改善，但由於 C 型住宅社區的臨棟間隔過小、中庭過於狹長，造成目前所留出三處通風開口的效果無法外溢擴大到較大範圍的中庭區域。至於 D 型社區，於四個角落留設小通風開口已造成迎風面建築之中庭通風狀況的局部改善，但由於整體社區建築量體組合較為封閉，對外開口過小，對整體中庭通風效果的提升，似乎幫助有限。就混合建築型態組合方案而言，此乃依據地區通風廊道特性及戶外通風設計原則對街廓尺度、建築型式、量體配置、建築開口等予以整體設計的方案。CFD 模擬結果符合預期，社區中庭外部空間之整體及局部的通風環境，皆已明顯的改善，顯示出欲達到社區中庭通風的優化，需要適當的街廓劃設，並在建築型式、量體配置、建築開口，以及建築與盛行風之關係等方面予以整體的配套考量，方能竟全功。至於錯落配置方案及 L 型住宅建築組合方案的 CFD 模擬分析結果顯示，此兩種配置模式皆有不錯的通風改善效果，但也各有一些局部地方的通風問題尚待改善，應視實際情況進行局部的配置調整，或利用喬木植栽與景觀元素來發揮導風的作用。

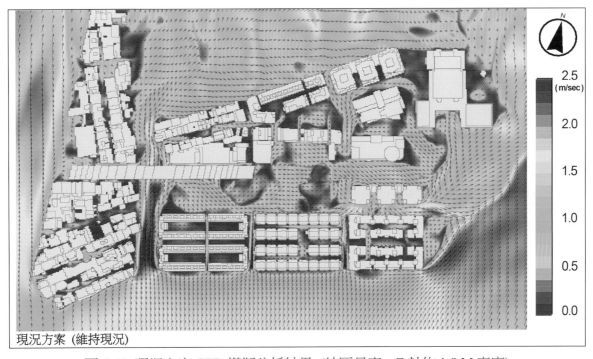

圖 4-18 現況方案 CFD 模擬分析結果 (地區尺度，Z 軸約 1.8 M 高度)

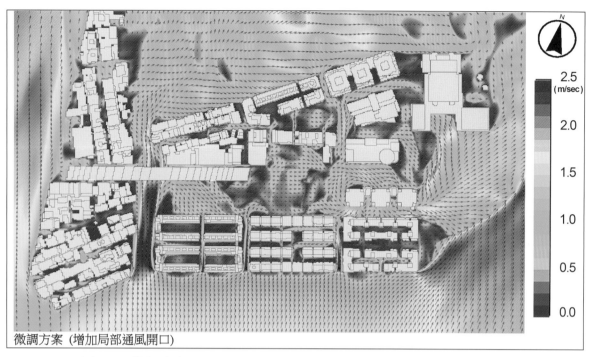

微調方案 (增加局部通風開口)

圖 4-19 微調方案 CFD 模擬分析結果 (地區尺度，Z 軸約 1.8 M 高度)

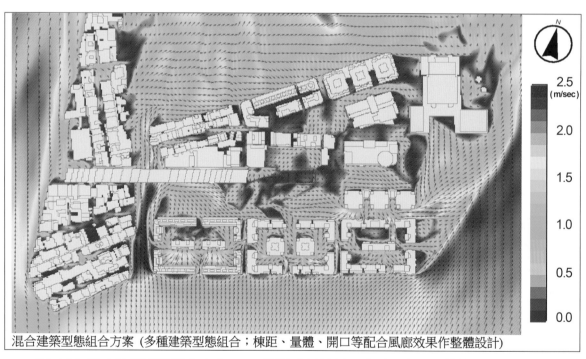

混合建築型態組合方案 (多種建築型態組合；棟距、量體、開口等配合風廊效果作整體設計)

圖 4-20 混合建築型態組合方案 CFD 模擬分析結果 (地區尺度，Z 軸約 1.8 M 高度)

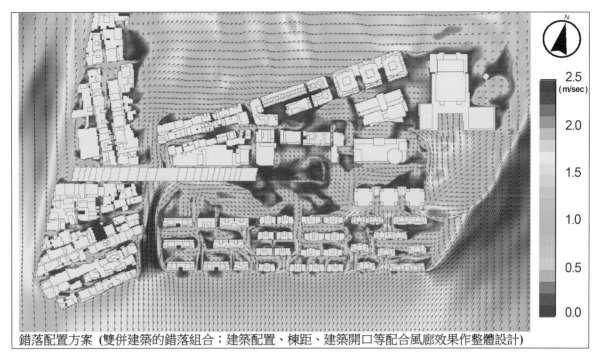

錯落配置方案 (雙併建築的錯落組合；建築配置、棟距、建築開口等配合風廊效果作整體設計)

圖 4-21　錯落配置方案 CFD 模擬分析結果 (地區尺度，Z 軸約 1.8 M 高度)

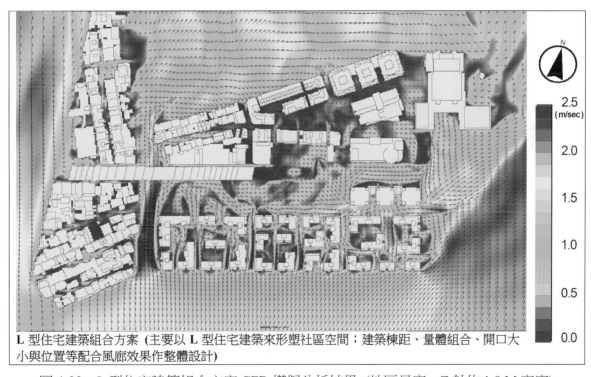

L 型住宅建築組合方案 (主要以 L 型住宅建築來形塑社區空間；建築棟距、量體組合、開口大小與位置等配合風廊效果作整體設計)

圖 4-22　L 型住宅建築組合方案 CFD 模擬分析結果 (地區尺度，Z 軸約 1.8 M 高度)

　　五個住宅社區設計方案街廓尺度的 CFD 模擬分析結果之放大圖如組圖 4-23 所示，由圖中可看出，微調方案對於社區戶外空間通風環境整體改善的效益並不大，顯示出需要更大的配置及建築量體組合方式的調整。由圖 4-23 組圖中可更清楚地看出，不同建築型態組合及量體計畫對社區外部空間通風環境的影響。就社區外部空間通風環境改善而言，研究結果顯示，混合建築型態組合配置方案、錯落配置方案，以及 L 型住宅建築組合方案的街廓整體社區開發，會有較佳的外部空間通風效果，可讓該社區較多的外部空間在炎熱的夏季能有 1.0 m/sec 至 2.5 m/sec 舒適通風氣流的流通。

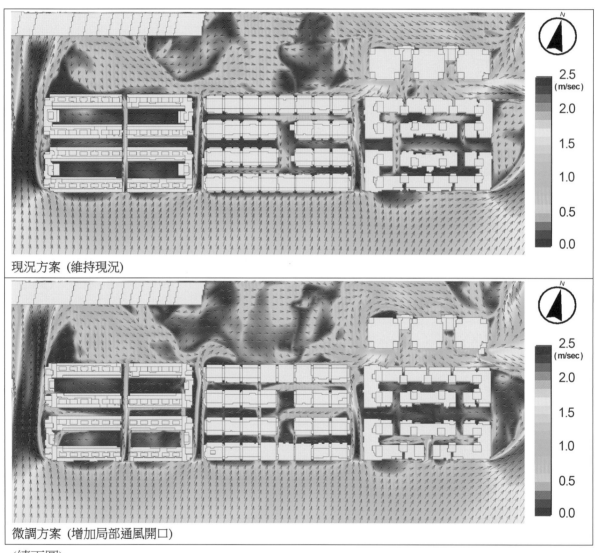

現況方案 (維持現況)

微調方案 (增加局部通風開口)

(續下圖)

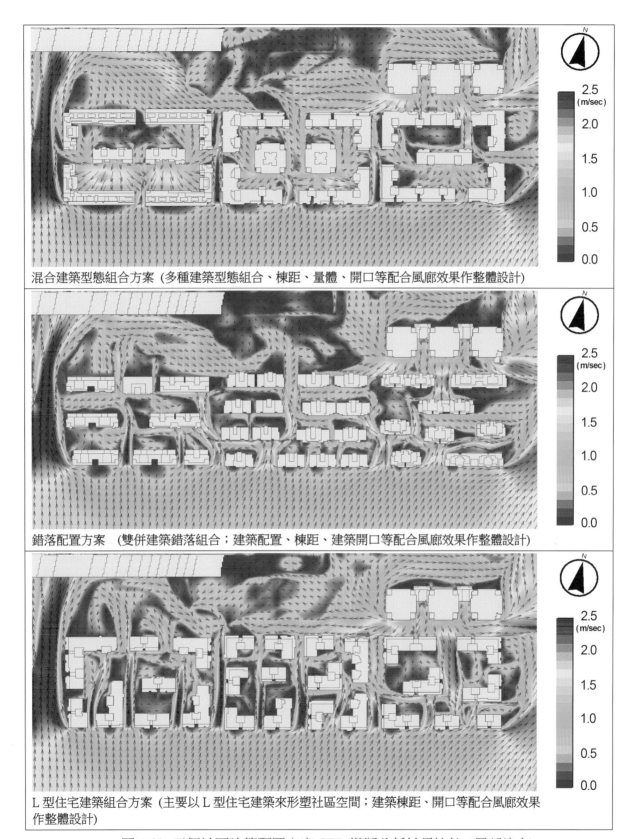

混合建築型態組合方案 (多種建築型態組合、棟距、量體、開口等配合風廊效果作整體設計)

錯落配置方案 (雙併建築錯落組合;建築配置、棟距、建築開口等配合風廊效果作整體設計)

L型住宅建築組合方案 (主要以L型住宅建築來形塑社區空間;建築棟距、開口等配合風廊效果作整體設計)

圖 4-23 五個社區建築配置方案 CFD 模擬分析結果比較 (局部放大)

(三) 通風不佳及通風良好單元態樣分析

　　經前述的綜合性評估分析，本研究也嘗試找出通風不佳及通風良好的基本社區建築配置單元態樣，並分析導致通風良好或不佳的主要原因，希望能為周邊尚未開發街廓的未來住宅建設，提供一些有用的參考資訊，研究結果簡述於表4-2。

表4-2　CFD 模擬分析呈現之通風良好及通風不佳的街廓住宅建築配置態樣分析表

通風狀況	CFD 結果可視化分析	建築佈局態樣	通風狀況分析
通風不佳態樣	現況方案：社區建築單元		封閉式中庭配置，因社區管制關係，出入口只有兩處且尺度較小，形成整個社區缺乏通風廊道的引入，造成社區內部的整體通風效果不佳。
	現況方案：社區建築單元		南側下排社區的建築配置在夏季盛行風(南風)迎風面未能留設通風缺口，而北側社區的通風缺口也為下排建築物所阻擋，造成整體氣流無法在社區內順利的流通。
通風良好態樣	混合建築型態方案：社區建築單元		不同建築型態的組合，社區建築配置開口位置與大小適當，造成不錯的通風引入效果，且讓入流風能在社區內順利的流通。

(續前表)

通風狀況	CFD 結果可視化分析	建築佈局態樣	通風狀況分析
通風良好態樣	 **L 型住宅設計方案：社區建築單元**		L 型建築配置如果開口及圍合中庭空間之尺度適當，有助於入流風的引入及氣流在社區中庭空間的流通，但仍需透過適當的配置讓入流風能引入至主要外部空間。
	 錯落配置方案：社區建築單元		錯落建築配置有利於入流風在社區內外部空間流通，造成不錯的通風效果，也有助於形塑有變化的社區景觀。

五、結論與建議

　　本研究嘗試藉由 CFD 模擬分析方法的導入，探討如何進行街廓尺度的社區中庭開放空間通風環境之優化，以期能為住宅社區規劃設計與微氣候因應設計理念之結合，提供一套有用的方法論與操作模式。藉由理論與文獻的探討，以及現況與改善方案的模擬分析，研究結果顯示，本研究所提出的方法論在輔助社區建築規劃設計上具有實用的價值，並發現此方法適用於城市設計策略規劃之草案發展階段的方案評估，以便回饋修改街廓與住宅建築設計構想。透過 CFD方法對街廓建築通風環境優化之分析，並搭配不同方案模擬結果的比較，研究結果也顯示，此方法可加強傳統城市設計操作模式的科學性基礎，在一定程度上可預先診斷出一些規劃設計的問題，及時引導規劃設計方案的修正。

　　就社區規劃設計實踐層面而言，本研究比較數種不同建築型式的中庭空間風場，參考相關文獻後，利用實測的方式驗證 CFD 數值模擬的參數設定，之後透過 CFD 模擬分析，探討不同型態街廓住宅開發方案的中庭通風效果。在模擬盛行風為南風(建築物長軸迎風)的情況下，本研究發現，臺灣南部狹長街廓、中高密度開發的住宅社區之中庭通風環境普遍不佳，但研究結

果也顯示，當建築開口配置能與當地主要風向配合時此情況會有所改善。經由方案的比較分析，本研究發現，加強街廓尺度設計、建築形式、建築量體配置、建築棟距、建築開口設計與地區風廊效果的整體配合，可明顯地改善社區中庭的通風環境。

本研究個案也嘗試以建商及開發業者的角度來探討街廓型社區外部空間通風優化的可行配置策略及量體計畫，以期能在不明顯減少開發基地總容積及戶數的情況下，透過建築型態設計、高低建築量體組合、通風開口的留設以及適當建築棟距的控制，來改善社區外部空間的整體通風環境。本研究 CFD 模擬分析的結果顯示，如果能在社區規劃初期就將風環境因應設計的考量列為主要的目標之一，進行妥善的規劃設計及配置計畫，並配合適當的 CFD 模擬分析，其實社區外部空間通風環境優化的目標是可以在滿足住宅開發經濟性要求的限制下，同時達成的(例如配合住宅型態及樓層高度的組合，達到對容積使用與戶數的要求)。最後，值得一提的是，良好的社區外部空間通風會導致良好的社區生活環境。如果這些能反映到購屋者的價值觀，進而引導出住宅設計偏好的調整，促使更多具良好通風環境之住宅社區的興建，則永續城市設計及微氣候因應城市設計的目標將更可能早日實現。

第二節　CFD 模擬分析應用於哈爾濱市溪樹庭院生態社區通風設計及量體計畫[*]

一、研究地區環境分析

　　本節案例以哈爾濱市的溪樹庭院住宅社區為實證研究對象。此社區是由辰能集團的黑龍江辰能盛源房地產開發有限公司所開發，為中國東北著名的生態社區。開發基地位於哈爾濱市哈西區保健路與哈西大街交匯處。基地原為製氧工廠的廠址，具有良好的區位優勢，城市的四號地鐵線從附近經過，北部為哈西高鐵客運站，社區區位條件見圖 4-24。溪樹庭院社區總占地面積 22.3 萬平方公尺，總建築面積 54.5 萬平方公尺，容積率 230%，綠地率約 39%，建築密度約 30%。溪樹庭院住宅社區採分期開發，本研究案例的基地環境調查工作進行時(2012 年 8 月至 2013 年 10 月)，其一、二期(圖 4-25 中的 A 區、B 區、C 區) 已經建造完成，住戶也陸續進駐，三期(圖 4-25 中 D 區)正在建設中。本案例選取一、二、三期作為研究範圍(圖 4-25 的 A 區、B 區、C 區、D 區)，進行實地的風環境、溫熱環境及使用者舒適度之調查分析。就建築型態及各分區的環境特徵而言，A 區為基地東部 10 棟 6-7 層建築組成的庭院洋房區，B 區為基地北部中間的 10 棟高層建築區，C 區為基地北部左側的 5 棟高層建築區，D 區為基地南部的 13 棟中樓層建築所組成的小區，分區位置見圖 4-25。本研究進行時，其他部分尚未開發建設，故未列入調查分析的範圍。

圖 4-24 溪樹庭院區位圖

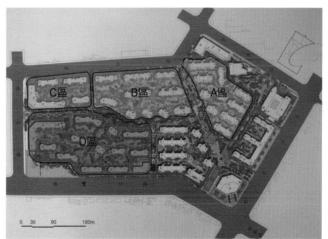

圖 4-25 溪樹庭院原規劃的建築配置及分區

　　哈爾濱溪樹庭院住宅社區開發從「低碳、環保、舒適、健康」的理念出發，企圖打造一座中國北方的低碳生態社區，由於住宅建築設計在節能減排方面的貢獻，使其榮獲「2010 年 CIHAF 中國十大綠色建築獎」。就設計手法而言，此住宅社區以親自然的設計手法，異地移

---

*本節內容係以作者於 2012-2015 年在哈工大任教時的研究成果為基礎而加以發展，作者要感謝哈工大建築學院在這段期間所提供的諸多協助，也要特別感謝哈工大城市規劃系陸明教授和同濟大學謝俊民教授在本案例調查工作方面的協助，以及成功大學建築系洪一安博士對於 CFD 模擬分析技術的協助。

植許多珍貴樹種，並將生態與溪樹景觀元素滲透到社區內部，此外，亦嘗試為居民營造出多層次、多主題的外部活動空間。該社區內的道路系統採用人車分離，主要景觀道路與宅間巷道相結合，以曲線型道路為主，並與地形和景觀相結合，形成曲徑通幽、移步異景的景觀效果，部分社區環境意象如圖 4-26 至圖 4-29 所示。

圖 4-26 社區內人造小溪景觀
(資料來源：吳綱立攝，2014)

圖 4-27 社區建築與溪樹景觀
(資料來源：吳綱立攝，2014)

圖 4-28 社區內主要景觀軸帶
(資料來源：吳綱立攝，2014)

圖 4-29 社區內人行步道系統
(資料來源：吳綱立攝，2014)

　　由於整個社區採人車分道，車道直接進入地下室停車空間，使得社區外部空間沒有小汽車的干擾。整個社區分成幾個簇群小區，A 區是有獨立出入管制的庭院洋房高級住區(見圖 4-30)，住戶多為高收入的社經背景人口族群。B 區、C 區、D 區則是以高層電梯住宅大樓為主的社區，建築棟距約有 14~20 公尺，但由於多數建築的樓層頗高，造成社區外部空間仍可感覺到有些壓迫感(圖 4-31)。部分社區入流風吹入開口處的建築棟距較為狹小，也形成入流風流入時的瓶頸(例如圖 4-32)，影響到社區內部的整體通風狀況。

圖 4-30 A 區的低層住宅建築與公共空間景觀
(資料來源：吳綱立攝，2014)

圖 4-31 B 區從住宅大樓往下看的景觀
(資料來源：吳綱立攝，2014)

圖 4-32 部分入流風吹入口處的建築棟距過小
(資料來源：吳綱立攝，2014)

圖 4-33 社區道路節點的天空開闊度
(資料來源：吳綱立攝，2014)

　　B 區、C 區、D 區的建築高度較高，最高的幾棟為 24 層的電梯住宅大樓，圖 4-33 為作者以 Canon 大魚眼相機拍攝的社區公共空間節點的天空開闊度照片，由此照片可看出，由於建築樓層較高，社區內外部空間的通風及建築採光，可能會受到建築物高度及棟距的影響(此部分將在後續的社區 CFD 模擬分析中，加以檢視)。另外，本研究所進行的社區微氣候環境調查結果也顯示，雖然哈爾濱溪樹庭院社區屬寒地區域的住宅社區，但其夏季時仍然炎熱，在社區外部空間沒有植栽遮蔭地方的溫度仍然頗高，會影響到戶外活動的舒適度。圖 4-34 和圖 4-35 所示，為 9 月上旬下午 3 點左右，利用紅外線溫度儀所測得的社區外部空間溫度分佈狀況，此分析結果顯示，在沒有喬木營造出遮蔭效果的地方，夏季時社區外部空間之鋪面及休憩空間的地表溫度仍然很高，所以加強夏季時社區外部空間的自然通風效果，對於社區民眾戶外活動時的舒適度及社區空氣品質的改善而言，皆具有相當的助益。

圖 4-34 社區外部空間夏季下午溫度分佈 1　　圖 4-35 社區外部空間夏季下午溫度分佈 2

二、 氣象資料分析及微氣候調查

(一) 氣溫

　　哈爾濱年平均氣溫為 3.6℃、冷季長，全年有 5 個月的時間月平均氣溫是在 0℃以下，最冷的月份平均氣溫為-19.4℃，極端最低氣溫可至-38.1℃。然而，儘管如此，夏季仍然很熱，7 月份月平均氣溫為 23.8℃，最高氣溫可達 36.5℃，無霜期平均為 141 天。哈爾濱日氣溫變化較大。一日中氣溫的最低值多出現在日出前後，最高值出現在午後 2 時左右。日溫差(一日中最高氣溫與最低氣溫之差)為冬、夏較小，春、秋較大。哈爾濱一年中氣溫最低值出現在 1 月，最高值出現在 7 月。全年內氣溫變化幅度較大，最熱月與最冷月平均氣溫差可達 42℃。圖 4-36 所示為哈爾濱市每月平均溫度圖，由圖中可看出哈爾濱市以夏季 6 至 8 月之月均溫較高。

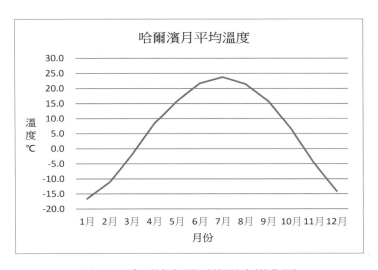

圖 4-36 哈爾濱市月平均溫度變化圖

(二) 風環境

　　哈爾濱季風明顯，盛行風隨著季節而發生變化。冬、夏兩季風速偏小，春、秋兩季因處於冬、夏季風的交替時期，風速一般較大，尤以春季為多風季節。哈爾濱市夏季的主要盛行風是西南風、西南偏南風及南風，夏季各風向的出現頻率如圖 4-37 所示，風速較大的時間出現在 4、5 月份，5 月時中午平均風速在 3 m/sec 以上。冬季的盛行風則為西北風。

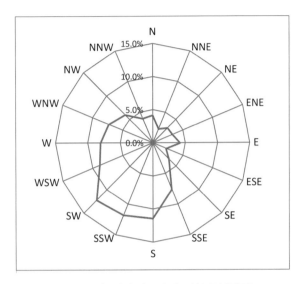

圖 4-37 哈爾濱市夏季平均風頻圖

(三) 濕度

　　哈爾濱冬季則相當乾燥，夏季降雨集中，相對濕度較大。春季少雨多風，日照充足，氣溫上升迅速，此期間相對濕度最小，多在 5％以下，甚至為零。哈爾濱相對濕度隨高度而變化，整體趨勢是隨高度的升高而減小。

(四) 微氣候實測計畫

　　在對哈爾濱氣象資料進行蒐集與分析之後，本研究從改善地區通風環境及熱舒適度的角度，進行開發基地的實地微氣候調查分析。調查分析採用固定式和移動式兩種觀測方式，固定式觀測主要選取社區中具代表性的觀測點，觀測日期為 2013 年 7 月 25 日至 8 月 24 日，所使用的器材為 WBGT-101 熱指數計，透過固定式觀測，觀察不同高度住區模式下，風速、日照、溫度和濕度的狀況。移動式觀測則是於 A 區(低層區)、B 區(高層區)、C 區(高層區)進行，由受過訓練的調查人員，使用熱線式風速儀和溫濕度儀，於選定的微氣候量測點進行風速、風向、風溫以及溫度與濕度的調查與記錄。量測點的位置如圖 4-38 所示，量測點的選取係考量主要活動節點、入流風節點、主要的公共空間活動場所及代表性社區巷弄空間等。觀測日期為 2013 年 8 月 3 日至 8 月 20 日，每日觀測時間包括兩個時段，分別為上午 10:00 至 12:00，下午 13:00 至 15:00。本研究進行時，D 區正在施工建設，E 區僅有建築規劃方案，尚未開發，

故未納入本研究的微氣候調查計畫。配合微氣候的觀測調查，本研究也請訪員進行戶外空間使用狀況及使用者環境舒適度的問卷調查與訪談，以便後續探討社區戶外通風狀況及熱環境參數與人體舒適度的關係。

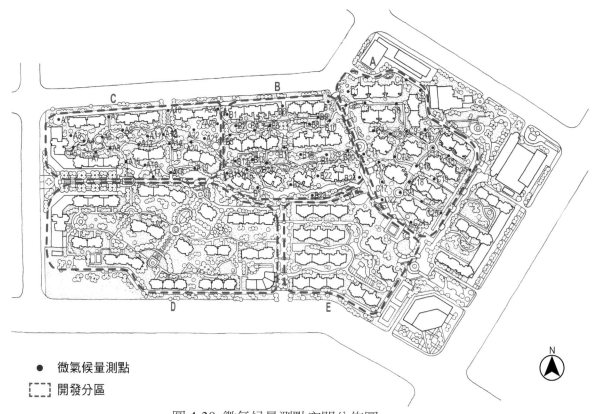

圖 4-38 微氣候量測點空間分佈圖

三、模擬網格切割與參數設定

溪樹庭院住宅社區風環境模擬解析模型之網格設定，是以焦點領域、街區領域、全區領域三個領域範圍來設定網格切割。焦點領域的網格間隔平均約為 1.50 公尺，可充分解析社區內巷弄空間的通風狀態，街區領域的網格間隔平均約為 2.5 公尺，全區領域的網格間隔約為 40~60 公尺。Z 軸高度的網格切割自地面至 2.5 公尺高度內設置一個區域，以約每 0.3 公尺 1 個網格，再於此界線至比最高建築高度高約 3 公尺處設置另一個區域，以平均約每 6-8 公尺 1 個網格，最後於建築物高度的 2.5 倍處作為垂直斷面之全區領域的界線，以平均約每 20-25 公尺 1 個網格。網格設定以能反映出街巷及外部空間的通風環境差異為原則，並考量焦點領域、街區領域及全區領域之間網格切割的和諧轉換。網格設定結果如圖 4-39 及圖 4-40 所示。本研究以 WindPerfectDX 軟體 2,000 萬網格的專業溫熱環境版進行 CFD 模擬分析，此為目前最高網格數目的 WindPerfectDX 軟體版本。由於研究基地的範圍很大，需要的總網格數較高，但是在網格設定時，必須不能超過 2,000 萬總網格數的限制，在此限制下，本研究嘗試多次的網格切割設定組合，以期能達到整體網格設定的優化。

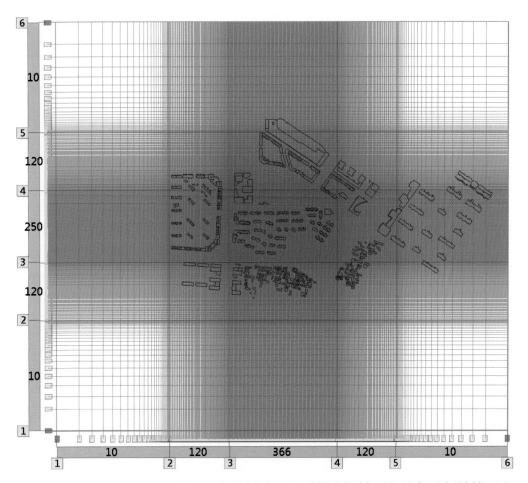

圖 4-39 溪樹庭院社區 XY 軸平面網格設定圖 (溪樹庭院社區位於焦點領域範圍內)

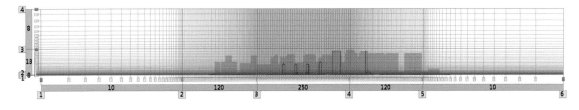

圖 4-40 溪樹庭院社區 Z 軸剖面網格設定圖

　　溪樹庭院社區 CFD 模擬參數設定以歷年氣象資料為基礎,並配合本研究所進行的調查數據調整,以便進行模擬基本參數的設定。CFD 模擬運算採用(LES)紊流方程式求解,地表粗度設定為地況 A,指數值(α)為 0.32,計算總網格數為 19,837,566 格,計算時間為 350 秒。夏季及冬季時的基本模擬參數設定,如表 4-3 所示。

表 4-3 夏季及冬季模擬參數設定表

邊界條件	夏季設定值	冬季設定值
入流風方向	西南風	西北風
風速 (m/s)	2.80 m/s	3.25 m/s
CFD 求解方式	大渦流模擬 (LES)	大渦流模擬 (LES)
空間離散方式	不等間隔網格	不等間隔網格
計算網格數	約 19,837,566 格	約 19,825,450 格
基準高度 (δ)	37.5 m	37.5 m
指數值 (α)	0.32	0.32

四、模擬分析結果與討論

　　CFD 模擬模型建置之後,先進行全區現況情況的夏季 CFD 模擬分析,並將模擬分析結果與實測的數據做一比對,在確定兩者的誤差是在容許範圍之後(測試結果顯示,就隨機選取的 20 個測點,有超過 70%的選取測點,風速模擬結果與實測結果的差距在 0.4 m/sec 之內),本研究接著進行正式的 CFD 模擬分析,並就不同的社區設計方案進行社區外部空間通風環境的評估與比較分析。為進行方案的比較分析,本研究共進行三個方案的模擬分析,包括:(1)現況方案(目前的規劃與建造情況);(2)調降樓高方案〔部分小區建築的樓高過高,予以適當地調降,例如將北側造成下旋風的 24 樓建築調整為 18 樓,以及將重要節點之天空開闊度較低(低於 0.3)處的建築高度適當地調降〕;(3)調降樓高搭配局部配置調整方案(除了調降過高建築的樓高之外,也將入流風入口處棟距過小的建築棟距及配置,予以調整)。以上方案評估係對夏季和冬季進行分析,並配合 CFD 模擬分析的操作,來檢討如何達到夏季引風、冬季擋風及避免社區內強風的社區外部空間通風優化目標,結果說明如下。

　　以下先就社區整體通風環境的模擬結果加以說明,然後探討通風問題的基本態樣及改善策略,並分別討論夏季及冬季的情況。為了較清楚地呈現整體地區及社區內部的通風環境狀況,本研究 CFD 模擬分析「後處理階段」的可視化分析,分兩個尺度來製作分析成果圖,包括:(1)地區尺度的分析圖:為開發基地與周圍街廓建築的大尺度分析,以及(2)街廓尺度的局部放大圖:以溪樹庭院社區已開發基地為主要區域,僅包含部分周遭街廓的建築物。這些分析結果圖的斷面設定,皆是呈現 Z 軸高度 1.8 公尺左右的模擬結果,以便分析行人風場的通風狀況。圖 4-41 至圖 4-43 所示為三個方案之大尺度的夏季 CFD 模擬結果,由此結果可看出,溪樹庭院周圍的環境風場及土地開發對於社區整體通風環境產生了一些影響:雖然部分夏季時的盛行風氣流能夠吹入溪樹庭園社區內部,但溪樹庭院社區西側的圍合型超大街廓開發,對西向及西南向吹來的入流風產生了一些阻礙效應,造成溪樹庭院社區西側臨街部分建築內側之社區外部空間的通風不佳。而溪樹庭院社區南面之密度頗高的舊聚落,也對西南及南向

入流風的吹入溪樹庭院社區，產生了一些影響。比較三個方案的大尺度分析圖可發現，樓高調整方案及樓高調整搭配局部調整方案，皆如預期地產生了一些社區外部空間通風改善的效果。

溪樹庭院街廓尺度之局部放大分析圖如圖 4-44 至圖 4-46 所示(每個方案皆以兩個不同的角度來呈現模擬分析的結果)，由這些分析圖中可以清楚地看出，各方案所提出的作法對於社區外部空間通風環境改善的效果，也可發現土地開發運作現況對於社區通風所造成的一些問題，例如就現況方案而言，本研究分析結果顯示，夏季的盛行風雖然有吹入溪樹庭院的社區內部，但因建築物的高度差異過大及部分建築間的棟距過小，也造成一些通風上的問題。例如社區北側高低樓層差距較大的社區外部空間，出現了明顯下旋風的現象，而南側入流風的入口處，也有因兩側建築的棟距過小，造成氣流無法順利的流入社區內部，導致該建築簇群戶外空間的通風不佳。

夏季：現況方案 (現況情況)　　　　　　　　　　　　Z 軸約 1.8 M 高度之模擬結果

圖 4-41 溪樹庭院社區與周遭地區夏季 CFD 模擬分析結果圖 (現況方案，地區尺度)

夏季：調降樓高方案 (調降部分高層建築之樓高)　　　Z 軸約 1.8 M 高度之模擬結果

圖 4-42 溪樹庭院社區與周遭地區夏季 CFD 模擬分析結果 (調降樓高方案，地區尺度)

夏季：調降樓高搭配局部配置調整方案　　　Z 軸約 1.8 M 高度之模擬結果

圖 4-43 溪樹庭院社區與周遭地區夏季 CFD 模擬分析結果 (調降樓高及局部調整，地區尺度)

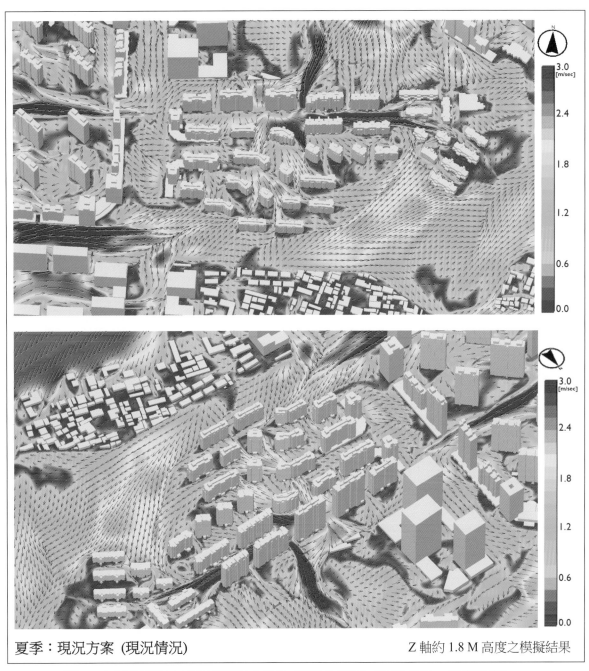

夏季：現況方案 (現況情況)　　　　　　　　　　　Z 軸約 1.8 M 高度之模擬結果

圖 4-44 溪樹庭院社區夏季通風 CFD 模擬分析圖 (現況方案，街廓尺度)

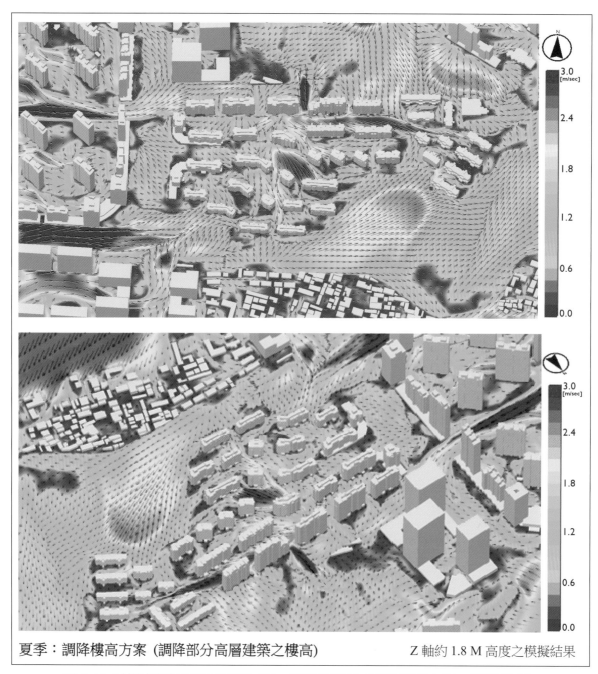

夏季：調降樓高方案 (調降部分高層建築之樓高)　　　　Z 軸約 1.8 M 高度之模擬結果

圖 4-45 溪樹庭院社區夏季通風 CFD 模擬分析圖 (調降樓高方案，街廓尺度)

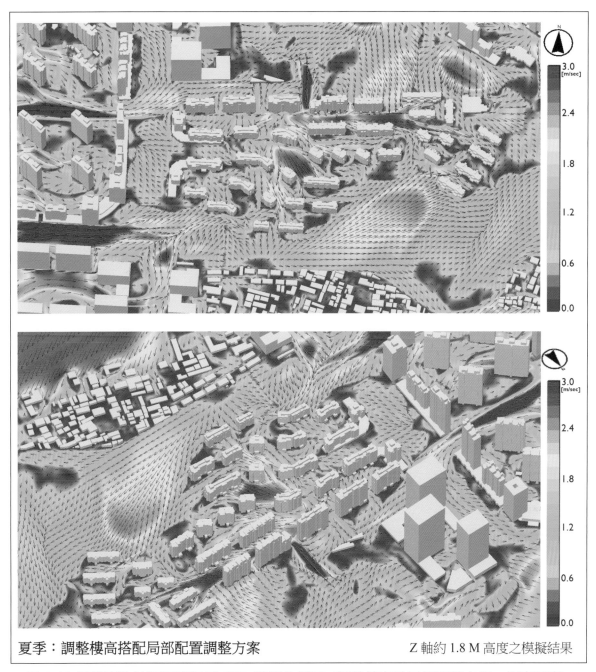

夏季：調整樓高搭配局部配置調整方案　　　　　Z 軸約 1.8 M 高度之模擬結果

圖 4-46 溪樹庭院社區夏季通風 CFD 模擬分析圖 (調整樓高及局部調整方案，街廓尺度)

　　就各改善方案的效果而言，圖 4-45 顯示出，在適當地調降北側面向外側街道高層建築的高度之後(由 24 樓降為 18 樓)，北部社區外部空間下旋風的情況已有明顯地改善。而圖 4-46 的模擬結果也顯示出，在調整南面部分夏季入流風入口處之建築棟距與配置方式之後，該建築簇群小區的整體通風環境也有所改善。更詳細的通風改善策略效果之比較分析，請參見本節後面的內容。

冬季社區風環境分析：哈爾濱位於中國東北，冬季嚴寒，但夏季時仍然很熱。所以社區規劃夏季時要引風，但冬季時則需擋風與保暖。經夏季社區通風環境分析之後，本研究接著進行冬季的通風環境分析，並對現況方案及改善方案進行比較，結果如圖 4-47 和圖 4-48 所示。

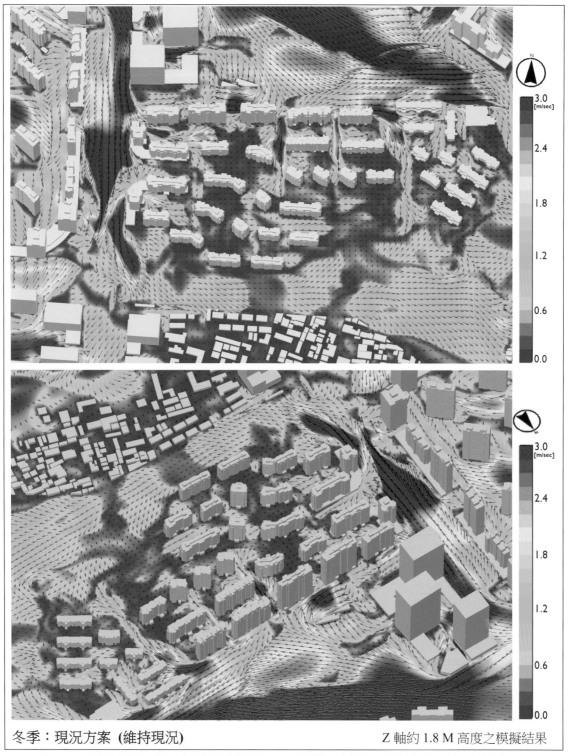

冬季：現況方案 (維持現況)　　　　　　　　　　Z 軸約 1.8 M 高度之模擬結果

圖 4-47　溪樹庭院社區冬季通風環境 CFD 模擬分析圖 (現況方案，街廓尺度)

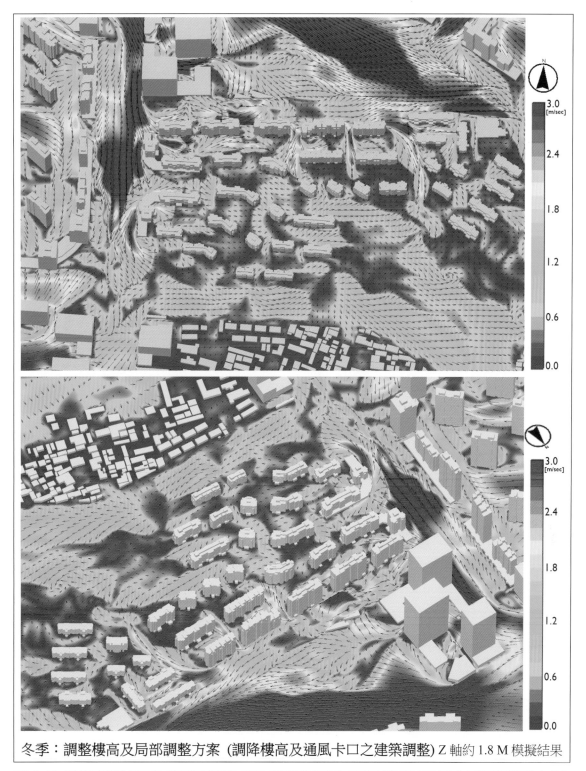

冬季：調整樓高及局部調整方案 (調降樓高及通風卡口之建築調整) Z 軸約 1.8 M 模擬結果

圖 4-48 溪樹庭院社區冬季通風環境 CFD 模擬分析圖 (調降樓高及通風卡口配置調整方案)

　　由圖 4-47 可看出，冬季 CFD 模擬分析的結果顯示，現況的配置及建築量體計畫，因北側 24 層建築的樓層過高、部分並排高層建築的樓高差距過大，以及部分建築的棟距過小，造成

北側入流風處的縮流效應及社區內部部分地區的無風狀態。採取改善策略後的 CFD 模擬結果如圖 4-48 所示，研究結果顯示出，降低部分高層建築的樓高，並結合入流風吹入處之通風卡口的建築棟距調整之後，此情況已有改善。詳細的改善策略與成效分析，請見以下的說明。

五、溪樹庭園社區通風問題態樣及改善策略探討

(一) 夏季情況

經由溪樹庭院社區夏季現況方案及兩個改善方案的 CFD 模擬分析與比較，可看出社區通風環境的主要問題態樣以及改善方案的成效，如圖 4-49 至圖 4-51 所示(Z 軸斷面設定為約 1.8 M 高度行人風場的模擬結果)。基本上，樓高差異過大及鄰棟間距是影響溪樹庭院社區通風環境的關鍵因素。樓高差異太大會造成不舒適的下旋風(見圖 4-49 組圖)，而入流風通風卡口處的建築棟距過小，則影響夏季時入流風的引入。此外，研究結果也發現，適當的建築錯落配置有利於社區通風，而鄰棟間隔過小或夏季迎風面風廊開口過小，則會造成不佳的通風效果。

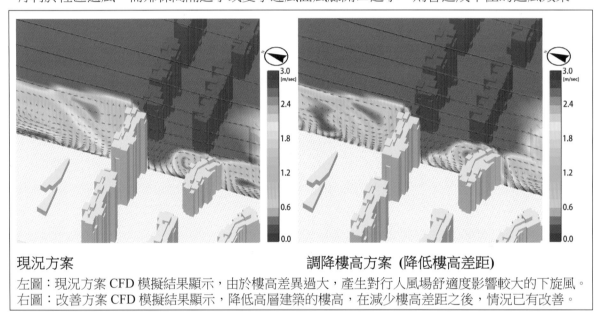

現況方案　　　　　　　　　　　　　　　　調降樓高方案 (降低樓高差距)

左圖：現況方案 CFD 模擬結果顯示，由於樓高差異過大，產生對行人風場舒適度影響較大的下旋風。
右圖：改善方案 CFD 模擬結果顯示，降低高層建築的樓高，在減少樓高差距之後，情況已有改善。

圖 4-49 溪樹庭院不同社區建築高度方案 CFD 模擬分析結果剖面圖 (夏季，局部尺度)

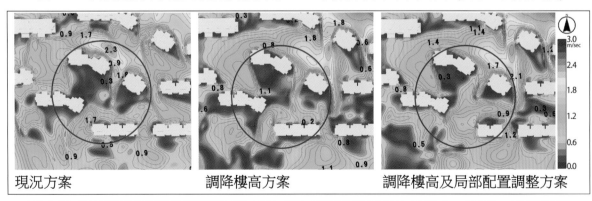

現況方案　　　　　　　　調降樓高方案　　　　　調降樓高及局部配置調整方案

圖 4-50 溪樹庭院不同社區建築配置方案 CFD 模擬分析結果比較圖 1　(夏季，局部尺度)

如圖 4-50 組圖所示，現況方案的 CFD 模擬分析結果顯示出，入流風處的鄰棟間距過小，會影響建築簇群外部空間的通風效果。調降樓高及局部棟距調整方案顯示出，透過樓高與迎風面建築棟距之調整，有助於改善社區外部的通風環境。另外，需要說明的是，調降樓高方案是指將北側外圍 24 樓高層建築(社區最高的建築)的樓高降低，而非本簇群建築的樓高(此處建築的樓高並非很高)，故對本建築簇群局部外部空間通風環境改善的幫助並不大，圖 4-51 中的調降樓高方案的分析結果，也是此情況。

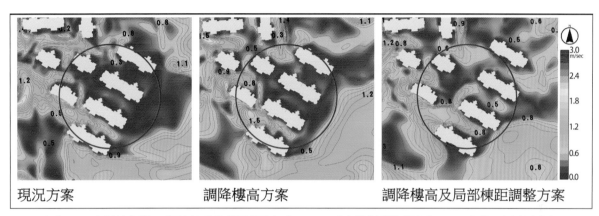

| 現況方案 | 調降樓高方案 | 調降樓高及局部棟距調整方案 |

圖 4-51 溪樹庭院不同社區建築配置方案 CFD 分析結果比較圖 2　(夏季，局部尺度)

如圖 4-51 組圖所顯示，現況方案的 CFD 模擬分析結果顯示出，建築群的側院鄰棟間隔過小，影響小區巷弄間的整體通風。而局部棟距調整方案 CFD 模擬分析結果則顯示出，透過部分建築棟距之調整，社區外部空間的通風環境將會有所改善。值得一提的是，以上分析屬於情境假設的模擬分析，已蓋好的新建建築不可能拆除重建，但此經驗可提供給相關規劃中的案例作為參考。

(二) 冬季情況

經由現況及改善方案的 CFD 模擬分析，也可檢視溪樹庭院住宅社區冬季時的風環境狀況，以及造成溪樹庭院冬季通風環境問題的關鍵因素，其基本的問題如圖 4-52 所示(Z 軸約 1.8M 高度行人風場的模擬結果)。基本上，冬季迎風面的樓高過高及與後側樓層的樓高差異過大，是影響目前溪樹庭院冬季通風環境的關鍵因素。雖然適當的建築樓層高度有利於冬季時的擋風，但過高的高層建築將會產生強烈的縮流效應及下旋風，且不利於入流風在社區內順暢的流通。從圖 4-52 組圖的上圖中可明顯的看出，社區北側 24 層高層建築所造成冬季入流風(東北風)的縮流效果，導致社區在冬季時，在北側入流風處會有寒冷的強風(風速超過 3.0 m/sec)，而社區內部的多數外部空間則屬於靜風或無風的狀態。圖 4-52 組圖中的下圖中則顯示出，在調降最高建築的樓高之後(將北側最高的住宅大樓建築由 24 樓調降為 18 樓)，此情況已有改善：社區冬季入流風吹入處，明顯的縮流效果所造成的強風已有減弱，而社區內部多數的外部空間也有較舒適的微風，可進而帶動社區的整體氣流循環。

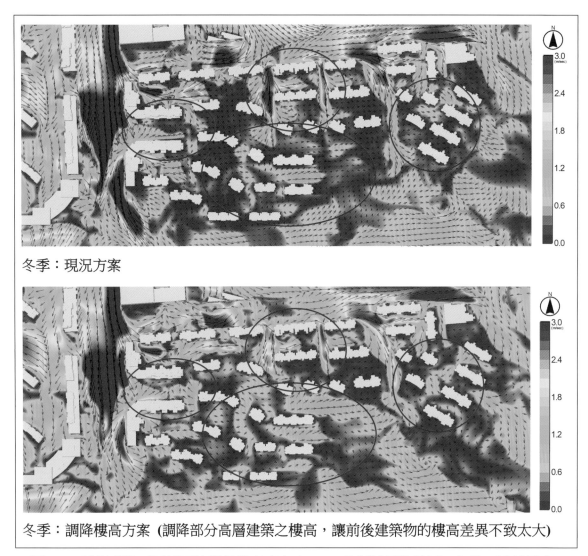

冬季：現況方案

冬季：調降樓高方案 (調降部分高層建築之樓高，讓前後建築物的樓高差異不致太大)

圖 4-52 溪樹庭院不同社區建築量體高度方案 CFD 分析結果比較圖 (冬季，局部尺度)

六、結論與建議

　　本研究嘗試將風環境因應設計的理念導入中國東北的生態社區規劃與社區通風環境評估，研究結果顯示，CFD 模擬分析可作為評估及比較住宅社區建築配置方案及量體計畫的有用工具，並可協助找出建築配置、空間佈局及建築量體計畫上的基本問題，為土地開發的實質規劃提供一些參考依據。透過溪樹庭院社區的 CFD 模擬分析，本研究界定出現況建築配置與土地開發在通風環境上的一些基本問題，並比較了幾種情境方案，以便能提供有用的改善策略。現況方案的 CFD 模擬分析結果發現，部分社區內的公共空間由於建築樓高過高，產生強烈的下旋風效應，使得某些地方的風速過快。另外，部分入流風通過節點之建築棟距過小，也造成通風不佳的現象。經檢討問題之後，本研究提出兩個假設的情境方案(改善方案)，第一個改善方案為降低高層建築物的高度，此方案結果顯示，降低高度之後，原本有下旋風的地方已得到

明顯的改善，但部分因為建築棟距過小或入流風入口處開口過小，造成通風不佳的情況仍然出現；第二個改善方案則為調整造成通風不佳的建築棟距與入流風入口處的開口大小，經 CFD 模擬分析測試，調整之後的整體通風效果不錯，顯示出上述的調整方案具有一定的通風改善效果，也可供其他研究的參考。

溪樹庭院冬季的通風環境評估分析結果顯示，社區現況方案由於冬季迎風面(西北風)的建築高度過高，造成迎風面風廊入口處產生強烈的縮流效應，引起行人在冬季戶外活動時的不舒適，且由於受到外圍高層建築之遮擋，形成社區內部的整體氣流流動效果不佳。針對這些問題，本研究以先前的調降建築樓高結合局部配置調整方案進行模擬分析，分析結果顯示，調降高層建築高度及並排建築之高度差降低之後，可避免減少強烈的縮流效應及下旋風效應，也在某種程度上改善了社區內部的整體通風環境。

經由前述分析，本研究提出以下社區通風改善策略的建議：

1. 增加穿透率：包括視覺上的穿透率及通風聯繫上的穿透率，以便讓氣流能夠在社區中適當的流通，達到自然通風換氣及潔淨空氣的目的。

2. 維持適當的樓高比例：維持適當的樓高比例及街巷尺度，以免過高的樓層或是過大的樓高差異所造成的縮流或下旋風現象，影響社區空間使用的舒適度。

3. 維持入流風處適當的開口大小：如本研究 CFD 分析結果所呈現的，入流風經過的節點，因建築間隔過小所造成的卡口若能打開，應會明顯地有助於社區內部的通風，此應納入社區建築配置的基本考量。

4. 維持簇群建築適當的最小棟距及側院建築間隔：在社區建築計畫與建築配置時，應避免因建築棟距及側院建築間隔過小而造成通風不佳的現象，也造成私密性及景觀上的問題。

5. 在規劃設計階段就將前述通風考量納入建築計畫及設計的概念發展之中，以便充分利用自然通風的優點，來營造社區建築的特色及良好的社區生活環境。

綜合而言，本研究發現 CFD 模擬分析方法的應用，提供了一套有用的操作工具，可協助找出社區建築配置、量體計畫及空間佈局上的一些基本問題，並可配合方案修正，及時模擬通風改善的成效，此工具及操作模式若能適當地運用，應有助於不同氣候地區社區整體通風環境的優化，當然，最後決定社區建築量體計畫及配置方案的考量因素，還包括市場需求、開發收益及法規要求等因素，但納入通風環境優化的考量，應有助於營造高品質集居環境的社區，進而反映在住宅價值上。最後，聰明的讀者可能會有一個問題：溪樹庭院已經開發完成，本節中所提到的通風改善策略，只不過是紙上談兵，那又有什麼用？的確！本研究歷時兩年多，作者目睹了溪樹庭院的開發過程及社區整體完成之後的部分風環境問題，本研究 CFD 模擬分析中所發現有下旋風或是通風不佳的地方，也多為作者實際訪談時，社區居民於戶外活動時感到不舒適的公共空間地點。如果在此社區規劃設計的初期，就能導入風環境模擬分析的方法及改善

方案評估的實際操作，這座目前屬於高房價的中國北方生態社區的戶外空間通風環境應該會更好，如此一來，此生態社區除了其所標榜的「溪」與「樹」之生態規劃設計特點之外，應可再增加一個「自然通風綠建築」的規劃設計亮點。

第三節　CFD 模擬分析應用於金門傳統聚落外部空間通風環境改善[*]

一、前言

　　金門鄰近廈門，為臺灣最大的離島，擁有獨特的歷史文化背景，在特殊的氣候環境及閩南文化與僑鄉文化的相互影響之下，發展出深具地域性特色的傳統建築聚落。閩南傳統建築聚落、閩南文化及戰地文化景觀，建構出金門獨特的景觀風貌特色，以及配合島嶼氣候環境而發展出的在地生活模式。然而，隨著時代的變遷及城鎮化發展的壓力，這些特色正在逐漸地消逝之中，許多地方陸續出現了雜亂配置的新式樓房，由於缺乏妥善的整體規劃與開發管控，零碎化且無秩序的土地開發行為隨處可見，不僅破壞了金門傳統建築聚落的空間紋理與景觀和諧性，也影響到聚落外部空間的整體通風環境。在海島型氣候的影響下，再加上水泥與硬鋪面的使用過多，金門的傳統聚落夏季時普遍非常炎熱，需有適當的導風措施來發揮退燒減熱的功能，所以，如何在金門積極推動傳統聚落保存維護或再發展的關鍵時刻，導入風環境因應設計的理念，藉以發展出順應氣候環境的聚落發展模式，實為一個亟待探討的課題。

　　都市化地區建築排列緊密、水泥化建築及硬鋪面大量使用所造成的熱島效應現象，目前也出現在金門的閩南傳統建築聚落，使得這些聚落的外部空間在夏日白天時普遍出現酷熱難受的現象，讓居民不想停留在聚落的外部空間，這不僅影響到民眾的日常生活，也影響到金門正在積極推動的文化觀光活動。金門傳統聚落的外部空間需要加強通風環境改善及通風廊道規劃來帶走熱能，以舒緩熱島效應的衝擊，而聚落戶外公共空間及行人風場的良好通風效果，也可提升夏季戶外活動的舒適度，鼓勵居民在聚落公共空間交誼及吸引觀光客的造訪。因此，如何加強傳統聚落外部空間及行人風場的通風環境改善，實為金門閩南傳統聚落在推動環境改善時一個亟待深入探討的研究課題。然而，過去探討建築外部空間通風環境改善與建築計畫之關係的文獻，多側重於以高密度的都市地區為研究地點，較缺乏以金門閩南傳統聚落為研究對象的實證研究，而探討金門閩南傳統聚落的研究則多以歷史文化保存、建築形式分析或傳統建築營造技法之探討為研究重點，並未將聚落外部空間通風環境改善及行人風場評估的議題具體地納入研究。在缺乏相關實證研究成果及資訊的情況下，目前金門閩南傳統聚落的保存維護與再發展，多未將風環境因應設計的理念納入環境改善策略或相關的規劃設計規範之中，以致無法引導出積極的聚落通風環境改善之作為。為了促進金門閩南傳統聚落的永續發展，並提升居民及觀光客在聚落外部空間活動時的舒適度，本節嘗試透過金門代表性閩南傳統聚落外部空間通風環境的評估與比較分析來探討下列研究問題：(1)何種聚落建築形式及空間佈局的外部空間擁有較佳的通風環境？(2)哪些建築配置及空間規劃設計的考量

[*]本節部分內容係以作者主持的科技部專題研究計畫成果為基礎而發展(計畫名稱：熱濕氣候地區閩南傳統聚落自然通風計畫與設計準則之研究：以金門為例，計畫編號：MOST 107-2410-H-507-005)，作者感謝科技部及計畫審查委員的支持。本節部分內容的初稿曾發表於 2018 年都市計畫學會年會論文研討會(吳綱立，2018)。

因素，會明顯地影響到金門閩南傳統聚落外部空間的通風環境？(3)如何研擬適當的規劃策略及配置方案，來改善金門傳統聚落的通風環境，並提供具體的研究資訊以供類似案例之參考。經由理論與文獻的分析，以及不同類型傳統聚落外部空間通風環境的評估與比較分析，本研究歸納出各類型金門閩南傳統聚落通風環境的問題及關鍵影響因素，並提出相關空間規劃設計的建議，以期能協助發展出順應地區氣候環境特性的聚落建築配置型態與空間發展模式。

二、金門閩南傳統聚落建築形式及空間佈局特徵分析

金門的閩南傳統建築及傳統聚落因為受到居民的生活模式、建築營建方式、基地地形及氣候條件等因素之影響，形成特有的建築形式及空間佈局，並從而發展出一套傳統聚落建築營造的經驗法則。基本上，金門閩南傳統聚落的空間營造具有下列特徵或原則：(1)依自然緩坡地形而興築，以引導風之行進；(2)採用南北座向偏東北向西南的空間格局，以利採光與通風；(3)採用人工規劃結合自然力誘導的建築配置方式，以產生與環境共存的協調性；(4)採用梳式格局，以利防盜防火及通風；(5)配合微氣候環境，使用厚實承重牆體，以便發揮隔音與冬季擋風之功能。綜合而言，基於以上原則，金門地區發展出一套適應地域環境的聚落建築營造經驗法則 (許華山，2005)。

除了運用上述建築營造經驗法則來進行聚落建築的配置與興建之外，早期移民至金門發展聚落的選址也以鄰近水源、土地肥沃、鄰近港口、避風禦寒等實際生活需求為主要的考量，而其根本精神則仰賴宗法倫理，並透過空間的營造法則將風水觀與民間禁忌考量作為不成文的約定俗成，一般而言，有以下原則 (江柏煒，1998)：(1)坐山觀局(水)的選址原則，以確保聚落在冬季時能避風，夏季時則能藉由聚落前方的低窪水塘來調節溫度與微氣候；(2)宮前祖厝後的配置禁忌，以確保宮廟的前方及祖厝(宗祠)後方軸線上不能築有民宅，藉以維持其神聖空間的象徵地位；(3)建築不超過祖厝高度的要求，以便形成以宗祠為尊的視覺意象；(4)內神外鬼的居住範圍界定，聚落範圍主要由宮廟決定，經過「安營」的儀式，將「五方」或「五營」施放在聚落四周，以界定內神外鬼的保護範圍，藉以確保聚落社會與居住空間的安定。

從上述經驗法則及配置原則可知，金門傳統聚落以宗祠為中心，以五方或五營來界定聚落的空間範圍，並以梳式格局的空間佈局為基本的建築空間佈局型態。梳式格局的空間型態是中國南方地區慣用的配置手法，金門地區也同樣採用，並依據金門的在地環境及生活方式予以調整。整體而言,金門閩南傳統建築聚落的特色是整個聚落立基於前低後高、坐山觀局(水)的配置原則，民宅建築群遵循著宗族社會的秩序而排列著，相同房份的民宅通常有著一致的朝向。此梳式格局空間佈局的建築朝向與配置，通常統一又工整，就好像印章一樣，蓋在大地之上。一般而言，梳式格局的空間佈局，可達到減少輻射熱、促進通風、抵禦冬季季風侵襲之氣候調節的功能，但是由於防禦及維持宗族緊密關係等考量，金門地區梳式格局之閩南傳統聚落的建築棟距往往相當狹小，隨著聚落建築的擴張與增建，常造成建築密度過高、聚落內部空間過於封閉等情況，再加上新建建築量體常阻擋到地區通風廊道的氣流流通，因而

也產生了一些通風環境上的問題(吳綱立等，2017；吳綱立，2018)，亟需進行系統性的聚落通風環境調查分析與評估。金門傳統聚落建築單元的基本形式與類型如圖 4-53 所示，在分析及界定出基本建築形式及空間佈局模式之後，本研究接著進行金門閩南傳統建築的 3D 建模，建模以反映基本建築形式、空間佈局及建築元素的特徵為原則，六種金門閩南傳統建築形式的 3D 基本單元模型如圖 4-54 所示。

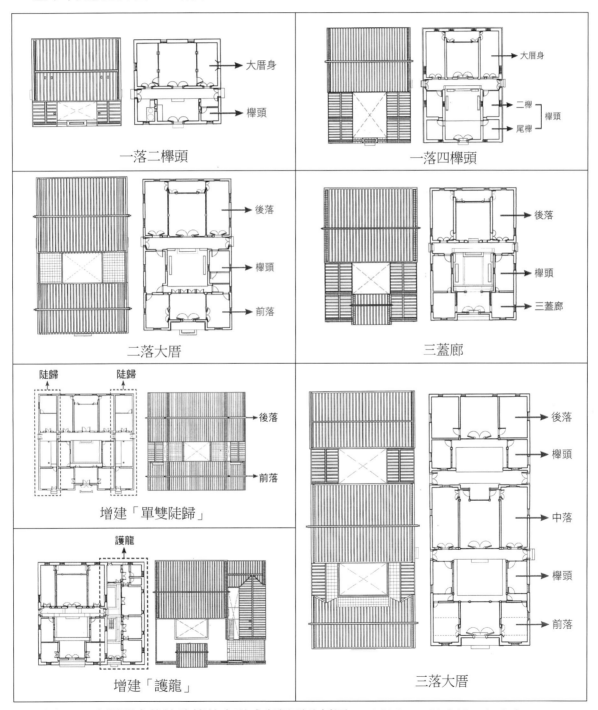

圖 4-53 金門閩南傳統建築基本形式與類型分析圖　(資料來源：陳書毅、李秀秀，2013)

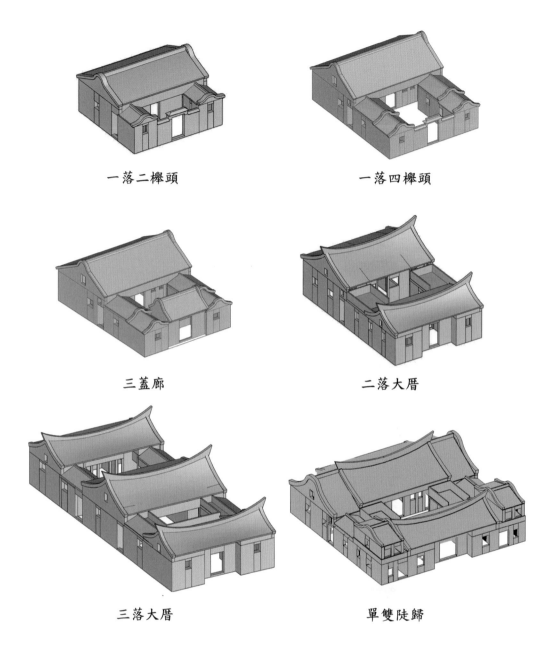

一落二欅頭　　　　　　　　　　一落四欅頭

三蓋廊　　　　　　　　　　二落大厝

三落大厝　　　　　　　　　　單雙陡歸

圖 4-54 金門閩南傳統建築基本形式 3D 模型分析圖

(資料來源: 本研究建置)

三、研究方法

(一) 金門閩南傳統建築聚落類型分析與示範性案例聚落選取

　　本節案例分析嘗試對金門本島地區不同類型的閩南傳統建築聚落之通風環境進行系統性的調查與評估分析，首先就金門現有傳統聚落進行全面性的調查，接著依據金門傳統聚落的

建築形式、建築配置模式及空間佈局的特徵,區分出幾種基本類型(包括典型梳式格局型、混合梳式格局型、中心匯聚或中心拓展型、新舊建築型態混合型等),然後選取具代表性的傳統聚落,作為聚落通風環境分析及改善策略探討的實際操作案例。目前金門地區保存尚屬良好的閩南傳統建築聚落共有十餘處,經考量這些傳統聚落的規模、空間佈局特徵、建築形式、在聚落類型上的代表性、地理空間分佈位置等因素之後,本研究最後選出十一處具代表性的閩南傳統建築聚落來進行微氣候環境的評估與比較分析,藉以探討不同聚落的配置、規模、空間佈局、建築量體安排、建築形式等因素與其外部空間通風環境之關係。最後選出的傳統聚落之空間分佈如圖 4-55 所示,其聚落發展背景、規模、建築形式、空間佈局特徵及聚落環境狀況簡述於表 4-4。北山聚落、南山聚落與旁邊的林厝聚落通稱為古寧頭,由於此兩聚落有水體分隔,各有相當的規模且生活上也各自獨立,故本研究將其視為是兩個聚落來進行研究分析。

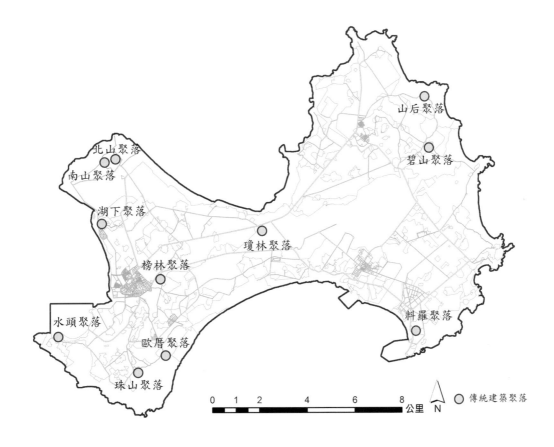

圖 4-55　金門傳統聚落選取案例空間分佈圖

(資料來源:本研究繪製)

表 4-4　案例傳統聚落特徵分析表

聚落名稱/空間型態	聚落背景/規模/建築形式	聚落空間佈局與周遭環境
北山聚落、南山聚落 (梳式格局空間佈局)	北山聚落與南山聚落位於金門本島西北角，為較早開發的聚落，與林厝聚落合稱為古寧頭。北山聚落係由銀浦李氏宗族遷居於此所形成，聚落內現有傳統建築 196 棟、南山聚落有傳統建築 146 棟，形式以一落二欅頭為主，兩聚落隔著雙鯉湖相望，聚落整體空間佈局呈梳式格局，以集村方式發展，近年來以生態文化觀光為產業發展基礎。	 北山聚落
湖下聚落 (不同座向的梳式格局空間佈局之組合)	湖下為金門濱海的聚落，主要以楊姓宗族為主。明朝初年，十七都官澳楊建業因為逃避倭害，輾轉來到此地定居，後來子孫繁衍發展成村落，目前為金門的一處自然村。「湖下」是以地理位置為名，因地處安岐湖之末端而得名。湖下聚落有建築 530 棟，其中傳統建築 133 棟、新式建築 397 棟，聚落內新舊建築混雜，影響整體景觀與通風環境。	 湖下聚落
榜林聚落 (部分為梳式格局空間佈局、部分為新式樓房與傳統閩式建築之混合)	榜林聚落前名為董林，又稱東林或珠林。聚落位於浯江溪上游，地平背風，聚落建築配置主要以坐東向西為主，次為坐北朝南。榜林聚落共有建築 176 棟，其中傳統建築 74 棟，新式建築 102 棟。由於聚落並非位於金門國家公園範圍內，無法進行傳統建築的有效保存維護，近年來由於生活型態的改變，新式建築逐漸興建，混雜在傳統建築之中。	 榜林聚落
珠山聚落 (中心匯聚型空間佈局)	珠山聚落昔稱山仔兜，為薛姓單姓宗族聚落，屬金門國家公園範圍。聚落座落於山谷地，四面環山、中央為低處，水由四方匯聚而來(四水歸塘)，聚落內主要建築多朝向中心的大潭，形成向中心匯聚的空間佈局。聚落與周圍環境融合，反映傳統風水觀。聚落傳統建築有 68 棟，以薛氏宗祠為中心朝外發展，建築以一落二欅頭及一落四欅頭為主。	 珠山聚落

(續表 4-4)

聚落名稱/空間型態	聚落背景/規模/建築形式	聚落空間佈局與周遭環境
碧山聚落 (部分為梳式格局空間佈局，部分為傳統閩式建築與新式建築之混合)	碧山又稱後山，為陳氏家族所發展的血緣聚落，以宗祠為中心，宮廟五方為邊境。聚落處於砂丘的背海風處，少受風砂之害。聚落共有建築 122 棟，其中傳統建築 52 棟、新式建築 70 棟。碧山聚落的僑鄉文化繁盛，聚落內有多座形式多樣化的洋樓，形成閩南建築與僑鄉建築混合出現的傳統聚落。	 碧山聚落
歐厝聚落 (不同座向的梳式格局空間佈局之組合)	歐厝位於金門本島西南角，聚落分為兩部分，村南與村北：村南為下社，背山面海，建築多為一落四櫸頭形式，呈棋盤式排列的梳式格局空間佈局；村北為上社，以二落大厝建築為主。歐厝聚落共有建築 96 棟，其中傳統建築 72 棟、新式建築有 24 棟。聚落規模不大，下社傳統建築配置的梳式格局空間型態明顯。	 歐厝聚落
水頭聚落 (帶狀發展空間型態、新舊建築混合)	水頭聚落位於金門本島西南角，聚落呈帶狀分佈，分為頂界、中界、下界及後界：頂界地勢較高，多為乾隆年間的建築；中界為具僑鄉文化代表的建築群；下界位於濱海處，以一落二櫸頭、四櫸頭為主；後界多為陳姓居民。水頭聚落共有建築 180 棟，其中傳統建築 99 棟、新式建築 81 棟，得月樓及金水國小為知名的洋樓	 水頭聚落
瓊林聚落 (中心拓展型空間佈局)	瓊林聚落以蔡姓為主，為金門規模最大的傳統聚落。聚落早期林木眾多，稱「平林」，明熹宗天啟年間御賜「瓊林」。聚落內燕尾、馬背的閩南式建築保存完整，建築共有 386 棟，其中傳統建築 206 棟、新式建築 180 棟。聚落以宗祠為核心，呈現有機式的向外成長，形成自然且嚴密的防禦性空間佈局，聚落並有坑道戰地遺址。	 瓊林聚落

147

(續表 4-4)

聚落名稱/空間型態	聚落背景/規模/建築形式	聚落空間佈局與周遭環境
山后聚落 (聚落分三處發展，中堡為典型的梳式格局空間佈局)	山后聚落因在群山之後而得名，分頂堡、中堡和下堡。頂堡背倚獅山，發展最早，建築格局不一；下堡的建築沿龜岩山麓分佈，朝向村前之池沼地呈半月形而建；中堡則是頂堡王氏父子旅日致富後回鄉所建，合稱「十八間厝」。山后聚落共有建築 142 棟，其中傳統建築 95 棟，中堡山后民俗村為近代僑匯支持，經整體規劃的聚落，為知名的景點。	山后聚落　　　　0　100　150 M
料羅聚落 (以梳式格局空間佈局為主，但多處已改建為新式建築)	料羅聚落位於金門東南角，臨料羅灣碼頭、南面向料羅灣，聚落周圍的料羅碼頭為金門縣的軍、商用港，早期為軍方運輸港口，歷經金門多場戰役。料羅聚落共有建築 284 棟，其中傳統建築 87 棟，新式建築 197 棟，聚落傳統建築多為坐東北朝西南，面向料羅灣的空間佈局，展現出依海而生的生活模式。	料羅聚落　　　　0　100　150 M

(資料來源：本研究整理)

　　經由金門閩南傳統建築聚落的調查分析，本研究挑選出上述具代表性的傳統聚落來進行後續的聚落外部空間通風環境評估及改善策略研擬，首先嘗試歸納出金門傳統聚落的基本型態及空間組合模式特徵，簡述如下。基本上，金門閩南傳統聚落單元的空間型態主要可分為：梳式格局型空間佈局(例如北山聚落)、中心匯聚型空間佈局(例如珠山聚落)，以及不同座向之梳式格局單元組合而成的混合型空間佈局(例如山后聚落)。這些基本類型及代表性案例如表 4-5 所示，分別代表著上述基本聚落建築單元組合模式的特徵，此為金門傳統聚落空間型態發展的原型，再搭配著金門常見的傳統建築形式，如一落二欅頭、一落四欅頭、二落大厝、三蓋廊、單雙陞歸及護龍增建等，形成了金門地區特殊的閩南傳統建築聚落風貌。

表 4-5　金門閩南傳統建築聚落基本類型分析表

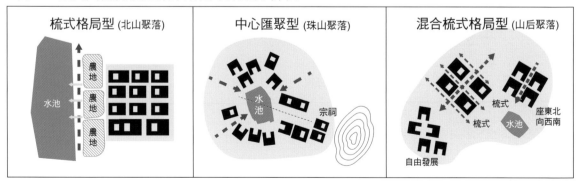

　　圖 4-56 至圖 4-63 所示，為金門閩南傳統建築及傳統聚落的特徵，一般而言，一落二櫸頭、一落四櫸頭、三蓋廊、二落大厝是常見的建築形式。金門閩南傳統聚落的建築物高度不高，多為一層樓，成功地融入大地景觀之中。建築配置就好像一顆一顆方形的印章，烙印大地之上，形成有趣的聚落景觀風貌。由於宗族文化及防禦等考量，建築配置多相當緊密，此有助於形成緊密的宗族關係及村里人際關係網絡，但聚落建築密度過高，棟距過小，也造成一些通風環境上的問題。就建築座向而言，基本上，金門閩南民宅建築的座向多為朝西南或南方，此種空間佈局有助於夏季入流風(西南風)的引入，反映出先民在空間營造上的生態智慧。

圖 4-56 一落二櫸頭閩南傳統建築
(資料來源：吳綱立攝，2018)

圖 4-57 北山聚落外部空間
(資料來源：吳綱立攝，2018)

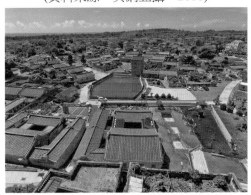

圖 4-58 珠山聚落以大潭為中心
(資料來源：吳綱立攝，2018)

圖 4-59 北山聚落典型單元
(資料來源：吳綱立攝，2018)

圖 4-60 湖下聚落新舊建築混合
(資料來源：吳綱立攝，2018)

圖 4-61 榜林聚落新舊建築混合
(資料來源：吳綱立攝，2018)

圖 4-62 瓊林聚落典型單元　　　　　　　圖 4-63 山后聚落典型單元(中堡)
(資料來源：吳綱立攝，2018)　　　　　　　(資料來源：吳綱立攝，2018)

前述金門閩南傳統建築聚落的基本建築型態及建築單元組合方式，配合地形與聚落規模的變化，以及先民與匠師經與環境互動所累積之建築經驗法則的影響，形塑出金門閩南傳統建築聚落的地景風貌特色——以低層、緊密的印章型式之建築配置組合，融入於大地景觀之中；但是近年來隨著城鎮化發展及土地開發的壓力，一些未劃入金門國家公園傳統聚落保存維護範圍內的閩南傳統建築聚落，也有不少新建的新式建築出現在閩南傳統建築單元之中或是周邊地區(如圖 4-60 和圖 4-61)，由於這些新建的新式建築通常較高且量體較大，新舊建築雜亂混合發展的結果，不僅影響到金門閩南傳統建築聚落的特色空間紋理及整體景觀秩序性，也衝擊到聚落的整體通風環境。

(二) 微氣候量測計畫

為深入探討金門閩南傳統聚落溫熱環境與通風環境之現況，並檢視 CFD 數值模擬模型之正確性，本研究特別擬定一套微氣候量測計畫，以便蒐集研究範圍內詳細之微氣候數據，並與鄰近金門氣象站的資料整合，以瞭解研究地區的實際微氣候狀況。本研究之微氣候量測項目包括：風速、風向、溫度、濕度，實際調查時，係參考金門氣象站資料，選擇研究聚落一年中最炎熱的夏季(七月至九月)為調查時間，進行前述微氣候項目的調查。調查時段分為上午時段(9：30~12：00)與下午時段(13：00~15：30)，使用儀器為記憶式熱線式風速儀與記憶式溫濕度計，採用移動式觀測法，將儀器架設於三角架(如表 4-6 中照片所示)，並依據選定地點來量測 1.5~1.6 米高度定點之行人風場的微氣候數據。量測儀器的精度及量測範圍說明如下：

A. 記憶式熱線式風速計(AM4214SD)　風速測量範圍：0.10～25.0 公尺/秒，誤差：-5%～+5%；風溫測量範圍：0～50.0 度，誤差：-0.8 度～+0.8 度。

B. 記憶式溫濕度計(HT-3007SD)　濕度範圍：5～95% R.H.，誤差：-3%～+3%；溫度範圍：0～50.0 度，誤差：-0.8 度～+0.8 度；露點範圍：-25.3～48.9 度。

量測點選取：本研究實地調查前述代表性的閩南傳統聚落，於每個聚落選取 16 至 24 個測點進行量測。所選取測點之位置儘量均勻地散佈在聚落內，包括重要的公共空間節點、主要風廊流經地點，以及反映聚落空間佈局特徵的地點，例如廣場、埕、主要巷弄、入流風流

經的重要節點、重要水體旁,以及明顯通風良好或不佳的代表性地點等。測點位置並避免位於建築物的角隅,以免受到建築角隅風的影響。實際量測時,各聚落係使用兩組以上的儀器同時進行調查。儀器使用前先檢查其量測結果的一致性,調查人員皆經過事先訓練,以維持操作的精確度與一致性。調查測點的空間分佈及環境狀況,摘述於表 4-6 (以瓊林聚落為例)。

表 4-6 瓊林聚落測點空間分佈及部分測點環境示意圖

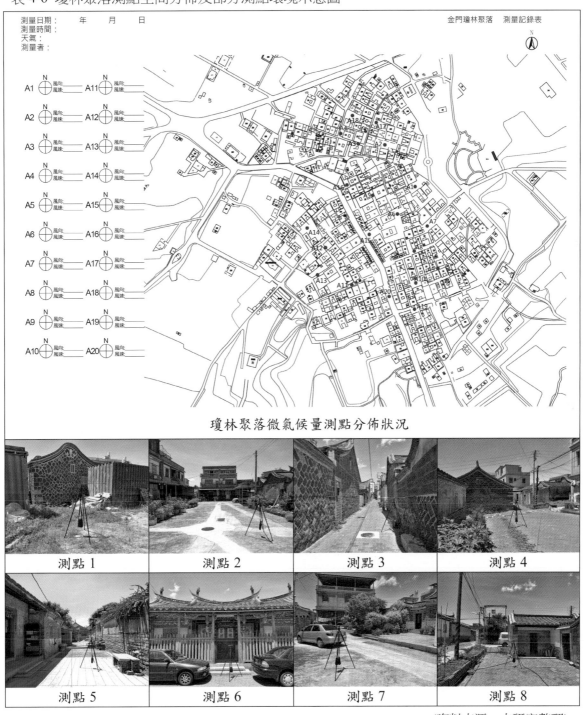

(資料來源:本研究整理)

151

(三) CFD 模擬分析

　　近年來國內外對於建築內部及戶外環境風場評估之研究，多採用計算流體動力學(CFD)數值模擬來進行相關的分析。本研究採用 WindPerfectDX 軟體(2000 萬網格專業版)來進行分析。此軟體的特性是可直接與常用的 3D 軟體(如 CAD 及 SketchUp)整合，並有不錯的可視化處理介面，可利於模擬成果與規劃設計專業者的溝通。本研究實際操作時，先將 3D 建模後的 CFD 模擬分析結果與實地微氣候調研結果進行比對分析，在確定模擬模型的適當性之後，接著進行後續的正式模擬分析。CFD 模擬分析的步驟如圖 4-64 所示：

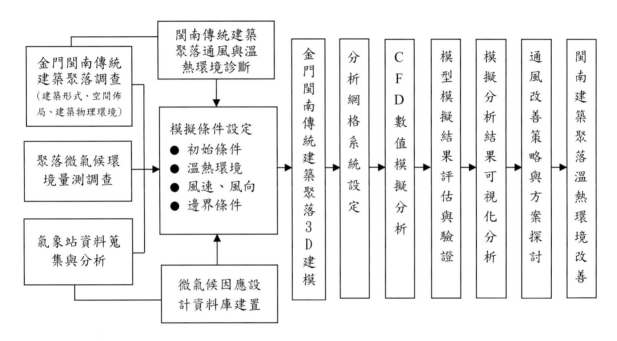

圖 4-64 金門傳統建築聚落 CFD 模擬分析流程圖

(資料來源：本研究整理)

茲將主要操作步驟及參數設定說明如下：

1. 模型網格切割設定

　　本研究探討的重點為金門傳統聚落外部空間通風環境之評估，分析的尺度為社區尺度。在模型網格設定方面，係以焦點領域、街區領域、全區領域等三個領域範圍來設定網格的切割。焦點領域平均以 0.70~0.75 公尺為 1 個網格，街區領域平均約 1.2~1.75 公尺為 1 個網格，外圍的全區領域則是以 20~30 公尺為 1 個網格。在垂直 Z 軸的網格切割方面，由於分析的重點是行人風場的通風環境狀況，故於自地面至 3 公尺高度內設置一個區域，以每 0.3 公尺為 1 個網格，並再於此界線至比建築高度高約 3 公尺處設置另一個區域，以平均約每 1~1.5 公尺為 1 個網格，最後於建築物高度的 5 倍處作為垂直斷面之全區領域的界線，以平均約每 8~10 公尺為 1 個網格。本研究以上述原則來進行網格切割及整體網格系統的生成。圖 4-65 至圖 4-72

分別為以珠山聚落、北山聚落、瓊林聚落及山后聚落為例,來呈現金門傳統聚落 CFD 模擬分析時的網格設定,包括平面 XY 軸的網格設定及 Z 軸剖面的網格設定。網格設定時,除了焦點領域(核心區)的網格切割要夠細,以反映出傳統聚落街巷的特徵之外,焦點領域、街區領域至全區領域之間的網格間隔過渡也嘗試予以和諧的銜接與轉換,以達到最佳的模擬效果。

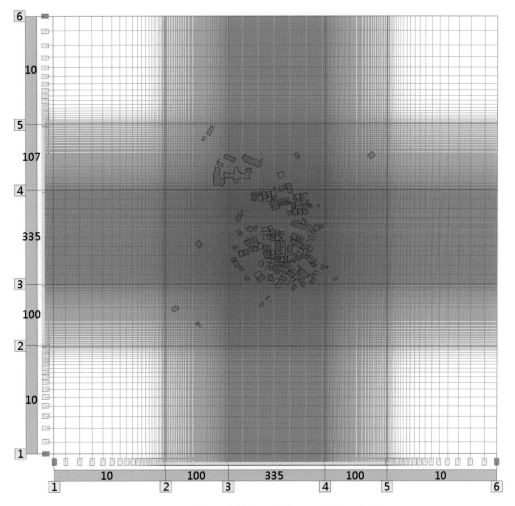

圖 4-65　珠山聚落 XY 軸平面網格設定圖

(資料來源:本研究繪製)

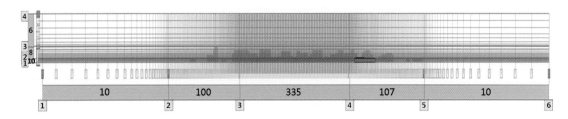

圖 4-66　珠山聚落 Z 軸剖面網格設定圖

(資料來源:本研究繪製)

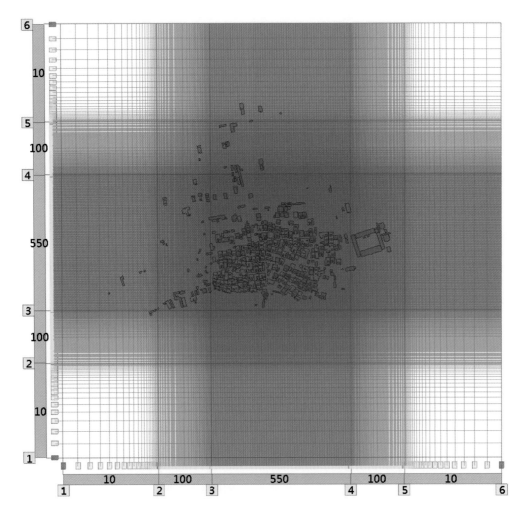

圖 4-67　北山聚落 XY 軸平面網格設定圖

(資料來源：本研究繪製)

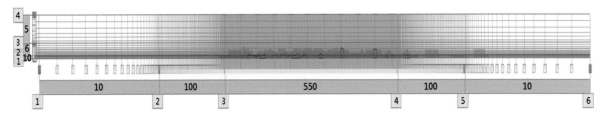

圖 4-68　北山聚落 Z 軸剖面網格設定圖

(資料來源：本研究繪製)

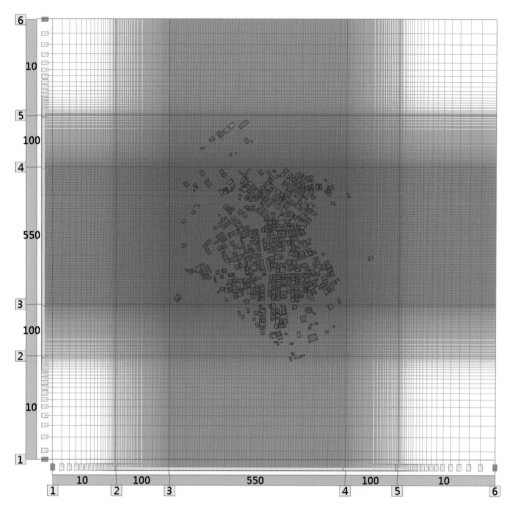

圖 4-69　瓊林聚落 XY 軸平面網格設定圖

(資料來源：本研究繪製)

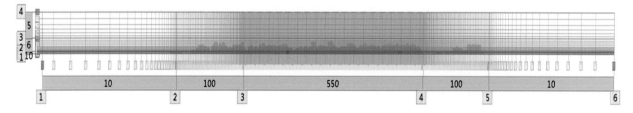

圖 4-70　瓊林聚落 Z 軸剖面網格設定圖

(資料來源：本研究繪製)

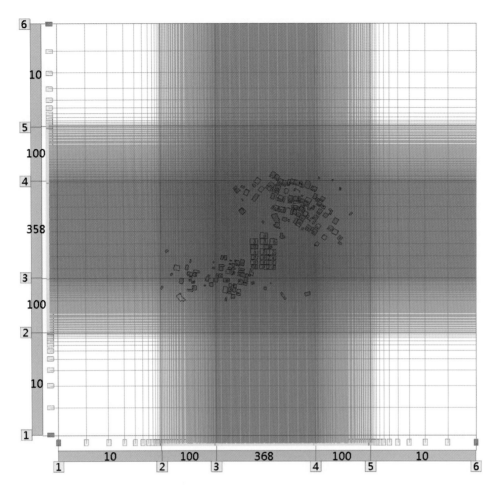

圖 4-71　山后聚落 XY 軸平面網格設定圖

(資料來源：本研究繪製)

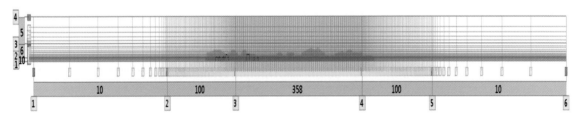

圖 4-72　山后聚落 Z 軸剖面網格設定圖

(資料來源：本研究繪製)

2. 風向、風速及邊界條件設定

　　關於溫度、風向、風速等模擬條件的設定，本研究係以實地量測及金門氣象測站蒐集的資料為基礎。實地量測是以記憶式熱線式風速儀及記憶式溫濕度儀進行，於研究聚落外部空間選定的地點進行系統性的微氣候量測，量測結果並配合金門氣象站蒐集的資料進行檢討，

以擬定模擬模型的基本環境參數設定。夏季與冬季兩個季節模擬的基本參數設定如表 4-7 和表 4-8 所示。

表 4-7 金門傳統聚落夏天 CFD 模擬分析參數設定表

	珠山聚落	山后聚落	榜林聚落	歐厝聚落	碧山聚落
平均氣溫 (°C)	34.5	34.2	35.2	34.4	34.1
平均風速 (m/s)	2.76	2.83	2.55	2.61	2.58
盛行風風向	西南	西南	西南	西南	西南
計算網格數	9,638,208 格	9,574,578 格	14,179,080 格	9,581,600 格	9,597,112 格
	北山聚落	瓊林聚落	湖下聚落	料羅聚落	水頭聚落
平均氣溫 (°C)	34.5	35.4	35.1	34.3	34.6
平均風速 (m/s)	2.60	2.41	2.90	2.78	2.64
盛行風風向	西南	西南	西南	西南	西南
計算網格數	19,273,072 格	19,364,416 格	19,266,880 格	18,595,288 格	19,133,884 格

(資料來源：本研究整理)

表 4-8 金門傳統聚落冬天 CFD 模擬分析參數設定表

	珠山聚落	山后聚落	榜林聚落	歐厝聚落	碧山聚落
平均氣溫 (°C)	13.6	13.4	14.1	13.5	13.4
平均風速 (m/s)	3.64	3.83	3.56	3.62	3.70
盛行風風向	東北	東北	東北	東北	東北
計算網格數	9,638,208 格	9,574,578 格	14,179,080 格	9,581,600 格	9,597,112 格
	北山聚落	瓊林聚落	湖下聚落	料羅聚落	水頭聚落
平均氣溫 (°C)	13.8°C	14.1°C	14.0°C	13.6°C	13.7°C
平均風速 (m/s)	3.78	3.38	3.81	3.76	3.53
盛行風風向	東北	東北	東北	東北	東北
計算網格數	19,273,072 格	19,364,416 格	19,266,880 格	18,595,288 格	19,133,884 格

(資料來源：本研究整理)

四、結果與討論

(一) 金門傳統聚落 CFD 模擬分析結果比較

經由模擬模型分析結果與本研究實測調查結果的驗證，以確定模擬模型的適當性之後(驗證結果顯示，誤差在可接受的範圍內，75％以上抽樣之量測點的實測風速與模擬風速之誤差在 0.35 m/sec 的範圍內)，本研究接著進行前述代表性傳統聚落的 CFD 通風環境模擬分析。CFD 模擬分析結果可視化出圖的斷面設定係呈現約 1.8 公尺高度的行人風場通風狀況。評估標準係

參考蒲福風級、相關文獻經驗及本研究所調查的金門傳統聚落居民對於戶外實際通風環境感知的結果，依據文獻及本研究調查結果，一般而言，夏季時金門傳統聚落戶外行人風場之風速在 1.0 m/sec 至 2.5 m/sec 時，是居民普遍覺得較為舒適的風速範圍，以下分析將以此為參考。

1. 金門閩南傳統聚落夏季戶外空間通風環境分析

夏季 CFD 模擬分析結果如表 4-9 所示，聚落外部空間通風的評估主要是以外部空間是否有舒適的氣流流通(例如主要聚落外部空間有 1.0~2.5 m/sec 的風速)，以及入流風或地區風廊是否可順利的流入社區為考量的原則。研究結果顯示，整體而言，金門本島的傳統聚落中，夏季外部空間通風較好的傳統聚落包括：山后聚落、珠山聚落、碧山聚落等，而通風較差的傳統聚落則為北山聚落、瓊林聚落、湖下聚落、榜林聚落等。經比較聚落建築空間佈局及通風環境模擬分析結果之後可發現，造成聚落通風良好的主要原因包括：聚落建築座向與夏季盛行風方向一致，便於夏季盛行風的吹入；聚落建築配置留有適當的棟距，利於巷弄及側院的氣流流通；適當地建築錯落配置，有利於聚落內部的氣流循環流動；入流風方向的建築配置留設有較大的通風開口，利於夏季引風。至於代表性案例聚落的通風評估結果則簡述如下：

山后聚落整體戶外通風環境良好，造成其良好通風環境之因素主要為：聚落建築座向與夏季入流風(西南風)方向一致；中央建築群(中堡)的棟距寬度適當，有利於風的流通；部分建築採錯落式的空間佈局，有利於夏季盛行風的引入；但是聚落南方建築群(下堡)的建築棟距較小且佈局擁擠又零碎，則容易阻擋地區風廊道的氣流流通。

碧山聚落的建築空間佈局與入流風方向一致且有一些不錯的錯落排列，造成多數戶外公共空間的通風環境良好，但是由於聚落地理位置位處島嶼較內部，以致夏季時聚落盛行風的平均風速不大，此外，部分聚落建築的鄰棟間隔較為緊密，也容易造成一些地點的通風不佳。

珠山聚落為周圍建築面向聚落中心大潭而匯聚的中心匯聚型空間佈局型式，盛行風方向的開口較大，有利於夏季西南向盛行風的引入，使得聚落核心(大潭)周邊的公共空間有良好的通風效果，而由於風廊效果能順利的導入，聚落整體戶外通風環境亦屬不錯；但是聚落南側部分迎風面的建築排列過於緊密，且夏季盛行風吹入處受到一些建築違章增建所阻擋，使得該處入流風無法順暢的流通至聚落內部，也造成該處戶外空間的通風較差。

就外部空間通風不佳的傳統聚落而言，北山聚落為金門典型的梳式格局空間佈局之傳統聚落，然而由於聚落建築緊密排列、棟距狹小，形成一些狹窄的巷弄及側院(寬度不足 0.8 公尺)，阻礙夏季盛行風的流入，造成北山聚落部分外部空間的通風效果不佳。瓊林聚落屬規模較大的閩南傳統建築聚落，由於聚落位處金門本島的中心，平均風速不大，再加上聚落建築排列緊密、棟距狹小，且迎風面建築零亂配置，阻礙到夏季盛行風的流入，導致聚落內多數地區之通風環境不佳。湖下聚落地理位置靠近海濱、風速較大，但是由於聚落外圍新建建築零碎配置，影響通風，而建築內部區域的新建建築與閩南傳統建築的雜亂混合配置，也產生因新興建築的樓高過高或量體過大，或因為未配合傳統建築佈局而雜亂配置等因素，而影響

到聚落的整體通風環境，使得聚落內部通風狀況明顯的不佳。以上問題皆為金門閩南傳統建築聚落在通風環境設計上代表性的問題，部分問題(如新建建築量體影響聚落外部空間的整體通風效果)也出現在金門其他的聚落地區或自然村。

表 4-9 金門閩南傳統聚落夏季戶外通風環境評估 CFD 模擬分析結果比較表 (風向：西南風)

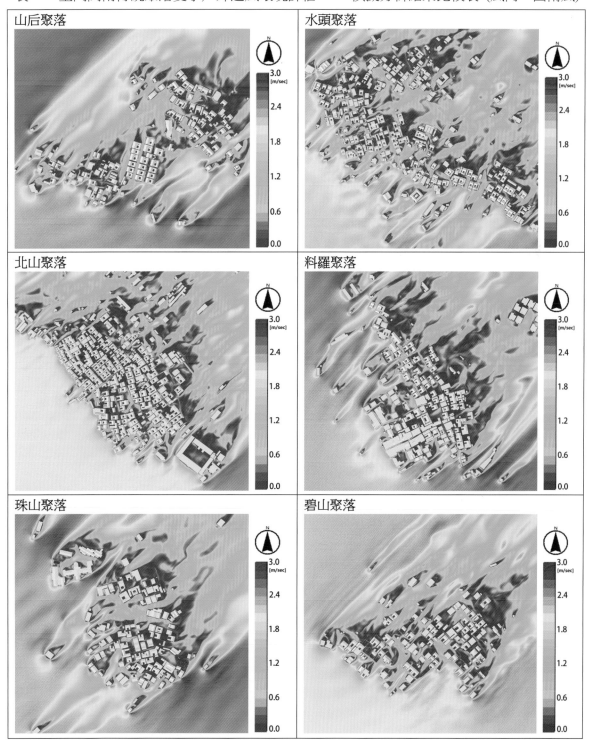

(續表 4-9)

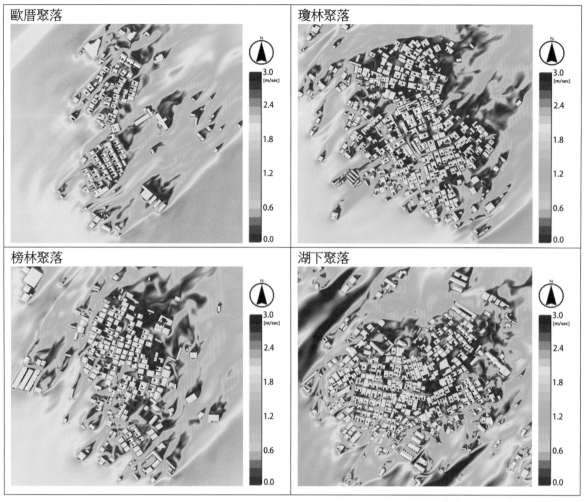

(資料來源：本研究整理)

2. 金門閩南傳統聚落冬季戶外空間通風環境分析

　　金門的閩南傳統建築聚落夏季時需要引風，冬季時則需要擋風。為考量不同季節時通風環境設計的需求，本研究也透過 CFD 模擬分析來檢視聚落建築配置及空間佈局對冬季通風環境的影響。冬季 CFD 模擬分析結果如表 4-10 和表 4-11 所示，整體而言，金門的閩南傳統建築聚落在冬季時要避免東北季風的吹襲，但社區內部仍要維持基本的通風強度，以改善空氣品質。由於先民及傳統建築營造匠師的生態智慧，金門閩南傳統建築聚落在進行配置與空間佈局時之建築座向安排多為座東北朝西南(冬季主要吹東北風)，使得多數閩南傳統建築聚落在冬季時發揮適當的擋風效果，在本研究探討的案例聚落中，冬季戶外通風環境較良好的聚落如表 4-10 所示，包括山后聚落、珠山聚落、歐厝聚落、榜林聚落。但值得注意的是，仍有部分閩南傳統聚落因建築配置過於緊密、新舊建築雜陳或部分聚落建築座向面對冬季入流風風向等因素，而造成一些通風環境上的問題(冬季通風較不佳的傳統聚落案例，如表 4-11 所示)。

表 4-10 冬季戶外通風環境較良好的金門閩南傳統聚落 CFD 模擬分析結果表 (風向：東北風)

表 4-11 冬季戶外通風環境較不佳的金門閩南傳統聚落 CFD 模擬分析結果表 (風向：東北風)

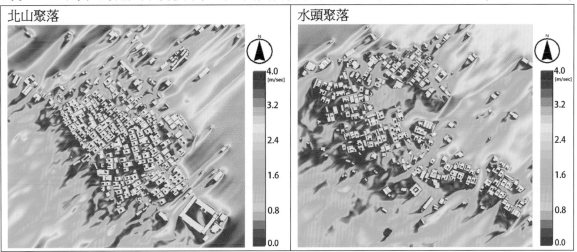

(續表 4-11)

料羅聚落	瓊林聚落

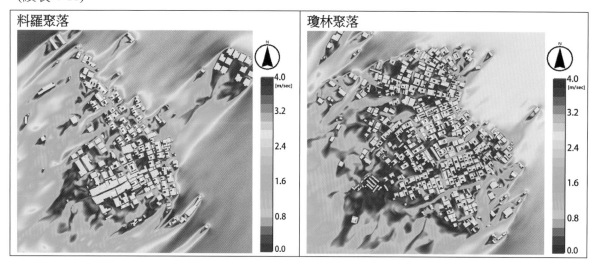

(二) 夏季通風良好及通風不佳聚落建築單元態樣分析及通風影響因素探討

經過前述金門閩南傳統聚落外部空間通風環境的綜合性評估分析之後，本研究嘗試確認出金門閩南傳統聚落的通風良好單元及通風不佳單元之基本態樣，分析結果整理於表 4-12 和表 4-13。由於金門的酷熱及熱島效應係發生在夏季，故此部分分析乃針對夏季情況進行探討。

表 4-12 金門閩南傳統聚落外部空間夏季通風良好單元態樣分析表

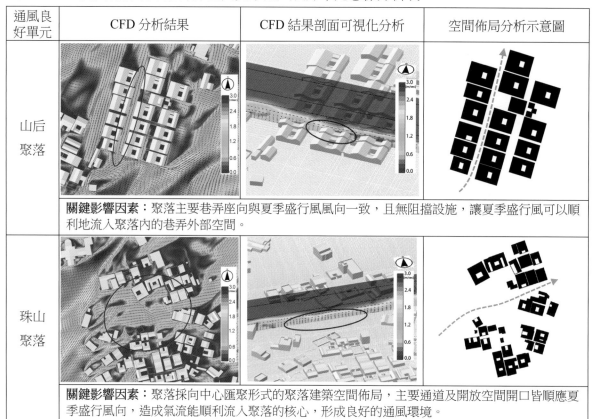

通風良好單元	CFD 分析結果	CFD 結果剖面可視化分析	空間佈局分析示意圖
山后聚落			
關鍵影響因素：聚落主要巷弄座向與夏季盛行風風向一致，且無阻擋設施，讓夏季盛行風可以順利地流入聚落內的巷弄外部空間。			
珠山聚落			
關鍵影響因素：聚落採向中心匯聚形式的聚落建築空間佈局，主要通道及開放空間開口皆順應夏季盛行風向，造成氣流能順利流入聚落的核心，形成良好的通風環境。			

162

表 4-13 金門閩南傳統聚落外部空間通風不佳單元態樣分析表

通風不佳單元	CFD 分析結果	CFD 結果剖面可視化分析	空間佈局分析示意圖
北山聚落			
	關鍵影響因素：聚落內部分空間單元由於建築棟距過於狹窄、建築排列緊密，造成地區通風廊道的氣流無法順利地流入聚落內部。		
瓊林聚落			
	關鍵影響因素：聚落採用梳式格局的空間佈局，理論上應該有利於通風散熱，但是因建築棟距過小，且未留設入流風導入的適當開口，以致影響到聚落內部之整體通風環境。		
湖下聚落			
	關鍵影響因素：聚落外圍新建建築林立，且量體較龐大，阻擋夏季時盛行風吹入，影響聚落內部的通風環境。		

(資料來源：本研究整理)

　　經由前述綜合性分析，本研究歸納出影響金門閩南傳統建築聚落外部空間通風環境的關鍵因素，包括：臨時建物與增建、建築棟距大小、建築座向與位置、建築密度、建築形式與建築量體差異、街道方向與寬度、開放空間規劃設計等。分析結果整理如表 4-14 所示。

表 4-14 金門閩南傳統建築聚落外部空間通風影響因素分析表

分類	關鍵影響因素	影響說明	受影響的聚落案例
建築及配置	臨時建物與增建	地區通風廊道的氣流受到臨時建物與增建建物所阻擋，造成聚落內部的通風不佳。	北山聚落、珠山聚落、瓊林聚落、湖下聚落、料羅聚落、水頭聚落、榜林聚落
	棟距大小	部分傳統聚落之建築配置單元的建築棟距過小，不但影響日照採光，也使得巷弄空間無法產生順暢的氣流流通。	北山聚落、瓊林聚落、湖下聚落、料羅聚落
	建築座向與位置	部份建築物的座向與夏季盛行風的方向所形成的夾角過大，無法引入風廊道氣流；另有部分建築位於風廊道氣流流入的瓶頸處。	瓊林聚落、水頭聚落、湖下聚落、山后聚落(部分建築)
	建築密度	聚落內部分地區建築過密，使得入流風受到建築物阻擋，而無法深入聚落的內部，也使得小巷道及側院夏季處於無風或靜風狀態。	北山聚落、瓊林聚落、湖下聚落
	建築形式與建築量體差異	新式建築與傳統建築的高度或量體差異太大，使得風的流通受到新式建築阻擋，無法順利地流入聚落內部，也可能造成下旋風。	瓊林聚落、湖下聚落、榜林聚落、料羅聚落、珠山聚落
外部空間設計	街道方向與寬度	聚落街道座向與通風廊道方向維持一致，使風能順著廊道流通至聚落內部，但街巷寬度若過窄，則會影響到外部空間的整體通風。	北山聚落、瓊林聚落、碧山聚落、山后聚落
	開放空間規劃設計	開放空間規劃設計(包括巷弄空間、廣場、聚落外部公共空間、綠地、水體等)若能與聚落通風廊道及夏季入流風方向配合，將有助於改善聚落通風環境，並達到夏季降溫。	珠山聚落、北山聚落、料羅聚落

(資料來源：本研究整理)

(三) 金門閩南傳統建築聚落通風改善策略與方案研擬

1. 綜合性傳統聚落通風環境比較分析與改善方案探討

　　針對上述金門閩南傳統聚落外部空間通風不佳的情況，本研究嘗試提出改善策略與調整方案的建議，並透過 CFD 模擬分析來檢視改善策略與方案的成效。由於透過夏季引風來改善酷熱的聚落外部空間環境，為金門傳統聚落迫切的需求，故此部分改善策略與方案的探討主要係針對夏季情況進行。首先進行綜合性的通風環境比較分析以及改善策略與方案的探討，以六個具代表性的金門閩南傳統聚落為案例，配合前述分析所界定出的通風不佳基本問題態樣，進行傳統聚落配置方案調整的 CFD 模擬分析，分析結果摘述於表 4-15。值得說明的是，

由於這些聚落為具有歷史文化價值的閩南傳統建築聚落，是金門重要的文化資產，需予以適當地保存維護及進行環境改善，所以實務上無法完全依據模擬所建議的配置方案來進行建築更新重建，但 CFD 模擬分析結果可供其他地區相關案例之參考，以避免類似問題的重複發生。

表 4-15 金門閩南傳統聚落配置方案比較與 CFD 模擬分析

山后聚落		珠山聚落	
現況配置	改善後配置方案	現況配置	改善後配置方案
現況配置 CFD 分析結果	改善後配置 CFD 結果	現況配置 CFD 分析結果	改善後配置 CFD 結果
改善建議：維持通風開口的通透性。 避免在夏季入流風入口處設置屏障設施，建議打開聚落南側入流風方向之邊界隘門的封閉柵欄，使夏季盛行風能流入聚落內部。		改善建議：避免入流風處的遮擋。 夏季入流風通風廊道主要路徑部分地點的通風受到參差不齊建物或臨時性建築增建的影響，建議調整建築物沿街的秩序性及清理增建，以改善通風。	
水頭聚落		北山聚落	
現況配置	改善後配置方案	現況配置	改善後配置方案
現況配置 CFD 分析結果	改善後配置 CFD 結果	現況配置 CFD 分析結果	改善後配置 CFD 結果
改善建議：調整建築座向，順應夏季入流風風向。 如有類似案例，建議調整聚落簇群單元建築配置的座向，順應夏季盛行風的方向，以利通風散熱。		改善建議：加強地區通風廊道之留設。 如有類似案例，建議控制建築物的棟距以及沿街建築排列的秩序性，以便留出社區尺度的通風廊道。	

(續表 4-15)

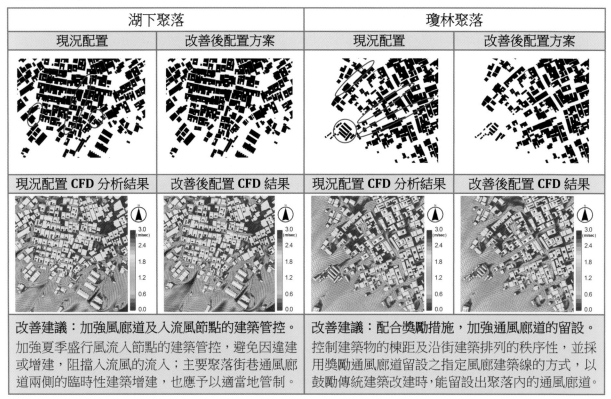

湖下聚落		瓊林聚落	
現況配置	改善後配置方案	現況配置	改善後配置方案
現況配置 CFD 分析結果	改善後配置 CFD 結果	現況配置 CFD 分析結果	改善後配置 CFD 結果
改善建議：加強風廊道及入流風節點的建築管控。加強夏季盛行風流入節點的建築管控，避免因違建或增建，阻擋入流風的流入；主要聚落街巷通風廊道兩側的臨時性建築增建，也應予以適當地管制。		改善建議：配合獎勵措施，加強通風廊道的留設。控制建築物的棟距及沿街建築排列的秩序性，並採用獎勵通風廊道留設之指定風廊建築線的方式，以鼓勵傳統建築改建時，能留設出聚落內的通風廊道。	

(資料來源：本研究整理)

2. 示範性閩南傳統聚落通風改善策略與方案探討——代表性個別案例分析

　　經綜合分析金門閩南傳統聚落通風改善策略與不同情境假設的配置方案，並運用 CFD 模擬分析檢視其通風改善成效之後，本研究接著以珠山聚落及北山聚落等兩個具代表性的閩南傳統聚落為示範案例，進行更詳細的通風改善策略與方案之探討以及情境模擬分析，分析結果摘述如後。綜合而言，這兩個示範性案例聚落係代表著不同類型的聚落空間佈局(中心匯聚型及梳式格局型)，也反映出金門傳統聚落在通風環境上的一些基本問題，而此二示範性案例探討所分析的內容亦為目前金門傳統聚落環境改善時迫切需要探討的議題，所以藉由珠山聚落與北山聚落兩個案例的實例模擬分析，可對於如何策略性的改善類似傳統聚落的通風環境，提供一些具體的參考資訊。另外，需要特別一提的是，以下分析內容中有部分為短程或中程可執行的改善策略與方案(如頹屋及臨時性建築之處理)，但也有部分則為情境模擬的假設方案(例如棟矩加大、街巷寬度調整)，由於這些閩南傳統聚落是金門珍貴的文化資產及文化景觀，應以保存維護其歷史文化價值及集體記憶為基本的原則，所以以下部分假設的情境方案對於位於金門國家公園範圍內的閩南傳統建築聚落而言，應無法具體的落實，但其價值在於，能提供另外一種傳統聚落空間營造的思維，可藉此讓我們思考：如果當初金門閩南傳統聚落的空間佈局及規劃設計能朝更契合生物氣候設計的方向(例如風環境因應設計)進行，會有什麼樣的通風與溫熱環境之結果，而此模擬分析結果也可作為其他地區類似聚落再發展時的參考。

表 4-16 金門閩南傳統聚落周圍土地開發管理對聚落通風環境之影響：以珠山聚落為例

改善策略(土地開發管理)：以珠山聚落為例	
案例聚落選取原因： 1.地區風廊道效果明顯，而聚落中央有水體，也可善加利用，發揮通風減熱的效果。 2.聚落外圍有興建住宅社區的土地開發需求，可能會影響聚落內部的整體通風環境。 **主要作法：** 於珠山聚落上風處新興社區開發時(右圖中開發基地)，控制建築棟距及量體大小，並留設通風廊道開口，以利風廊吹入聚落。 **開發基地資訊** 面積：3240 m²；建蔽率：60%；容積率：120%；法定建蔽面積：1944 m²；規劃建蔽面積：1920 m²；建築高度：7 m (2 層樓)	歷史保存區　生活發展用地 外圍緩衝區　基地位置圖 0　20　40　60 公尺　N

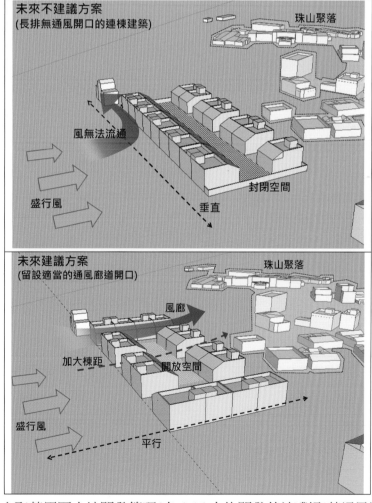

圖 4-73 珠山聚落周圍土地開發管理(表 4-16 中的開發基地)對聚落通風影響分析圖

上頁表 4-16 及圖 4-73 所示為對於珠山聚落周遭土地開發管理的建議,由此分析可看出,傳統聚落通風環境的改善也有賴於周遭土地開發的有效管理。傳統聚落夏季盛行風流入處土地開發時的建築計畫應控制外圍基地內新建建築的棟距及量體規模,並留設適當的風廊道引入開口,以避免新開發影響到聚落內部的通風。另外,傳統聚落內的建築增建、臨時建物及頹屋處理,對於聚落通風環境也有所影響,表 4-17 及圖 4-74 所示,為以北山聚落為例的分析結果,

表 4-17 金門傳統聚落通風改善方案構想及 CFD 模擬分析結果:以北山聚落為例

增建、臨時性建物及頹屋處理對傳統聚落通風改善之效益:以北山聚落為例

案例聚落選取原因:1.聚落包含典型閩南建築單元,為金門地區代表性的閩南傳統建築聚落。
2.聚落內建築密集,外部空間的通風環境明顯地受到前述分析的外部空間通風影響因素之衝擊。

主要作法:
移除阻擋聚落主要通風廊道入流風流入的臨時違章建築,並進行頹屋清理,以強化風廊道效果。

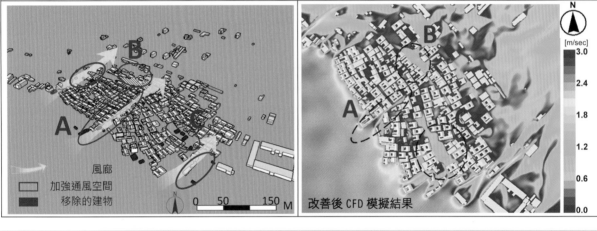

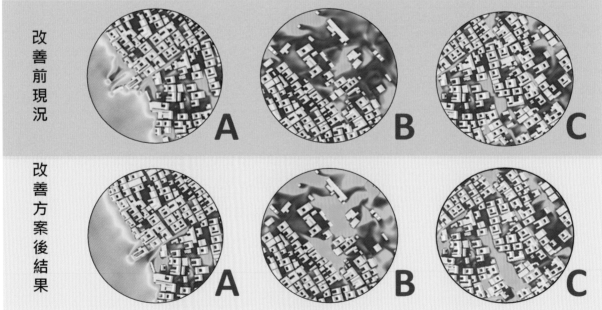

圖 4-74 北山聚落現況及通風改善方案的 CFD 模擬分析結果比較圖 (表 4-17 中 A、B、C 三處)

上述結果顯示，進行違章增建建築清除及頹屋整理(移除棄土及雜物，並增加通透性)之後，聚落外部空間的通風環境會有明顯的改善。接著再以北山聚落為例，探討棟距及街巷寬度對聚落戶外通風環境的影響，並嘗試將風廊效果連結到水體設計，由於現有建築為歷史性建築，需予以保存維護，故此部分的分析係以情境假設方式進行，分析結果如表 4-18 及表 4-19 所示。

表 4-18 金門閩南傳統聚落通風改善情境模擬分析—現況及改善策略：以北山聚落為例

改善策略：調整棟距、加大側巷寬度

說明：北山聚落為典型的梳式格局空間佈局，理論上應有利於通風，但由於聚落早期建築配置時未有明確的通風規範，再加上因防禦及強調宗族關係等因素，導致部分建物排列過於緊密(棟距不足 80 公分)，不但不易通行，也不利聚落外部空間的通風；另外，雖然入流風處有水體，但卻無法將清新空氣與涼意順利的引入聚落內部。

北山聚落狹小巷弄空間現況
(資料來源：陳明哲、廖柏瑀攝，2019)

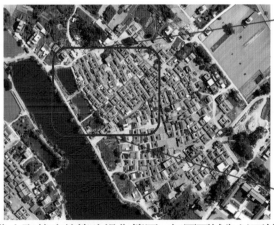

北山聚落改善策略操作範圍 (紅圈區域為以下情境分析之典型建築單元通風改善模擬分析的範圍)
(資料來源：本研究整理)

北山聚落典型建築單元通風及溫熱環境改善策略：

現況問題：夏季酷熱、無風　　改善策略 1：利用水體降溫　　改善策略 2：自然通風結合水體降溫

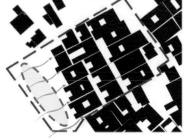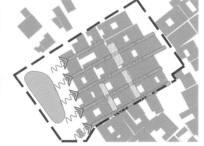

緊密配置及狹小巷弄，通風不佳　　透過潔淨水體，引入清新涼意　　引入風廊道效果，配合清涼水體降溫

表 4-19 所示為運用 CFD 模擬分析來檢視表 4-18 之通風改善策略(調整棟距、加大側巷寬度)對於聚落外部空間通風環境改善之成效。此操作嘗試將建築棟距及側巷寬度由原先的不足 80 公分調整到 1.5~2 公尺，並清除阻擋通風的臨時性違章增建，以恢復傳統建築的純樸原貌。

表 4-19 北山聚落典型建築單元現況及改善策略推動後(棟距及側巷調寬) CFD 模擬結果比較表

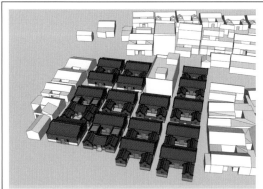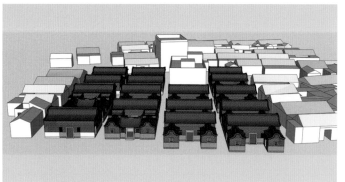

典型建築單元修護及棟距加寬後鳥勘透視　　典型建築單元修護及棟距加寬後正面透視

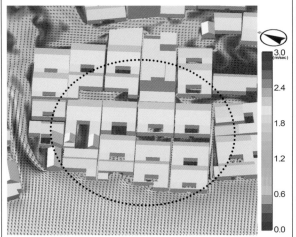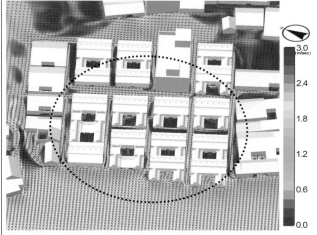

典型單元現況外部空間通風狀況 CFD 模擬結果　典型單元情境方案改善後通風狀況 CFD 模擬結果

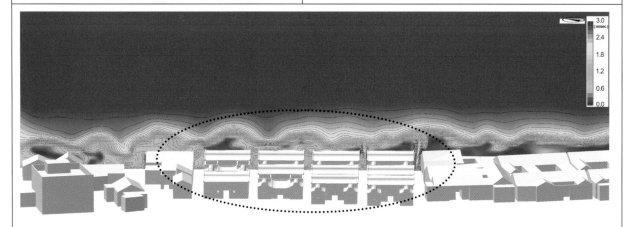

典型單元情境方案改善後(加寬棟距及側巷寬度)通風狀況 CFD 模擬結果 (剖透視分析)

　　上述 CFD 模擬分析結果顯示，當北山聚落典型建築單元的建築棟距及側巷寬度由現況的不足 80 公分增寬至 1.5~2 公尺時，街巷及聚落公共空間的通風環境有了明顯的改善，入流風較能吹入聚落內部的巷弄空間，也較能帶動聚落公共空間的整體氣流流通。另外，在清理掉阻擋通風及防災避難安全的臨時性建築物及增建的設施物之後，聚落整體景觀及通風與防災效果，也獲得明顯的改善。

　　經前述改善策略與情境方案的 CFD 模擬分析之後，本研究依據改善方案的情境假設，製作北山聚落典型建築單元(棟距及側巷加寬後)及周圍地區的 3D 效果圖，如圖 4-75 及圖 4-76 所示，此二效果圖顯示出，若能適當的加寬目前北山聚落梳式格局緊密排列之建築單元的棟距及側巷寬度，並配合西南側雙鯉湖的清新水氣引入，北山聚落除了擁有具特色的閩南傳統建築之外，也可營造出舒適清新且通風良好的外部空間環境。

圖 4-75 北山聚落典型建築單元情境方案(建築棟距加寬及違建清除)改善後效果圖(局部尺度)

圖 4-76 北山聚落典型建築單元情境方案(建築棟距加寬及違建清除)改善後效果圖(全區意象)

(四) 金門閩南傳統聚落典型建築單元通風環境評估及通風優化分析

在探討金門傳統聚落通風改善策略及方案之後，本研究接著探討金門傳統聚落典型建築單元之建築棟距與座向對於聚落通風環境之影響，以便找出優化的配置模式。本節建築棟距及座向優化的模擬分析主要係針對金門閩南傳統聚落的基本建築單元態樣進行，包括一落二欅頭、一落四欅頭、三蓋廊及單雙陡歸等四種建築形式的建築單元組合(見圖 4-77)，此也為金門傳統建築聚落中較常見的建築形式與建築配置模式。為了檢討建築棟距、座向、開口形式等對於聚落通風環境之影響，此部分的 CFD 模擬分析是依據實際的代表性金門閩南建築單元之建築形式來建置 3D 模型，包括考量實際的建築單元尺寸、室內隔間及開窗位置，以下圖 4-77 所示為幾種主要建築單元配置的 3D 模型。因為同時要模擬出室內外通風、建築開窗及室內隔間的氣流流通效果，CFD 模擬分析的網格切割需要儘可能的精細，焦點領域平均每 18 到 20 公分一個網格，所有分析的建築單元都在焦點領域之內。網格設定完成後，經數次測試，結果顯示上述網格切割的精細程度可以充分模擬出門窗及室內外空氣流通的效果。CFD 模擬分析結果摘述如表 4-20 至表 4-24 所示，以下表中的 CFD 分析圖，係呈現 Z 軸高度約 175 公分左右之行人風場的分析結果。

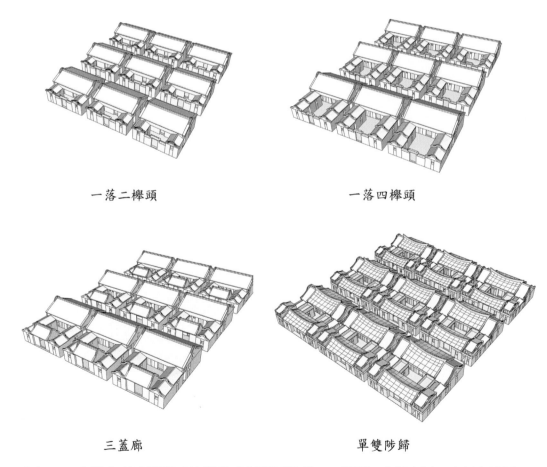

一落二欅頭　　　　　　　　　　一落四欅頭

三蓋廊　　　　　　　　　　單雙陡歸

圖 4-77 金門典型建築單元建築形式與配置態樣 3D 模型 (資料來源：本研究建置)

1. 建築棟距優化分析

表 4-20 建築棟距與通風效果關係 CFD 模擬分析結果 (夏季,西南風;建築形式為一落四欅頭)

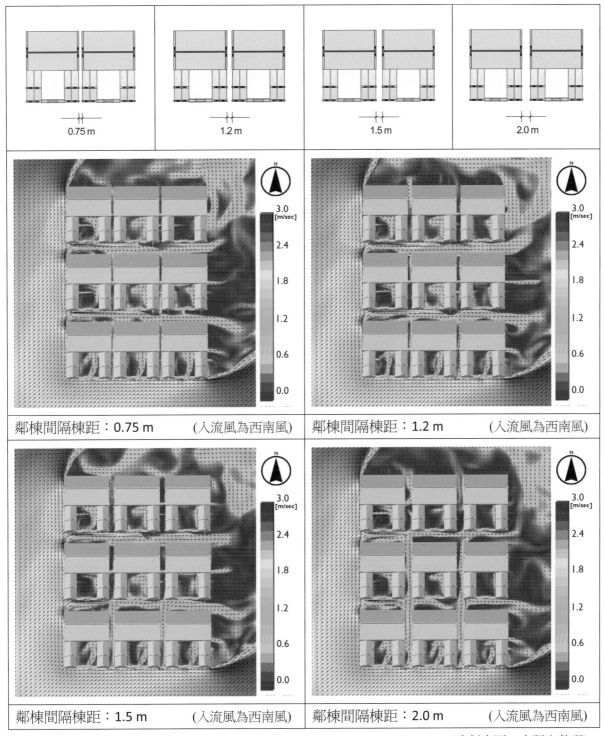

(資料來源:本研究整理)

表 4-21 建築棟距與通風效果關係 CFD 模擬分析結果 (夏季，西南風；建築形式為三蓋廊)

0.75 m	1.2 m	1.5 m	2.0 m

鄰棟間隔棟距：0.75 m　　(入流風為西南風)　鄰棟間隔棟距：1.2 m　　(入流風為西南風)

鄰棟間隔棟距：1.5 m　　(入流風為西南風)　鄰棟間隔棟距：2.0 m　　(入流風為西南風)

(資料來源：本研究整理)

　　表 4-20 和表 4-21 所示為分別以一落四櫸頭及三蓋廊建築形式的配置單元為例，進行不同棟距之外部空間通風效果的模擬分析結果，綜合而言，CFD 模擬分析結果顯示，當夏季盛行

風為西南風、建築單元配置為坐北朝南的情況時，傳統建築單元之鄰棟間隔在 1.2~2.0 公尺時，具有較佳的聚落外部空間通風效果，能讓較多的夏季入流風吹入聚落的巷弄空間及建築單元的內庭空間。然而，目前金門不少傳統建築聚落內建築單元之鄰棟間距常不到 90 公分(例如北山聚落、瓊林聚落等)，因而使得許多傳統聚落的主要巷道無法發揮作為社區導風通道的功能。此外，研究結果也顯示，傳統聚落巷道內的氣流流通其實與巷道開口大小及巷道與風向的夾角有關，金門閩南傳統建築聚落的巷道普遍狹小，當入流風的夾角過大時，入流風可能吹不進去，同時還會把巷道內空氣往外抽；再者，當巷道過於狹小的時候，在巷口也容易出現渦流現象，讓入流風的氣流吹不進聚落內部的開放空間。整體而言，當夏季盛行風為西南風，建築單元配置為坐北朝南時，經本研究比較建築棟距分別為 0.75 公尺、1.2 公尺、1.5 公尺及 2.0 公尺等四個棟距方案之後，研究結果發現，若綜合考量多種典型建築單元的 CFD 模擬分析結果，以金門閩南傳統聚落的情況而言，1.5 公尺左右的建築間距是較佳的棟距方案，可讓巷道及聚落開放空間有較佳的氣流流通效果，並可兼顧夏季引風及冬季阻擋東北季風吹襲的功能 (金門傳統聚落巷道狹窄，除了防禦及維持宗族緊密關係的考量之外，避免冬季東北季風的強風吹襲，也是考量因素之一)。此外，本研究 CFD 模擬分析的結果也顯示，當建築單元的規模擴大時，建築棟距也應適度地加寬，以維持較佳的巷弄及外部空間通風效果。例如表 4-22

表 4-22 建築棟距與通風效果關係 CFD 模擬分析結果 (夏季，西南風；建築形式為一落二欅頭)

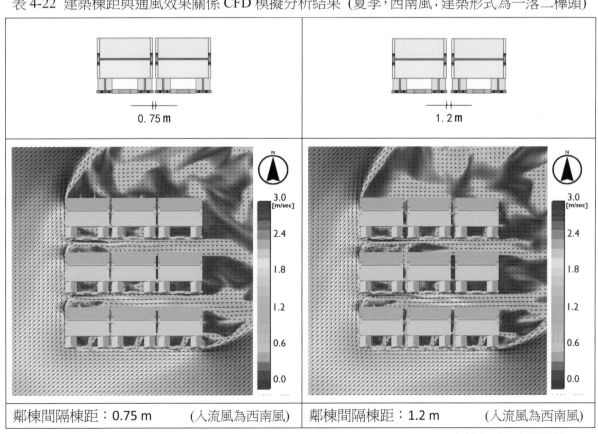

| 鄰棟間隔棟距：0.75 m　(入流風為西南風) | 鄰棟間隔棟距：1.2 m　(入流風為西南風) |

(資料來源：本研究整理)

所示，當一落二欉頭建築單元之棟距由 0.75 公尺增加至 1.2 公尺時，聚落巷道及外部空間的夏季通風狀況會有較明顯的改善。若是採用更大的建築單元，例如單雙陡歸的建築單元時，至少的建築棟距則建議由 1.2 公尺調整到 1.5 公尺左右，以達較佳的聚落通風效果(見表 4-23)。

表 4-23　建築棟距與通風效果關係 CFD 模擬分析結果 (夏季，西南風；建築形式為單雙陡歸)

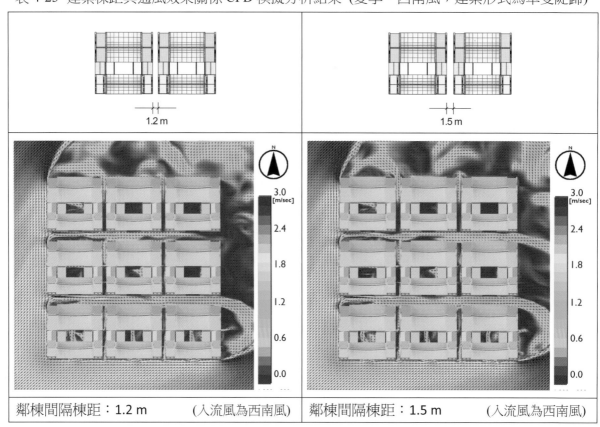

鄰棟間隔棟距：1.2 m　　(入流風為西南風)	鄰棟間隔棟距：1.5 m　　(入流風為西南風)

(資料來源：本研究整理)

2. 建築座向優化分析

在進行金門傳統聚落典型建築單元建築棟距與通風關係的探討之後，接著進行建築座向優化的分析，以便找出建築與入流風之間理想的夾角角度。經由比較幾種基本建築配置單元的 CFD 模擬分析之後，研究結果發現，當夏季盛行風為西南風，建築基本配置為坐北朝南，而建築棟距為 1.5 公尺時，建築方位角在旋轉零度到 30 度左右的建築座向時，可有較佳的聚落整體通風效果，此結果顯示，金門閩南傳統聚落空間佈局安排時，應維持建築配置的座向與入流風風向一致或是在 30 度的夾角之內，以維持較佳的通風效果。例如表 4-24 所示，為以一落四欉頭建築單元、建築棟距 1.5 公尺的建築配置為例，進行建築座向與入流風形成不同角度夾角時的通風效果模擬分析結果，由此表中可以看出，當建築座向與入流風的風向一致(成 0 度夾角)時，平行入流風的巷弄可有最佳的通風效果，但建築背面的外部空間(或巷弄)之通風效果則不一定達到最佳的狀況，因為多數氣流被吸到平行入流風的巷弄之內；相對而言，在

維持與入流風成 15 度到 30 度的夾角角度時,雖然平行入流風之巷弄的通風效果並非最佳,但水平的巷弄外部空間,也會有一些氣流的流動,所以整體通風效果的評估需視規劃設計的目的而定,當然也會受到入流風風速、建築型態及建築配置之錯落關係等因素的影響。

表 4-24 建築座向與通風效果關係 CFD 模擬分析結果 (夏季,西南風;建築形式為一落四欅頭)

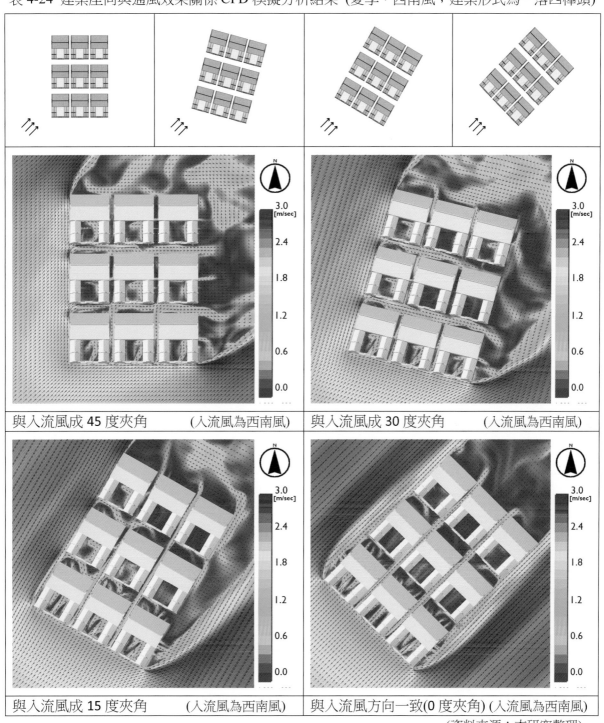

(資料來源:本研究整理)

3. 建築開口(含開窗)及空間設計對室內外通風之影響

　　經由 CFD 模擬分析確認出金門閩南傳統聚落通風環境優化的理想棟距與座向之後，接著進行建築開口及空間設計對於室內外通風影響之評估分析。此部分主要探討傳統建築的門廳、開窗、合院中庭等開口及建築空間設計對室內外整體通風環境的影響。為了達到精確的通風評估分析結果，本研究參考實際典型建築單元的隔間及開口位置來製作 3D 建築模型，至於 CFD 模擬分析的模型網格設定，因為要同時考慮到室內外的通風效果，焦點領域的網格切割必須相當精細，平均 15 公分到 18 公分一個網格，且所有的建築單元都在焦點領域之內。本研究經過多次測試，此網格切割方式可以有效地測試出建築開口(門窗)及隔間對於室內通風及室外整體通風環境的影響。基於以上模擬分析的考量與設定，本研究以前述幾種典型建築單元，進行室內外通風環境的整體評估分析，表 4-25 所示為以一落四櫸頭建築形式、棟距 150 公分之典型建築單元為例的室內外通風狀況模擬分析結果，此表中分別呈現 Z 軸高度約 150 公分斷面及約 180 公分斷面的室內外通風效果。由於在一般情況下，室內的風速會明顯地低於建築外部空間的風速，故分析結果圖中的風速刻度範圍調整到 0m/sec 到 2.0 m/sec 之間，以便能較清楚地看出室內的微風或靜風狀況。

表 4-25 建築單元開口、隔間及中庭設計對聚落建築內外整體通風環境之影響分析表

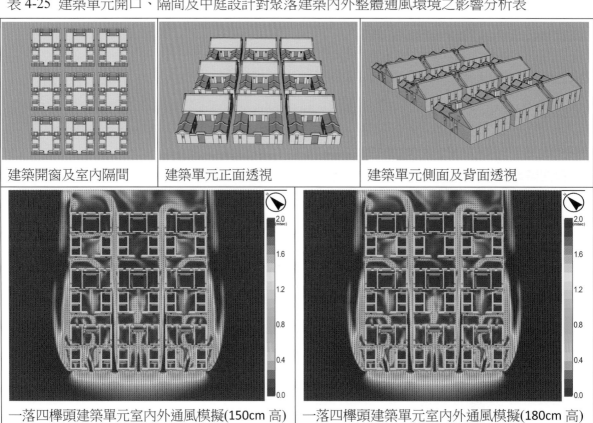

建築開窗及室內隔間	建築單元正面透視	建築單元側面及背面透視
一落四櫸頭建築單元室內外通風模擬(150cm 高)		一落四櫸頭建築單元室內外通風模擬(180cm 高)

(資料來源：本研究整理)

由表 4-25 中可看出開窗、門廳及中庭有助於建築室內外的氣流流通,分析結果也顯示出,由於金門閩南傳統聚落的巷弄狹窄,位於聚落較內側的建築單元,如果缺乏適當的風廊效果引入,通常室內通風效果會明顯的較差。另外,就建築開窗對通風的影響而言,研究結果顯示,欅頭單元的開窗位於中央者(常見的閩南傳統建築開窗作法),對於室內氣流流通的效果較佳。

4.植栽冬季檔風效果分析

金門傳統聚落需要夏季引風、冬季擋風。冬季主要盛行風為東北風,故除了建築座向的考量之外,也應思考如何在東北季風吹入處,配置枝葉茂盛的喬木植栽,以阻擋強勁的東北季風吹入聚落內的主要巷弄及公共空間。在植栽選擇方面,需考慮植栽的樹型、樹高、樹冠大小及孔隙率等因素,經考量金門地域環境特性,建議選擇福木、羅漢松、龍柏等枝葉茂盛的喬木,以便發揮導風或擋風的效果,並配合閩南傳統建築的形式,形成整體風格。本研究植栽擋風效果的模擬分析結果如表 4-26 及表 4-27 所示,模擬分析係以樹冠大小約 170~200 公分,樹高 4~5 公尺之枝葉茂盛、緊實的福木為擋風植栽,透過 CFD 模擬分析,測試其擋風

表 4-26 北山聚落典型建築單元冬季植栽擋風設計 CFD 模擬分析結果(擋風喬木緊密並排排列)

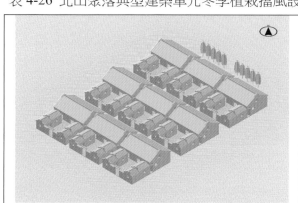

一落四欅頭建築單元,植栽間距 210cm (正面透視)	一落四欅頭建築單元,植栽間距 210cm (背面透視)

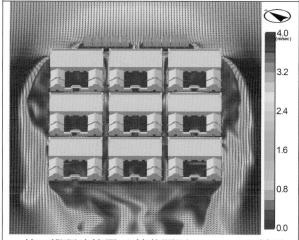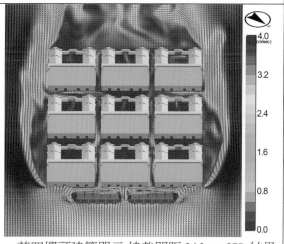

一落四欅頭建築單元,植栽間距 210cm CFD 結果	一落四欅頭建築單元,植栽間距 210cm CFD 結果

(資料來源:本研究整理)

表 4-27 北山聚落閩南建築單元冬季植栽擋風設計 CFD 模擬分析結果(擋風喬木約 90 公分間隔)

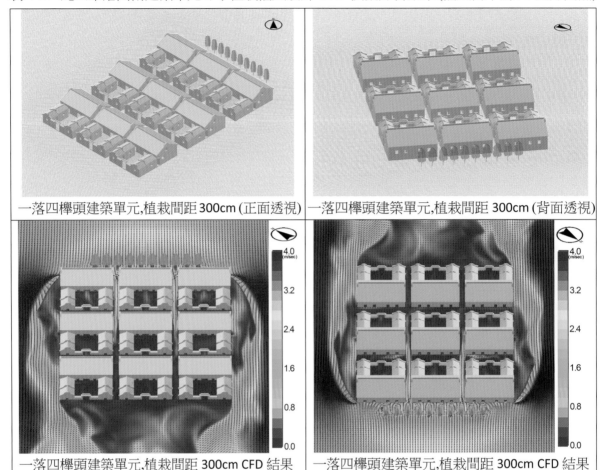

一落四櫸頭建築單元,植栽間距 300cm (正面透視)	一落四櫸頭建築單元,植栽間距 300cm (背面透視)
一落四櫸頭建築單元,植栽間距 300cm CFD 結果	一落四櫸頭建築單元,植栽間距 300cm CFD 結果

(資料來源:本研究整理)

效果。植栽配置係採單排排列方式,離建築背面約 3 公尺,表 4-26 所示為採間距 210 公分配置方式(擋風喬木緊密並排排列)的 CFD 模擬分析結果;表 4-27 所示則為採間距 300 公分配置方式(擋風喬木之間約有 90 公分的間隔)之 CFD 模擬分析結果。研究結果顯示,當擋風喬木採緊密並排排列,形成擋風屏障時,會有較佳的擋風效果,但若喬木配置的間隔加至較大的距離(如表 4-27),風則會從間隙處吹入,影響擋風的效果。另外,枝葉緊實的圓柱形或圓錐形喬木如羅漢松及龍柏等,也是可考慮的擋風喬木,除了喬木之外,經設計的牆體及擋風柵欄也可發揮適當的擋風作用,但需考慮與閩南傳統建築的整體景觀搭配效果。

(五) 金門閩南傳統建築聚落自然通風設計引導架構

經由本節的案例分析及 CFD 模擬分析,以下提出金門閩南傳統聚落自然通風的設計引導架構(圖 4-78),架構中列出基本的設計管控元素及操作內容。綜合而言,此架構提供了一個基本的雛形,可作為後續發展相關設計準則及建築與土地使用管控規範的參考依據,但當然還需要更多的 CFD 模擬分析來產生科學性、系統性的實證研究結果,以支持相關管控規範及設

計準則的研擬，例如後續研究可就更細膩的相關設計考量及土地使用管控內容進行分析，例如對於建築單元組成型態、沿街建築退縮、建築錯落配置方式、外牆開口率及開口形式、圍牆(或頹屋牆體)通透率規範、頹屋利用方式、建蔽率、建築高度比、建築高度限制、建築量體大小與量體高度差異、屋頂形式與斜率、植栽形式、植栽配置方式與間距、植栽孔隙率、外部空間重要節點(如廣場、埕)的形式與規模、重要街巷及外部公共空間節點的天空開闊度，公園綠地及綠廊設計形式、利用綠化與水體降溫等，進行系統性的 CFD 模擬分析，以得到具體的數據，來協助檢討相關的設計管控機制及土地使用管控之內容。

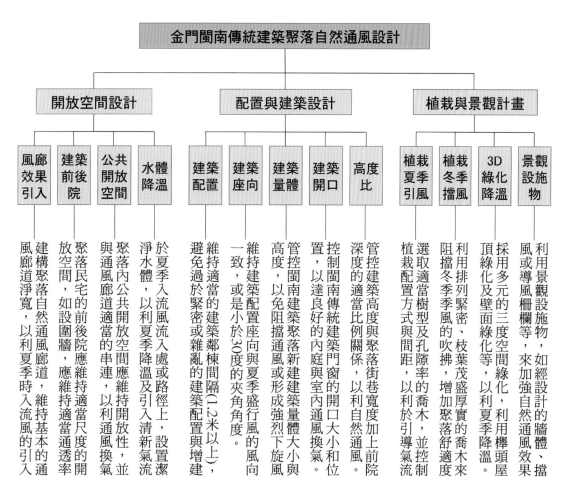

圖 4-78 金門閩南傳統建築聚落自然通風設計引導架構基本內容分析圖

最後依據前述分析結果進行規劃願景的 3D 模擬分析。圖 4-79 和圖 4-80 所示為分別以山後聚落和珠山聚落為例，進行聚落建築自然通風設計優化後 3D 情境模擬分析的成果。誠如此二張情境模擬效果圖所呈現的，適當棟距與座向的閩南傳統建築，就像印章一樣地長在大地之上，除了可強化金門傳統聚落之宗族凝聚性(此為金門聚落文化的特色之一)以及聚落空間的

自明性之外，亦可發揮較佳的外部空間通風效果，上述設計引導架構及相關的 CFD 分析方法，也可作為未來傳統聚落新建或改建再發展時之參考。

圖 4-79 山后聚落三蓋廊建築形式理想棟距空間佈局 3D 情境模擬合成圖
(淺藍色為調整鄰棟間隔及前後棟距後之建築單元組合模擬效果，鄰棟間距約為 1.5m)

圖 4-80 珠山聚落一落二欅頭建築形式理想棟距空間佈局 3D 情境模擬合成圖
(淺藍色為調整鄰棟間隔及前後棟距後之建築單元組合模擬效果，鄰棟間距約為 1.5m)

(六) 天空開闊度與金門閩南傳統聚落外部空間通風關係之分析

　　為了瞭解金門閩南傳統聚落建築空間佈局的緊湊性及量體圍塑性對於聚落外部空間通風環境的影響，本研究接著進行相關的天空開闊度之調查分析，並將分析結果與實測及 CFD 模擬分析結果作一對照。此部分係針對六個閩南傳統聚落進行調查分析，包括山后聚落、北山聚落、瓊林聚落、湖下聚落、珠山聚落、歐厝聚落。本研究針對每個聚落各選取適當數目的天空開闊度量測點(視聚落規模及量測點類型等因素，來決定量測點的數目)，以 Canon EF8-15mm 魚眼鏡頭進行天空開闊度的量測分析，以下為各聚落之量測點的空間分佈狀況(見圖 4-81 至圖 4-86)。這些量測點為影響金門閩南傳統聚落外部空間通風狀況的主要空間節點或交通路徑及公共空間中的重要地點，例如入流風入口節點、代表性的巷弄空間、巷弄口、聚落內廣場節點、社區居民活動的主要外部空間等。天空開闊度的量測是於所選取的量測點，將裝有魚眼鏡頭的相機以三角架固定，於適當的水平高度向天空及周圍建築拍攝，拍照時並控制相機的水平位置與角度，以維持調查結果的一致性。

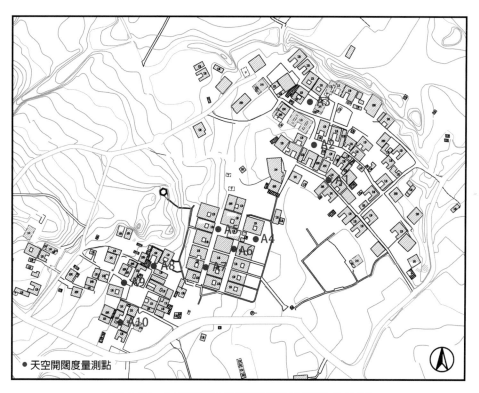

圖 4-81　山后聚落天空開闊度量測點分佈圖

圖 4-82 北山聚落天空開闊度量測點分佈圖

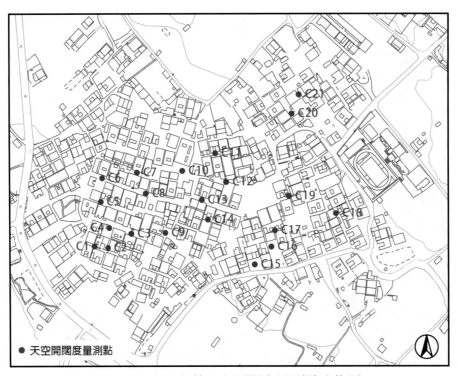

圖 4-83 湖下聚落天空開闊度量測點分佈圖

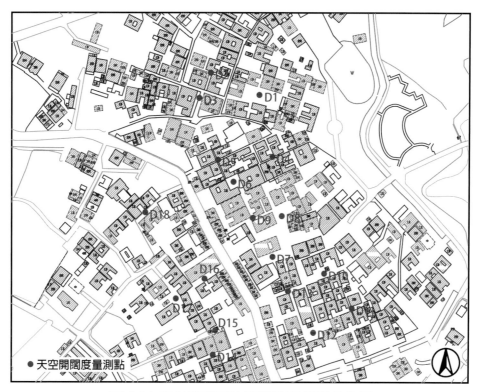

圖 4-84 瓊林聚落天空開闊度量測點分佈圖

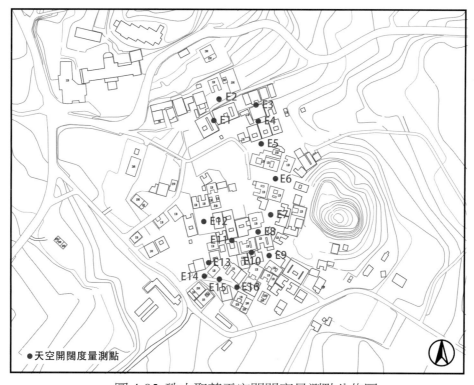

圖 4-85 珠山聚落天空開闊度量測點分佈圖

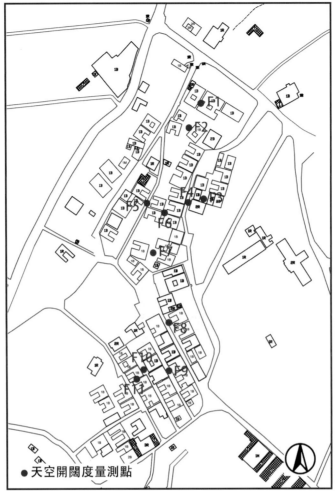

圖 4-86 歐厝聚落天空開闊度量測點分佈圖

　　金門閩南傳統聚落天空開闊度的調查分析結果顯示，由於金門閩南傳統聚落的民居建築多為一層樓高，所以天空開闊度調查後計算出來的天空開闊度數值，與大樓林立的都市地區相比，明顯的高出許多(換言之，可看到更多的藍天)。部分量測點的天空開闊度調查結果，摘述於表 4-28 至表 4-33，調查結果顯示，多數聚落公共空間的天空開闊度數值皆大於 0.45，但是聚落內狹小巷弄及緊密建築配置後留出的零碎開放空間地點之天空開闊度則明顯的較低。在完成金門傳統聚落天空開闊度的調查分析之後，接著進行天空開闊度與外部空間通風狀況的關聯性分析，表 4-28 至表 4-33 所示為部分量測點分析結果的摘述，這些表中各量測點通風狀況的評估，是綜合考量實地調查結果及 CFD 模擬分析結果，並參考蒲福風級原則，以及聚落居民的實際感知及對夏季外部空間通風之需求，所評定出的通風狀況等級為評量的基礎。依據相關文獻及本研究調查樣本分佈的情況，本研究將金門夏季聚落外部空間行人風場通風狀況的評量，區分為四個等級，分別為：很差(風速< 0.30 m/s)、差(0.31m/s <風速< 0.60m/s)、普通(0.61m/s <風速< 1.00m/s)、良好(1.01 m/s <風速< 2.50 m/s)(風速為行人風場高度的風速)。

表 4-28 山后聚落天空開闊度與聚落外部空間通風狀況分析表

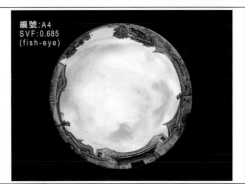

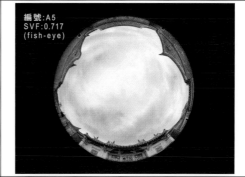

量測點編號：A4　天空開闊度：0.685	量測點編號：A5　天空開闊度：0.717
平均風速：0.61 m/s	平均風速：1.20 m/s
天空開闊度量測點位置：聚落公共空間	天空開闊度量測點位置：聚落公共空間
通風狀況：普通	通風狀況：良好

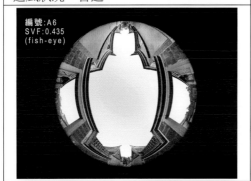

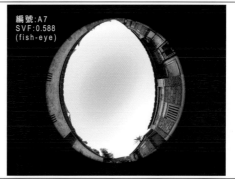

量測點編號：A6　天空開闊度：0.435	量測點編號：A7　天空開闊度：0.588
平均風速：0.14 m/s	平均風速：1.31 m/s
天空開闊度量測點位置：聚落巷弄空間	天空開闊度量測點位置：聚落公共空間
通風狀況：很差	通風狀況：良好

表 4-29 北山聚落天空開闊度與聚落外部空間通風狀況分析表

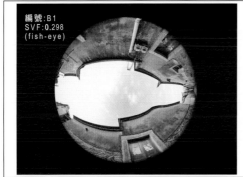

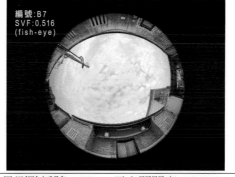

量測點編號：B1　天空開闊度：0.298	量測點編號：B7　天空開闊度：0.516
平均風速：0.09 m/s	平均風速：0.65 m/s
天空開闊度量測點位置：聚落巷弄空間	天空開闊度量測點位置：聚落公共空間
通風狀況：很差	通風狀況：普通

(續表 4-29)

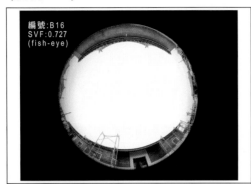	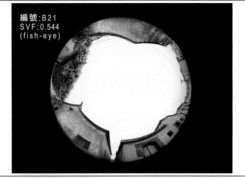
量測點編號：B16　天空開闊度：0.727 平均風速：0.82 m/s 天空開闊度量測點位置：聚落廣場空間 通風狀況：普通	量測點編號：B21　天空開闊度：0.544 平均風速：1.30 m/s 天空開闊度量測點位置：聚落公共空間 通風狀況：良好

表 4-30 湖下聚落天空開闊度與聚落外部空間通風狀況分析表

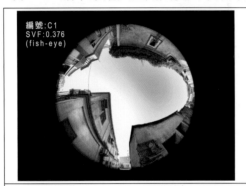	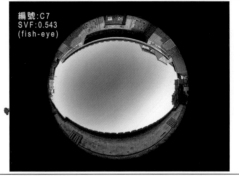
量測點編號：C1　天空開闊度：0.376 平均風速：0.12 m/s 天空開闊度量測點位置：聚落巷弄空間 通風狀況：很差	量測點編號：C7　天空開闊度：0.543 平均風速：0.72 m/s 天空開闊度量測點位置：聚落公共空間 通風狀況：普通
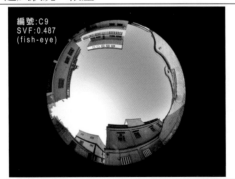	
量測點編號：C9　天空開闊度：0.487 平均風速：0.43 m/s 天空開闊度量測點位置：聚落巷弄空間 通風狀況：差	量測點編號：C14　天空開闊度：0.389 平均風速：0.10 m/s 天空開闊度量測點位置：聚落巷弄空間 通風狀況：很差

表 4-31　瓊林聚落天空開闊度與聚落外部空間通風狀況分析表

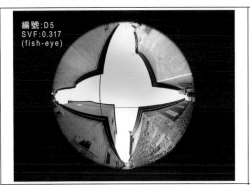

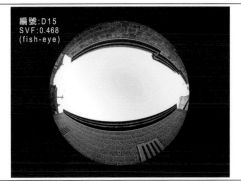

| 量測點編號：D5　天空開闊度：0.317
平均風速：1.10 m/s
天空開闊度量測點位置：聚落巷弄空間
通風狀況：良好 | 量測點編號：D15　天空開闊度：0.468
平均風速：0.20 m/s
天空開闊度量測點位置：聚落巷弄空間
通風狀況：很差 |

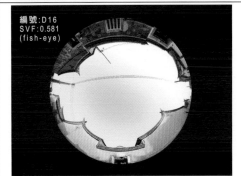

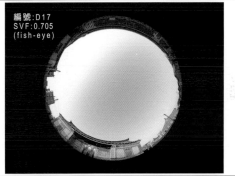

| 量測點編號：D16　天空開闊度：0.581
平均風速：0.51 m/s
天空開闊度量測點位置：聚落巷弄空間
通風狀況：差 | 量測點編號：D17　天空開闊度：0.705
平均風速：0.70 m/s
天空開闊度量測點位置：聚落廣場空間
通風狀況：普通 |

表 4-32　珠山聚落天空開闊度與聚落外部空間通風狀況分析表

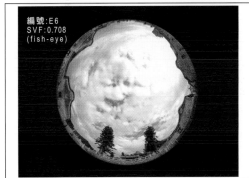

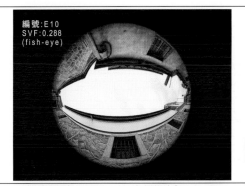

| 量測點編號：E6　天空開闊度：0.708
平均風速：1.05 m/s
天空開闊度量測點位置：聚落公共空間
通風狀況：良好 | 量測點編號：E10　天空開闊度：0.288
平均風速：0.10 m/s
天空開闊度量測點位置：聚落巷弄空間
通風狀況：很差 |

(續表 4-32)

	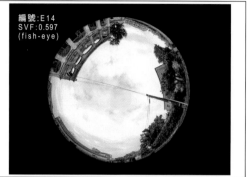
量測點編號：E11　天空開闊度：0.446 平均風速：0.38 m/s 天空開闊度量測點位置：聚落巷弄空間 通風狀況：差	量測點編號：E14　天空開闊度：0.597 平均風速：1.01 m/s 天空開闊度量測點位置：聚落公共空間 通風狀況：良好

表 4-33 歐厝聚落天空開闊度與聚落外部空間通風狀況分析表

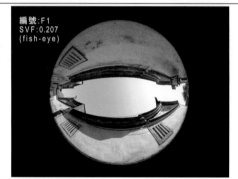	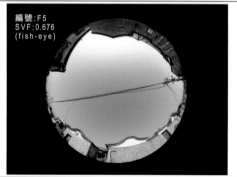
量測點編號：F1　天空開闊度：0.207 平均風速：0.12 m/s 天空開闊度量量測點位置：聚落巷弄空間 通風狀況：很差	量測點編號：F5　天空開闊度：0.676 平均風速：1.65 m/s 天空開闊度量測點位置：聚落公共空間 通風狀況：良好
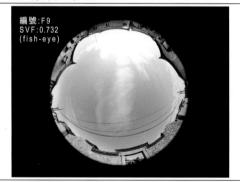	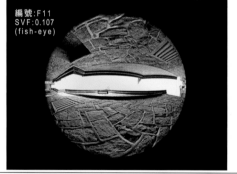
量測點編號：F9　天空開闊度：0.732 平均風速：0.62 m/s 天空開闊度測點位置：聚落空地 通風狀況：普通	量測點編號：F11　天空開闊度：0.107 平均風速：0.10 m/s 天空開闊度量測點位置：聚落側巷空間 通風狀況：很差

　　金門傳統聚落天空開闊度與外部空間通風狀況關係之分析結果顯示，由於還受到其他影響因素，例如天空開闊度量測點的位置及入流風吹入處是否有明顯的阻擋等因素之影響，天空開闊度可能無法作為評估傳統聚落外部空間通風狀況的單一精確指標，但其可作為輔助決策的分析工具之一。綜合而言，金門傳統聚落的分析經驗顯示，天空開闊度在 0.30 以下的傳統聚落戶外地點，其外部空間的通風狀況普遍很差。此類空間多為狹小的巷弄空間或緊密配置之建築單元的巷弄口或建築間的狹小空地，所以在聚落公共空間設計上，如果現況已無法改善建築棟距或巷弄寬度，可考慮利用植栽或景觀設施物來加強通風環境不佳處的導風效果。

五、結論與建議

　　本節以金門具代表性的閩南傳統聚落為例，進行聚落外部空間通風環境的評估分析。經由文獻分析、實地調查分析、CFD 模擬分析等方法的運用，本研究找出金門本島地區通風較佳的傳統聚落建築空間佈局型態，也歸納出影響傳統聚落外部空間通風環境的建築配置態樣及關鍵影響因素，研究分析的結果顯示：

(一) 金門閩南傳統聚落通風環境受不同建築型態及空間佈局之影響

　　藉由分析金門閩南傳統聚落的風環境 CFD 模擬分析結果及夏季行人風場的實地調查分析結果，本研究發現：有適當開口的中心匯聚型聚落空間佈局、有較寬街巷及棟距的梳式格局空間佈局，以及較少雜亂新建建築與傳統閩南建築混合配置的閩南傳統建築聚落，通常會有較佳的外部空間通風環境，但實際情況也會受到各傳統聚落的特殊環境狀況所影響，例如受到聚落內增建的設施物及頹屋處理方式等因素之影響。

(二) 適當的建築與景觀設計及建築量體管控可導致較佳的外部空間通風環境

　　透過比較分析，研究結果顯示：聚落建築座向與盛行風風向的角度、梳式格局的建築棟距及街巷寬度、聚落建築面對盛行風方向的開口位置及開口大小、建築量體大小、建築高度組合方式，以及新建建築的量體大小和位置等，皆為影響金門傳統聚落外部空間通風狀況的主要因素。經由田野調查及 CFD 模擬分析，本研究也發現，就聚落通風環境而言，目前金門傳統聚落存在以下的問題：建築空間佈局過於封閉、雜亂的臨時性建築增建、房屋排列缺乏整體規劃、新建建築量體阻擋通風、傳統建築棟距過小、巷弄空間狹窄、頹屋多且缺乏管理、缺乏喬木遮蔭與夏季引風、水泥與硬鋪面使用過多，以及周圍土地開發缺乏與傳統聚落的風環境改善相配合等。針對如何改善金門傳統聚落外部空間的通風環境，作者提出以下建議：

1. 金門島嶼地區坐山觀局、坐東北朝西南(或坐北朝南)的閩南傳統聚落之建築配置及空間佈局，應避免於夏季聚落上風處新建較大量體及大面寬的樓房建築，以免影響聚落的通風廊道引入效果(見圖 4-87)，若因有實際的需求必須於上風處配置新建建築群時，應控制建築面寬、量體大小及基本的建築棟距，並於夏季入流風吹入處，留設出適當的通風開口。另外，由於金門的閩南傳統民居多為一層樓高的建築，故應避免於聚落

外圍夏季盛行風吹入的方向興建太高的樓房，以避免產生夏季擋風或迴風的現象。

圖 4-87 金門閩南傳統建築聚落周遭新建建築對聚落通風影響 CFD 模擬分析結果

2. 建築座向及聚落主要巷弄開口應考量與盛行風風向的關係：金門夏季主要吹西南風，冬季吹東北風，夏季氣候炎熱需要引風，冬季東北季風強勁，則需要適當地擋風。這些風環境上的特徵，其實已反映在先民對於傳統聚落建築座向及空間佈局的安排上。金門的傳統聚落建築多為坐東北朝西南，恰好符合前述夏季引風及冬季擋風的需求；然而隨著都市化發展，傳統聚落內或周邊的新建建築增建或擴建，常打破這種尊重氣候環境的空間佈局邏輯，因而造成聚落通風環境上的一些問題，所以應有適當的通風設計規範及獎勵措施，來引導建立順應風環境的建築秩序及空間佈局模式。

3. 金門閩南傳統建築聚落因街巷狹窄、空間佈局過於封閉，常造成聚落較內側之開放空間及建築單元的通風不佳，建議傳統聚落再發展或類似案例進行規劃設計時，可適度地採用錯落式、半封閉式、疏密結合式的建築配置方式，並加強通風廊道留設與聚落開放空間的串連，以發揮引風及退燒減熱的效果。

4. 被列為需保存維護的閩南傳統聚落之建築單元其實無法改建，對於聚落內通風狀況明顯不佳的傳統建築單元，建議可考慮利用喬木(如福木、龍柏、羅漢松等)或景觀設施物(如經設計的牆體)，來發揮引風、導風的功能。

5. 為避免冬季東北季風影響傳統聚落的生活品質，可於面對東北風的牆面避免開過大的窗，或利用植栽與擋風設施來減少冬季東北季風對居民日常生活的影響(見表 4-26)。

最後，需說明的是，本研究嘗試提供了一個綜合性的閩南傳統聚落通風環境評估分析，此為傳統聚落通風及溫熱環境改善研究中的一環，由於此係長期、跨領域的研究工作，本節呈現的分析成果可視為是一個初探，後續研究可繼續探討植栽、水體、鋪面、建築增建、頹屋處理方式，景觀設施物(如雨遮、牆體)等，對聚落通風環境的影響，也可從使用者的角度，探討通風環境改善與人體舒適度的關係，以便能全面提升金門閩南傳統聚落的生活環境品質。

第五章 CFD 模擬分析應用於城市通風環境改善及設計準則研擬

第一節 CFD 模擬分析應用於大尺度城市通風廊道規劃

一、城市通風廊道規劃目的與案例背景

在城市熱島效應及空氣污染日趨嚴重的情況之下，利用城市通風廊道效應來減緩熱島效應的衝擊及改善空氣品質，是目前許多城市積極推動的政策目標。城市通風廊道具有都市地區夏季退燒減熱和改善空氣品質的功能，並可提升戶外空間使用的舒適度，因此成為目前全球生態城市規劃思潮中一個重要的探討議題。如何在城市發展的初期及城市擴張或更新發展的關鍵階段，導入城市通風廊道規劃的理念，並將其具體地納入城市空間佈局、土地使用規劃及開放空間系統規劃的整體考量之中，據以檢討相關的土地使用、建築計畫及都市設計管控機制，更是目前推動微氣候因應設計及生物氣候設計的國際思潮下，一個日益重要的研究課題。配合國土法的頒布實施，目前台灣中央及地方政府皆在積極地推動相關國土計畫之研擬，在此強調「城市生態修復」與「國土永續經營」相互結合的關鍵時刻，城市通風廊道規劃理念的推廣與落實以及相關土地使用規劃與建築管控機制的調整，更是實踐永續生態城市設計理念的重要措施。有鑑於此，本節嘗試以跨區域及多重案例分析的方式，系統性地探討城市通風廊道規劃的方法及實際應用，透過臺灣台南市及中國大陸河南省駐馬店市兩個城市案例的分析與比較，本節對於如何運用 CFD 模擬分析方法來進行大尺度的城市通風廊道規劃，提供一個示範性的操作。

首先就基本名詞的定義及研究目的加以說明。城市通風廊道(或簡稱城市風廊道)是目前流行的名詞，普遍出現在相關政策文件或規劃報告之中，但實際的意涵為何，目前並無放諸四海皆準的定義。綜合相關文獻與案例，本研究給城市通風廊道下一個操作型的定義：「城市通風廊道是以提升城市的空氣流動性、舒緩熱島效應、加強外部空間的使用舒適度以及改善城市空氣品質等考量，為城市地區引入潔淨涼爽的氣流，而建構出的城市主要氣流流通通道。」就實務層面而言，城市通風廊道可包括：(1)因城市環境現況所形成的風廊道(目前城市氣流的主要流通路徑)；(2)為達成特定城市規劃目標而建構出的通風廊道(亦即規劃出的城市風廊道，例如考量現有的城市主要氣流流通路徑，再加上透過地形、道路、建築量體、植栽或景觀物所形成的導風效果，而建構出的城市風廊道)。當然這兩者可以結合，例如透過城市設計及土地使用管控措施來強化目前城市中可能的風道路徑(通常是道路及開放空間)之風廊道功能。上述城市風廊道的定義與規劃目的有關，所以城市風廊道規劃時，除了一些基本的共同考量之外，也應因時因地制宜，考量地區氣候與城市環境的特徵，發展具在地特色的城市風廊道，例如本節所探討的兩個案例中，駐馬店市風廊道規劃之主要目的為：切割城市熱島、發揮退燒減熱功能，以及引入潔淨氣流來改善城市地區的空氣品質；而台南市的情況，因尚需考慮到傳統城市之空間紋理特性，台南市風廊道規劃之主要目的則為：加強城市減熱與排污，以及利用道路、圓環、廣場、街巷空間、園道、公園等景觀元素，營造城市行人風場空間及公共空間的舒適風環境。

　　一般而言，較完整的城市風廊道規劃，通常包括以下的步驟與操作內容：(1) 進行氣象觀測資料的彙整與統計分析，以瞭解研究地區的氣象特徵與氣候規律；(2) 分析研究地區的熱島效應及冷源(例如綠地及水體)的空間分佈狀況，以便透過風廊道規劃來發揮城市退燒減熱及串連冷島(如公園綠地)的功能(通常透過衛星影像的遙感判釋分析，並結合實測調查來進行)；(3) 進行城市現況的主要風廊路徑分析(通常透過 CFD 模擬分析進行)；(4) 進行重要城市風廊道的指認與劃設規劃(例如界定出一級及二級城市風廊道的位置、影響範圍、類型及功能)；(5) 進行城市風廊道規劃及地區通風改善計畫，以及相關土地使用與建築管控之檢討(例如城市風廊道卡口地點的建築管控及建築更新、地表粗糙度及天空開闊度分析等)。上述規劃過程，通常需整合風工程、都市規劃設計、建築及景觀等專業，也需考量現行的土地使用規劃及國土開發管理機制。考量研究資源的限制，本節案例分析的氣象觀測及熱島效應部分係彙整分析相關的次級資料，其他部分則為本研究實際進行分析的成果。本節以臺灣台南市部分地區及河南省駐馬店市的都市化地區為城市通風廊道規劃示範案例的研究區域。這兩個城市均有鐵路路線通過，並有進行綠地開放空間系統的整體規劃，也皆面臨到都市擴張發展的壓力，因此可作為探討如何在都市擴張發展之際，在進行土地開發管理及水與綠地開放空間規劃時，導入城市風廊道規劃理念的理想示範案例。本研究台南市風廊道模擬分析的空間範圍約為 4.5 公里×5 公里，駐馬店市模擬分析空間範圍則約為 8 公里×9 公里。兩個城市的分析區域皆為該城市夏季入流風主要流經的地區，可藉以檢討大尺度風廊道路徑劃設的考量原則及其與相關土地使用計畫及開放空間計畫之關係。台南市風廊道的分析範圍如圖 5-1 所示，駐馬店市風廊道的分析範圍則如圖 5-2 所示。

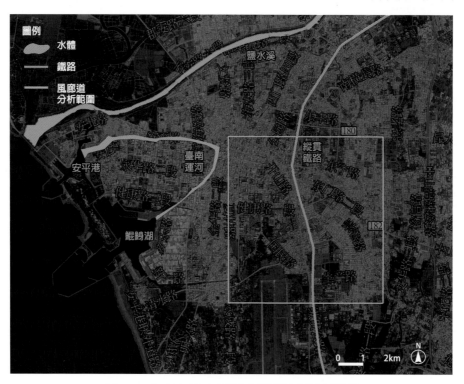

圖 5-1　台南市城市通風廊道規劃分析範圍

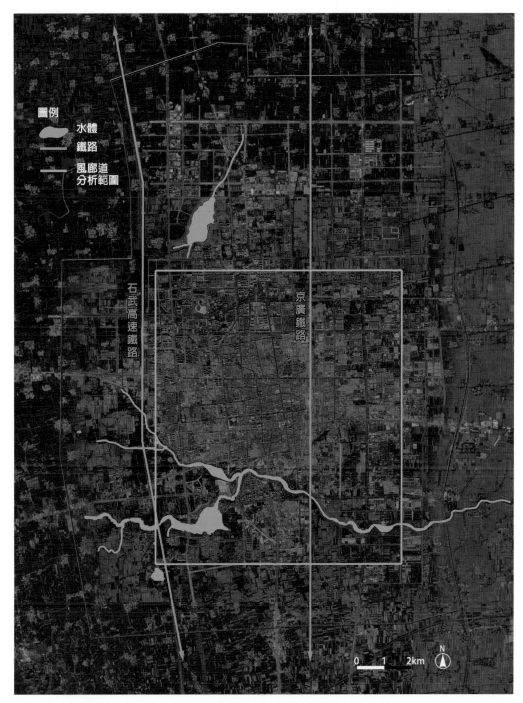

圖 5-2 駐馬店市城市通風廊道規劃分析範圍

　　一般而言，大尺度的城市通風廊道規劃通常多採用 9 或 10 公里直徑以上的空間範圍來進行模擬分析，然而由於台灣的都市目前多無大型城市 3D 模型的建置，此類大型城市 3D 建模所需的時間很長且成本昂貴，故本節台南市案例分析部分先以台南市南區、東區、中西區之夏季盛行風流經的核心區域為研究範圍，來建置大型的城市 3D 模型，以便進行城市通風廊道

的模擬分析，至於駐馬店市因為有較完整的城市 GIS 資料庫，故本研究建置整個城市地區的大尺度 3D 模型來進行後續的城市通風廊道模擬分析。以下簡述兩個城市通風廊道規劃分析的方法論、操作步驟與分析結果。

二、研究方法與操作步驟

大尺度城市通風廊道分析方法與軟體運用

目前城市通風廊道分析常使用的方法包括氣象模擬 (WRF)、地理資訊系統 (GIS) 及計算流體力學 (CFD) 等方法。氣象模擬 (WRF) 方法常用於大尺度的城市整體氣象環境模擬分析，通常分析的空間尺度很大，例如至少十幾公里以上的城市區域，由於本案例的實際分析尺度並非很大，故主要使用 GIS 及 CFD 分析兩種方法。GIS 主要用於 3D 建模及土地使用分析，CFD 則運用於城市通風廊道路徑分析及相關的地區通風環境評估。為了達到最佳的多尺度城市通風環境模擬分析效果，本研究整合運用兩套目前主流的 CFD 模擬分析軟體，分別為 WindPerfectDX 軟體和 PHOENICS 軟體，此兩套軟體各有其特點，可發揮互補的作用。WindPerfecrDX 軟體公司近年來開發出大尺度風場路徑分析模組，可以快速且有效地找出城市主要的風場路徑，也可利用機率法及建物高度權重來找出最有可能產生的風場路徑；而 PHOENICS 軟體則可精確地進行三維的城市通風斷面模擬分析，並探討地表粗糙度及建築量體高度等因素對城市三維風場氣流流通效果的影響。此兩套分析軟體的搭配使用，並透過模擬分析結果比較及現況環境的調查分析，可更精確且有效率的找出城市重要的風廊道路徑，並可探討土地使用及建築量體對城市風場氣流流動的影響。茲將兩套軟體的特點及操作步驟說明如下，由於夏季係主要受到熱島效應影響的季節，本節模擬分析係針對夏季情況進行。

(一) WindPerfectDX 城市通風廊道解析

WindPerfectDX 軟體的大尺度風場路徑分析模組是 WindPerfectDX 軟體新開發的功能，係配合該軟體的溫熱環境分析模組來進行操作。實際操作時，首先需進行城市 3D 模型建置，此部分可利用數位地形圖或 GIS 資料來建置研究地區的 3D 模型，再將 3D 模型轉成 STL 檔案格式，匯入 WindPerfectDX 軟體的溫熱環境分析模組，進行網格設定及網格切割，然後開啟大尺度風場路徑分析模組，進行 X 軸和 Y 軸的分割，以及風廊起始路徑數目、模擬高度、空地權重、機率計算次數等模擬參數的設定。透過大尺度分析模組的數值運算，此軟體的後處理功能可呈現城市通風廊道路徑的 3D 可視化效果，藉以協助檢視城市通風廊道的主要路徑及其與土地使用和建築量體配置間的關係。圖 5-3 所示為匯入 WindPerfectDX 軟體後的台南市研究地區的 3D 城市模型，圖 5-4 所示則為匯入軟體後的駐馬店市研究地區 3D 城市模型，本研究以 WindPerfectDX 軟體的 2000 萬網格專業版來進行模擬分析操作，此為該軟體目前最高規格的版本，唯此軟體版本對於城市 3D 模型的總面數有一些限制，故在 3D 模型製作及匯入時需要反覆進行多次檢討，以便能有效地降低城市 3D 模型的總面數及避免模型出現破面，以達到軟體模擬的最佳化效果。圖 5-5 所示為台南市研究地區 3D 模型網格切割測試的部分結果，經

網格切割及網格生成之後，需開啟大尺度風廊路徑分析模組，在完成相關參數設定後，即可進行大尺度風廊路徑的模擬分析，部分分析結果如圖 5-6 所示，由此分析結果可協助界定出研究地區重要的城市通風廊道路徑，並檢討其與建築量體及建築配置之關係。

圖 5-3 台南市研究地區通風廊道分析匯入 WindPerfectDX 後的 3D 城市模型

圖 5-4 駐馬店市研究地區通風廊道分析匯入 WindPerfectDX 後的 3D 城市模型

圖 5-5 WindPerfectDX 城市 3D 模型網格切割測試結果示意圖 (台南市通風廊道分析地區)

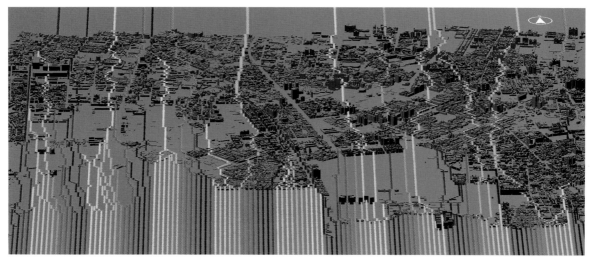

圖 5-6 WindPerfectDX 大尺度風廊路徑分析結果圖 (台南市風廊道分析地區；路徑顏色純屬分辨用)

(二) PHOENICS 城市通風廊道解析

在透過 WindPerfectDX 軟體界定出城市通風廊道的主要路徑之後，本研究接著使用 PHOENICS 軟體來進行更詳細的三維城市風場解析，PHOENICS 軟體的優勢為全部三維數值成果一次完成，並可進行動態的 Z 軸斷面即時顯示，可準確地依據城市建築平均高度與差異係數，進行不同 Z 軸斷面的城市三維風環境探討，因此對於城市通風廊道的解析可提供細緻且具體的分析資訊，以下為本研究採用 PHOENICS 軟體進行城市通風廊道分析的操作步驟：

1. 模型建置(Model Establishment)

本研究針對所欲探討的都市場域，首先取得以 GIS 為基底的整體城市空間資訊，並依據 GIS 資料來建構 3D 城市建築與街區模型，城市中若有地形差異，則透過 GIS 生成地形資料，並配置在準確之高程環境。本階段最重要的工作在於所建構的城市三維模型的檢驗，包含尺寸、高度、量體形狀簡化，以及模型不得有破面等。確認結果之後，再依據不同設定需要之區塊，導出為 STL 檔案或 3ds 檔案，以供 PHOENICS 軟體進行導入使用。

2. 前處理程序(Pre-Processing Step)

對於導入之整體計算範圍，需針對計算域(Calculation Domain)進行運算量體範圍之前入風緩衝距離以及後方紊流發展距離來進行評估，以便有效地建置最佳距離之計算域尺寸。接著針對研究地區之氣候資料進行分析，並將成果導入，作為計算場域之邊界條件設定的參考資訊，同時針對都市氣流場之高度與其 Profile 進行比對，以作為下墊面層臨近建築影響範圍的入風設定。完成前述步驟之後，再對計算域之計算網格(Mesh Grid)進行最佳化配置，此部分通常需要來回測試數次，以達優化的效果。本研究之目的主要係針對城市尺度的空間範圍，依所選定之季節氣候條件進行城市風環境的模擬分析，就網格設定而言，以駐馬店市研究地區為例，模型尺度約為 8 公里(X 方向)、9 公里(Y 方向)以及高度為 800 公尺高(Z 方向)，整體解析網格數至少 40,000,000 網格，並開啟 X-SPARSOL 進行網格與模型優化的運算。

3.計算處理程序(Calculation Processing Step)

本研究設定為都市風場領域，在環境上屬於不可壓縮流，且為一般型溫熱之大氣環境場域，故在紊流模型選用上，採用 Kim-Chen KE Model 或是 Murakami KE Model，選用之模型適合正交格點之建築與城市風環境模擬使用。整體運算收斂認定係採用 Pressure 項運算，當殘差值降到低於 1×10^{-3} 時則認定為趨近收斂。本運算環境條件設定為依據氣候資料分析結果導入，設定上採用離岸高度十米之風速值作為設定參照，地表粗糙度設定仿低層建築市區狀況入風。

4.後處理程序(Post Processing Step)

在後處理程序上，將 Phoenics Solver 運算後得出之 Phida 檔案導入 VR Viewer 進行三維數值場域之可視化分析，以及應用 photon 配合 Tecplot 進行數值擷取分析。在評量結果上，首先以壓力場之數值與分佈作為判斷，合理的壓力場分佈為建築與都市風環境模擬的重要指標，之後再依據所欲評估之 Z 軸斷面，進行 Contour 數值色域圖及 Vector 流向箭頭圖的製作(例如圖 5-7)，以便進行城市氣流流場分析。考量本研究之目的，實際操作時分別針對 1.8M 的行人

圖 5-7 都市風場分析風速 Contour 數值色域圖與 Vector 流向箭頭圖之組圖（台南市研究地區）

風場高度、5M 之低層建築影響的近地風場、10M 的城市主要風廊評估高度，以及 20M、40M、60M 之中高層氣流場進行評估分析，以便探討三維尺度的城市風廊效果。具體而言，因為都市環境中街廓建築量體為三維尺度，因此氣流於都市空間中的流動，並非用平面向度可以充分評斷，故在 Z 軸斷面上，本研究以 Z 軸高度 1.8M 及 5M(或 10M)為近地表區域(考量研究地區的建物及街道空間特徵，台南市採用 5M，駐馬店市採用 10M)，作為行人風場及近地場域都市外部空間風環境與植栽影響的主要探討範圍；Z 軸高度 20M 之斷面為中層建築的主要影響範圍，40M 高度斷面則為高層建築對城市風廊效果的主要影響範圍。圖 5-8 所示為本研究對於台南市的研究地區透過 PHOENICS 軟體模擬分析，所呈現出的 1.8M、5M、20M、40M

高度的城市風場分析結果，此圖係套疊風速 Contour 數值色域圖及 Vector 流向箭頭圖所產生。

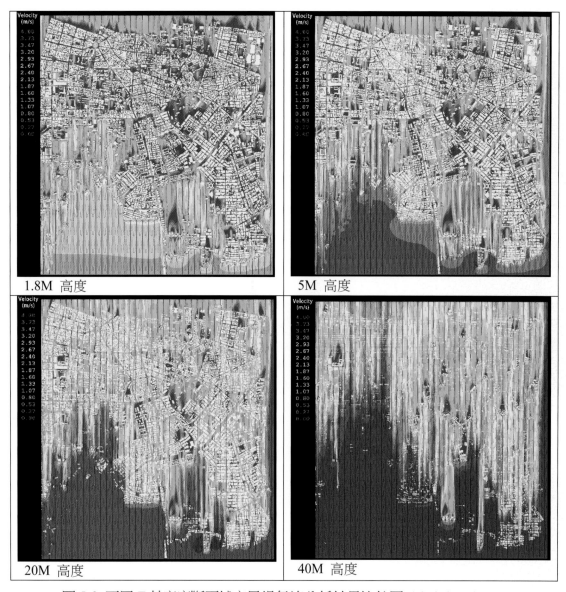

圖 5-8 不同 Z 軸高度斷面城市風場氣流分析結果比較圖（台南市研究地區）

　　如圖 5-8 的內容所示，台南市研究地區 Z 軸高度 1.8M 及 5M 的模擬分析結果說明了可能的近地風場氣流流動路徑，但是實際的城市風廊道氣流，會因為季節、風向與風速而有所差異，加上建築分佈與建築量體組合等因素，也會影響氣流之向上偏移或下沉的流動，因此在城市風廊道分析與評估上，本研究採取定面流線方法來進行疊圖分析，利用每隔 20M 設定一條流線，依據上下游氣流流動的狀態，以及將往上偏移與下沉的路徑進行疊加，來釐清對應至少三條街道之可能的城市風廊路徑，本研究採用疊加方式以及氣流路徑頻率的概念，以作為城市通風廊道路徑判定的基礎。值得一提的是，PHOENICS 軟體精細的三維城市風場及風廊路徑解析的另一個特點為，其可協助評估建築量體及配置對於大尺度城市風場效果的影

響，因此本研究也以此軟體進行大尺度城市風廊解析的三維風環境探討，並檢討相關土地使用與建築配置之影響，例如圖 5-9 所示為以駐馬店市為例，套疊建築配置之後的三維城市風廊流通路徑分析成果。

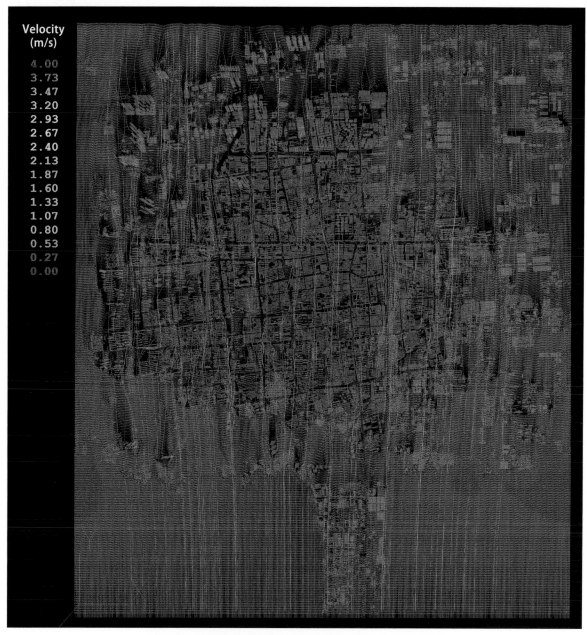

圖 5-9　三維城市風廊流通路徑分析圖 (駐馬店市)

三、分析結果與討論

(一) 氣象資料分析及熱島效應狀況

　　本研究蒐集台南市及駐馬店市近十年之氣象資料，包括溫度、風速、濕度及風向等，並進行統計分析，以作為後續 CFD 數值模擬分析的參考資料。整體而言，台南市位於北迴歸線以南，屬副熱帶季風氣候與熱帶氣候的過渡帶，依照國際通用的柯本氣候分類法，台南市屬副熱帶氣候，全年少雨、日照充足。2018 年全年平均氣溫為 24.9℃，最冷月(2 月)17.5℃，最熱月(7 月)29.2℃，全年日照時數約 2100~2200 小時。本研究台南市通風廊道規劃的研究地區，夏季時的盛行風主要以南風為主，次盛行風為西南風、西風及東南東風，夏季平均風速約為 2.18 m/s，夏季時舊市區內多處通風狀況不佳。在大陸案例方面，駐馬店市位於亞熱帶至暖溫帶氣候的過度地帶，屬大陸性季風氣候，氣候溫和，雨量充沛，四季分明。2018 年全年平均溫度約為 15.1 ℃，最冷月(1 月) 2.0℃，最熱月(7 月) 27.8℃，全年日照時數約為 1900-2100 小時。駐馬店市夏季時的風向主要為南風，次盛行風為南西南風和東南風，夏季平均風速約為 2.15 m/s，中心城區的靜風頻率較高，隨著城市的擴張發展，城區內通風不佳的問題已經浮現。

　　就城市熱島效應的情況而言，兩個城市都有日益嚴重的城市熱島效應問題，圖 5-10 所示為台南市的溫度空間分佈圖，由圖中可看出就台南市市區內熱島效應普遍明顯，東區和南區目前的溫度相對較低，此為夏季入流風的主要流入地區，目前尚有不少未開發土地，所以及時規劃城市通風廊道，引入涼爽潔淨的氣流應為當務之急。駐馬店市的情況也相當類似(圖 5-11 和圖 5-12)，城市地區的熱島強度明顯地高於周邊區域，尤以中心城區及城市東部最為嚴重。

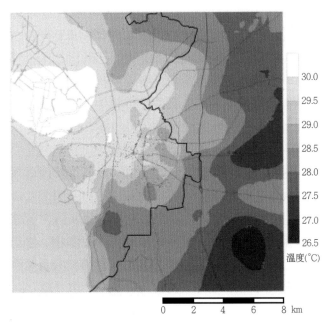

圖 5-10　台南市氣溫空間分佈圖
(資料來源：內政部建築研究所，2011)

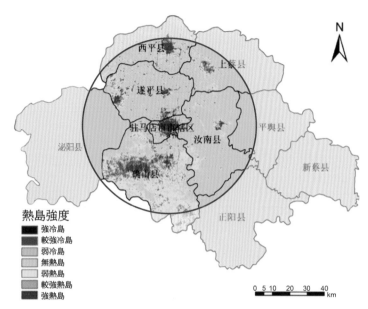

圖 5-11 駐馬店市與周圍區域熱島強度空間分佈狀況
(資料來源: 深圳市規劃設計研究院)

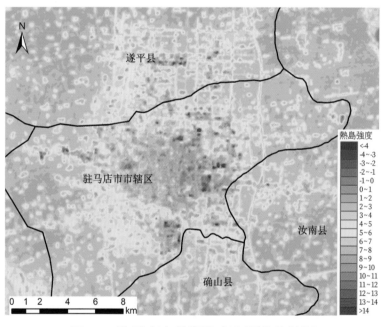

圖 5-12 駐馬店市熱島強度空間分佈狀況
(資料來源: 深圳市規劃設計研究院)

(二) 城市通風廊道規劃 CFD 模擬分析結果解析

1. 台南市城市通風廊道規劃解析

本研究綜合運用 WindPerfectDX 和 PHOENICS 兩套軟體來進行城市通風廊道的解析,首先運用 DX 軟體來找出城市通風廊道的主要路徑,接著使用 PHOENICS 軟體來進行大尺度城市通風環境的分析。台南市夏季城市通風廊道 DX 軟體分析的結果,如圖 5-13 和 5-14 所示。

圖 5-13 台南市研究地區夏季通風廊道路徑分析結果圖 (盛行風：南風；風道路徑為三維流線)

圖 5-14 台南市研究地區夏季主要通風廊道指認結果圖〔盛行風：南風；風道路徑為三維流線。
台鐵路線榮譽街進入市區路段(橘黃色虛線橢圓圈起路段)的通風廊道效果並不明顯〕

不同視角下台南市研究地區夏季城市風廊道路徑分析結果的鳥瞰圖則呈現於圖 5-15 至圖 5-17。

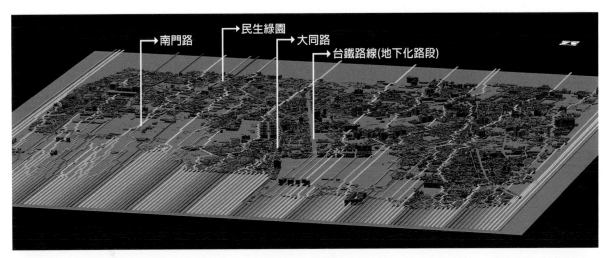

圖 5-15 台南市研究地區不同視角下夏季城市通風廊道路徑分析結果圖 1 （盛行風：南風）

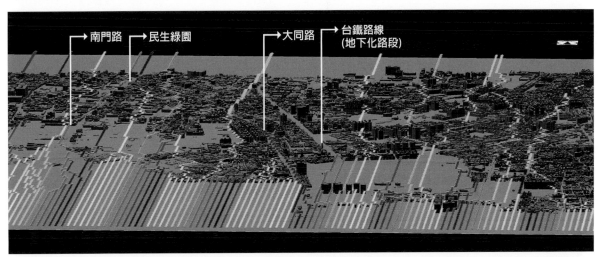

圖 5-16 台南市研究地區不同視角下夏季城市通風廊道路徑分析結果圖 2 （盛行風：南風）

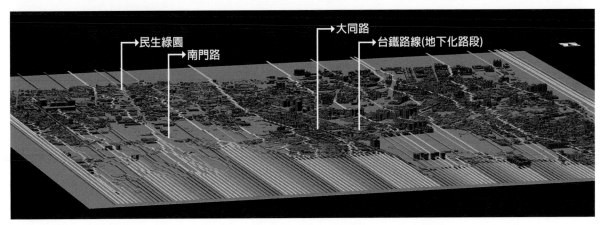

圖 5-17 台南市研究地區不同視角下夏季城市通風廊路徑分析結果圖 3 （盛行風：南風）

　　如圖 5-13 至圖 5-17 所示，依據台南市夏季主要盛行風為南風的情況，WindPerfectDX 軟體的分析結果顯示出，研究地區主要的城市通風廊道為：大同路、西門路、南門路及中華東路部分路段(中華東路三段)，至於目前施工中的鐵路地下化路段之城市通風廊道效果則不是很明顯。此外，由這些分析圖中也可看出，部分城市通風廊道路徑會受到城市中大量體建築物或高樓建築群的影響，造成風廊道路徑的改變。為了得到更周全的分析結果，本研究也對台南市夏季時的幾個次盛行風風向進行分析，包括西風、西南風及東南東風，結果如圖 5-18 至圖 5-20 所示。台南市研究地區夏季次盛行風的分析結果顯示，只有在台南市研究區域之夏季次盛行風為西南風時，中華東路會成為一條主要的城市通風廊道，但其它則沒有較明顯由道路所形成的主要風廊道，此結果肯定了先前以夏季盛行風為南風的分析結果是具有代表性的。

圖 5-18 台南市研究地區夏季次盛行風時城市通風廊道路徑分析結果圖　(次盛行風：西風)

圖 5-19 台南市研究地區夏季次盛行風時城市通風廊道路徑分析結果圖　(次盛行風：西南風)

圖 5-20 台南市研究地區夏季次盛行風時城市通風廊路徑分析結果圖　(次盛行風：東南東風)

　　接著運用 PHOENICS 軟體對台南市研究地區大尺度的城市風廊道效果及通風環境進行詳細的評估分析，分析結果摘述如下。基本上，PHOENICS 軟體的分析結果與前述 WindPerfectDX 軟體的分析結果一致。圖 5-21 所示為依據 PHOENICS 軟體分析結果所產出的風道路徑流線而指認出的城市主要通風廊道路徑(藍色線條，箭頭代表氣流方向，線條粗細代表可能的通風強度)，此結果與前述 WindPerfectDX 軟體的分析結果一致，也顯示出大同路、西門路、南門路為台南市研究地區的主要城市通風廊道。另外，圖 5-21 中也標示出本研究所指認出的城市風廊道規劃之關鍵策略點(圖 5-19 中紅色圓圈處，策略點的類型包括氣流下沉到行人風場的關鍵都市外部空間及影響城市風廊道氣流流通效果的重要節點或街區)，以及影響城市通風廊道入流風流入的通風卡口或阻礙地區(黃色圓圈處)。這些資訊顯示出城市通風廊道規劃時應優先考量的路徑及策略點(或地區)，都市規劃者可配合這些地點進行地區通風環境改善措施研擬及相關的土地使用及城市設計管控。

　　PHOENICS 軟體的分析結果也顯示出一個值得注意的問題，此部分與前述 WindPerfectDX 軟體的分析結果一致，兩軟體的分析結果皆顯示出，目前台南市市區內鐵路地下化的路段並未發揮作為城市通風廊道的功能，此路段包括從文化中心地區開始，經過榮譽街一直到舊市區的台鐵經過路線，此為台南市區內主要的運輸走廊型都市開放空間(圖 5-22)，此鐵路廊帶路段在鐵路地下化之後，會釋出重要的都市開放空間作為多功能的綠廊，目前此路段正在施工中，鐵路地下化完成後，此運輸廊帶空間應兼具作為城市通風廊道的功能，以發揮引入潔淨氣流至舊市區內的作用，但由於目前兩側主要為舊市區街廓，建築雜亂且缺乏整體的秩序性，所以作為城市通風廊道之導風渠道的效果並不理想，此部分實有賴後續都市更新及配合鐵路地下化而進行兩側的城市設計管控時予以整體規劃及調整，以便營造出一條市區內配合軌道建設而發展的城市通風廊道。

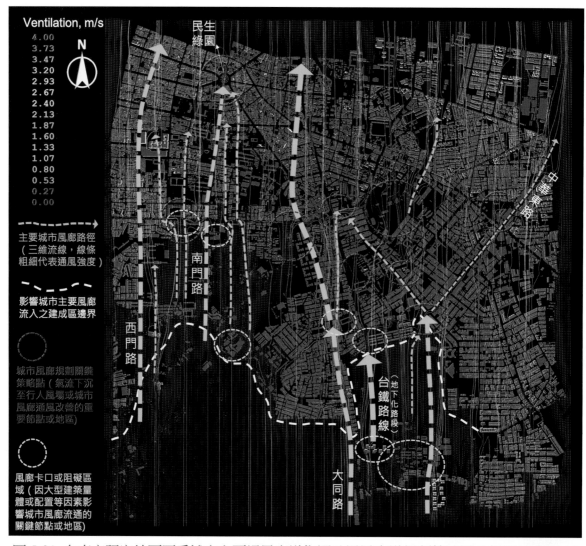

Ventilation, m/s
4.00
3.73
3.47
3.20
2.93
2.67
2.40
2.13
1.87
1.60
1.33
1.07
0.80
0.53
0.27
0.00

主要城市風廊路徑
(三維流線，線條
粗細代表通風強度)

影響城市主要風廊
流入之建成區邊界

城市風廊規劃關鍵
策略點(氣流下沉
至行人風場或城市
風廊通風改善的重
要節點或地區)

風廊卡口或阻礙區
域(因大型建築量
體或配置等因素影
響城市風廊流通的
關鍵節點或地區)

圖 5-21 台南市研究地區夏季城市主要通風廊道指認及通風廊道規劃策略點分析圖(此圖係三
維流線風場路徑套疊 Z 軸高度 1.8M 行人風場風流方向箭頭圖，以平面方式呈現)

　　除了城市主要通風廊路徑的指認之外，本研究也運用 PHOENICS 軟體細緻的大尺度三維風環境模擬分析功能，來進行都市行人風場、低樓層場域、中樓層場域及高樓層場域的三維城市氣流流通狀況之分析，部分結果如下頁圖 5-23 所示。由圖 5-23 中可看出，台南市研究地區通風不佳的三維都市空間場域主要發生在約 1.8M 高度左右的行人風場及約 5M 高度左右的近地空間場域(低樓層場域)，其

圖 5-22 台南市區鐵路地下化計畫路段現況
(資料來源：吳綱立攝，2019)

中又以行人風場的戶外通風情況最差，顯示出亟需透過相關的城市設計措施來進行建成區行人風場及近地空間場域的通風環境改善。至於 20 米及 40 米 Z 軸斷面高度的城市氣流流通狀況，由圖 5-23 中可看出，目前的通風狀況還算是順暢。就 Z 軸 1.8M 高度左右行人風場(圖 5-24)及 5M 高度左右近地都市空間場域(圖 5-25)的通風改善而言，建築物的配置、開放空間系統規劃設計及街廓土地開發型態皆會影響到此空間領域的風廊氣流流通效果，所以台南市都市空間中的巴洛克圓環、街道空間、廣場、廟埕、計畫綠地及社區建築配置時所留設出的通風開口及開放空間，在城市整體通風環境改善上皆扮演著重要的角色與功能，應納入城市設計及街廓尺度的建築設計考量之中。

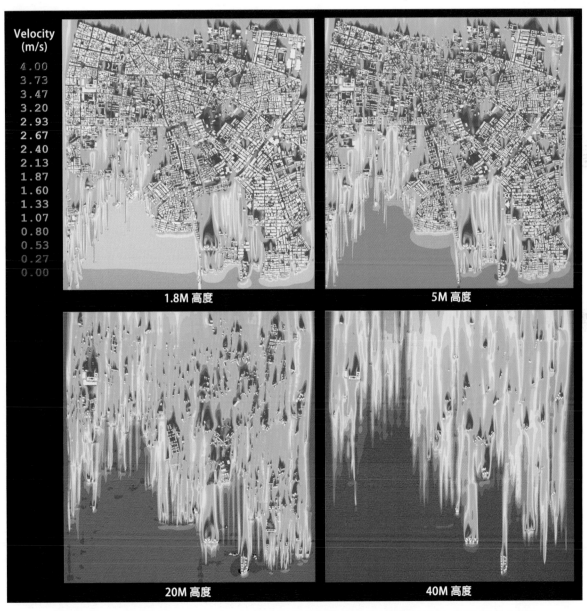

圖 5-23 台南市研究地區不同 Z 軸高度斷面夏季城市風場氣流流動狀況分析圖

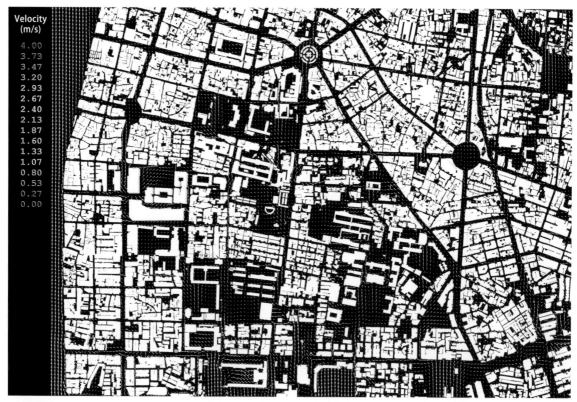

圖 5-24 台南市研究地區城市風廊道規劃行人風場氣流動狀況分析圖 (Z 軸約 1.8 公尺高度)

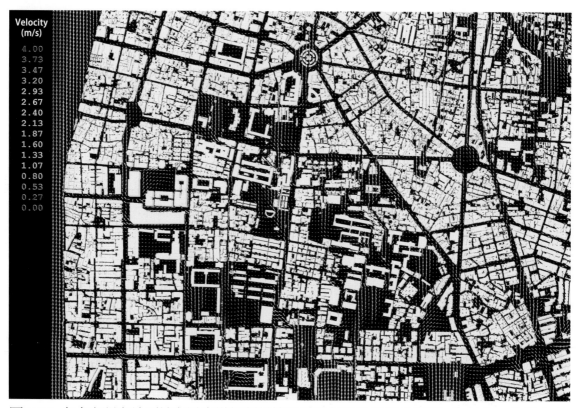

圖 5-25 台南市研究地區城市風廊道規劃低樓層風場氣流動狀況分析圖 (Z 軸約 5 公尺高度)

2. 駐馬店市城市通風廊道規劃解析

駐馬店市城市通風廊道的解析也是用同樣的模式操作，先使用 WindPerfectDX 軟體大致界定出城市通風廊道的主要路徑，再使用 PHOENICS 軟體進行細膩的三維風道分析，並進行大尺度的城市通風環境評估。WindPerfectDX 軟體的分析成果摘述如圖 5-26 至圖 5-30 所示。

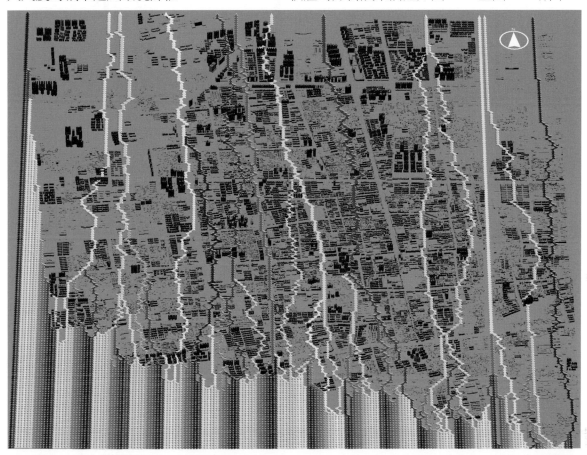

圖 5-26 駐馬店市夏季城市通風廊道路徑分析結果圖 (盛行風：南風；風道路徑為三維流線)

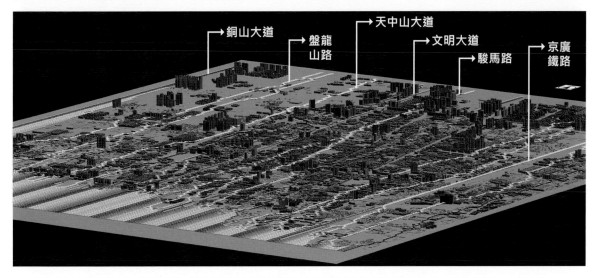

圖 5-27 駐馬店市不同視角下夏季城市通風廊道路徑分析結果圖 1　(盛行風：南風)

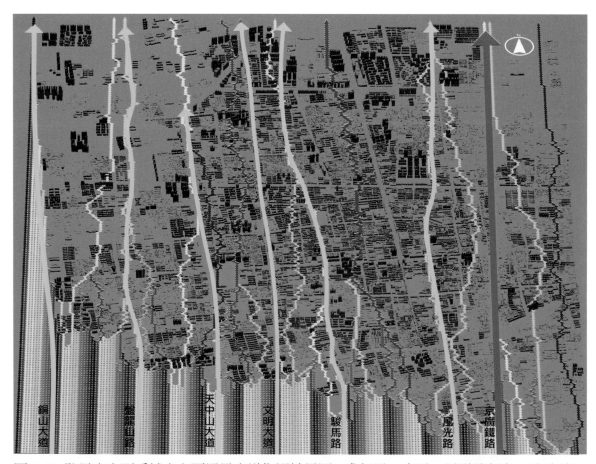

圖 5-28 駐馬店市夏季城市主要通風廊道指認結果圖 (盛行風：南風；風道路徑為三維流線)

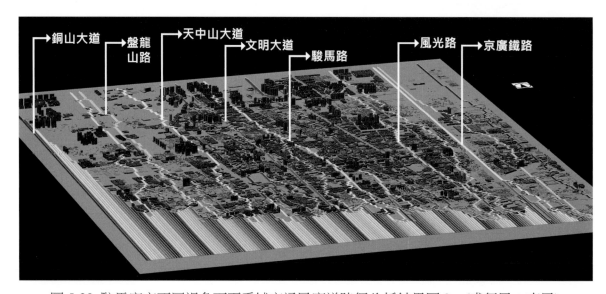

圖 5-29 駐馬店市不同視角下夏季城市通風廊道路徑分析結果圖 2　(盛行風：南風)

圖 5-30 駐馬店市不同視角下夏季城市通風廊道路徑分析結果圖 3　(盛行風：南風)

WindPerfectDX 軟體分析結果顯示出，當夏季盛行風為南風時，多數駐馬店市區內的主要幹道皆扮演著城市通風廊通的功能。此結果並不令人意外，駐馬店市主要道路多採南北向配置且路幅很寬，而城市的夏季盛行風主要為南風，主要道路走向與盛行風方向一致，使得夏季時由南方吹來的涼爽氣流能沿著主要道路流入市區，發揮退燒減熱及切割熱島(防止熱島蔓延)的功能。但也有少數大型幹道因有建築群阻擋等因素，未能發揮城市通風廊道的功能，例如樂山大道因為城市南側夏季入流風吹入處有大型建築群阻擋，再加上銜接樂山大道之南側街道較為狹窄(圖 5-31)，以致作為市區主要幹道之一的樂山大道未能發揮城市風廊道的功能。

圖 5-31 駐馬店市夏季通風廊道分析—建築群阻擋了樂山大道的夏季導風效果 (盛行風：南風)

除南風之外，本研究也對駐馬店市夏季的幾個次盛行風風向進行分析，部分結果如圖 5-32 及圖 5-33 所示。

圖 5-32 駐馬店市夏季次盛行風時城市通風廊道路徑分析結果圖　(次盛行風：南西南風)

圖 5-33 駐馬店市夏季次盛行風時城市通風廊道路徑分析結果圖 (次盛行風：東南風)

圖 5-32 和圖 5-33 為運用 WindPerfectDX 軟體進行駐馬店市夏季次盛行風(南西南風和東南風)分析的結果。此結果顯示，在夏季吹南西南風或東南風時，還是原先界定出的主要城市通風廊道(南北向主要道路)之部分路段較具有城市通風廊道的功能，但整體風廊道路徑的氣流流通性並沒有盛行風為南風時來的顯著，此結果也肯定先前主要盛行風(南風)的分析最具代表性。

在運用 WindperfectDX 軟體初步界定出駐馬店市的主要通風廊道路徑之後，本研究也使用 PHOENICS 軟體來進行大尺度的城市三維風道流線路徑分析及城市通風環境評估，部分結果如圖 5-34 至圖 5-37 所示。圖 5-34 所示為以 PHOENICS 分析結果所產生的風道流線圖套疊 Z 軸斷面 1.8 米左右高度之風流向箭頭圖為基礎，所指認出的主要城市通風廊道路徑以及通風廊道規劃的重要策略點與通風廊道上的關鍵卡口(多為阻擋氣流流入的大型建築群或封閉性的大型住宅社區)。就城市主要通風廊道指認而言，PHOENICS 軟體的分析結果與 WindPerfectDX 軟體的分析結果大致接近。PHOENICS 軟體的分析結果顯示出：京廣鐵路、駿馬路、文明大道、天中山大道、盤龍山路及銅山大道為駐馬店市主要的城市通風廊道(圖 5-34 中較粗的藍色線條，箭頭表示夏季通風廊道的氣流方向，而線條粗細則代表可能的通風強度)。值得注意的是，樂山大道的城市通風廊道效果在 PHOENICS 軟體的分析結果中也是一樣地沒有呈現出來，顯示需要有一些積極的城市設計措施來強化此城市主要幹道的風廊道功能及其在城市通風環境改善上可扮演的角色。由於 PHOENICS 軟體可操作的空間範圍較大，透過此軟體的分析本研究也指認出駐馬店市東側通過工業區的華駿驛城大道為主要的城市通風廊道之一。此外，運用此軟體較細緻的三維尺度風道路徑流線分析功能，亦協助判釋出一些次級的通風廊道(如圖 5-34 較細的藍色線條)，這些次級的風廊道在地區通風環境改善上也具有重要的功能。

就城市通風廊道整體規劃及地區通風環境改善而言，本研究也嘗試指認出城市通風廊道規劃的重要通風卡口及關鍵策略點之位置與範圍。通風卡口為阻擋城市通風廊道氣流流通的關鍵地點，此處常因受到大型建築物阻擋或因道路路型、路幅寬度過窄等因素讓城市風廊道的氣流流通產生被阻擋、減弱或是轉向的現象，因而影響到城市風廊道氣流流通的連通性與順暢性，圖 5-34 中指認出幾處這樣的地點(黃色圈處)，顯示出在都市設計或建築開發管理上

需要有一些因應的措施。至於城市風廊道規劃的關鍵策略點(圖 5-34 紅色圈處)則是可加強城市風廊道串聯效果或是將城市風廊道之夏季導風效果引入周遭社區(或街廓)的關鍵地點，這些地點扮演著城市通風環境改善上的觸媒性角色，就像針灸法的落針處一樣，可透過以點帶面的方式，藉由建築量體計畫、配置調整、植栽計畫及導風設施，來帶動地區通風環境的改善。

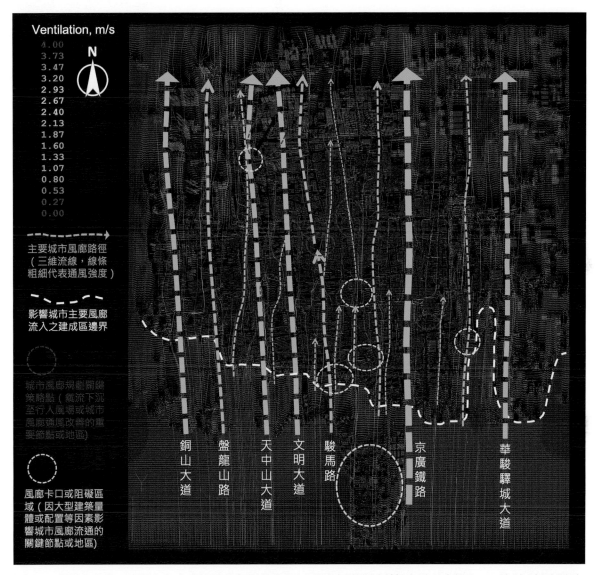

圖 5-34 駐馬店市夏季城市主要通風廊道指認及通風廊道規劃策略點分析圖 (三維流線風場路徑套疊 Z 軸 1.8M 高度行人風場風流方向箭頭圖，以平面方式呈現)

　　圖 5-35 所示為運用 PHOENICS 軟體的三維城市風場分析功能所產生的不同 Z 軸高度斷面的風環境模擬分析結果，可藉以檢視城市中大尺度區域之行人風場(約 1.8M 高度)、近地空間場域(或稱低樓層場域，約 10M 高度；考量城市建築的高度分佈狀況、地表粗糙度及城市道路型態等因素，駐馬店市低樓層場域的 Z 軸分析斷面高度比台南市為高)、中樓層場域(約 20M 高度)、高樓層場域(約 40M 高度)等不同 Z 軸高度斷面之都市空間的風環境狀況。由此圖中可

看出，在行人風場的尺度，駐馬店市中心城區內有不少地區(尤其是舊區)是處於通風不佳的狀況，需透過城市通風廊道規劃的積極作為來引入潔淨的氣流。城市內約 10 米高度的近地空間場域(低樓層場域)的氣流流通狀況雖略有改善，但仍不是很理想，要到大約 20 米高度的都市空間場域才有較為流暢的風場氣流流動，但部分地區仍因受到高樓建築量體阻擋或建築配置不佳等因素而造成一些氣流流通的阻礙。至於約 40 米高度的高樓層都市風場場域，由於城市內目前的大型高樓建築物並非很多，整體土地使用強度也並非很高，所以高樓層場域的氣流流通相當順暢，但應避免高層建築所造成的下旋風作用對地面層行人風場的活動造成影響。

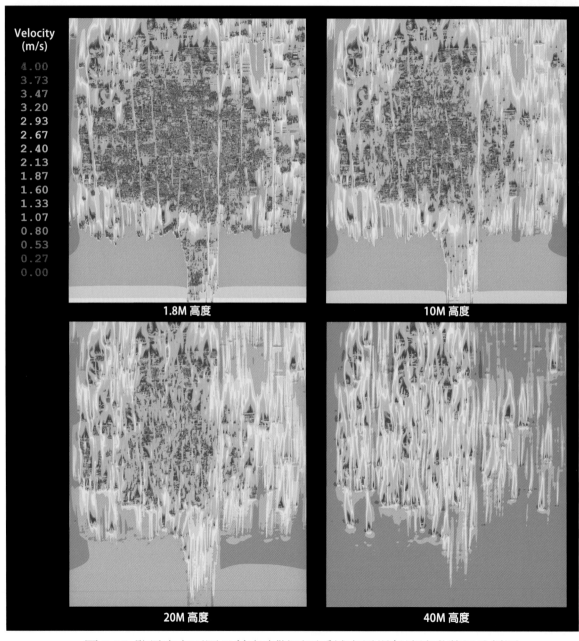

圖 5-35 駐馬店市不同 Z 軸高度斷面夏季城市風場氣流流動狀況分析圖

　　行人風場是城市通風廊道規劃需考慮的重要空間場域，圖 5-36 呈現本研究此部分的分析成果。由圖 5-36 中可看出，行人風場的氣流流通明顯地受建物及街區建築配置型態的影響，因缺乏適當通風廊道氣流的引入，導致舊城區內社區街道及公共空間的通風狀況普遍不佳。

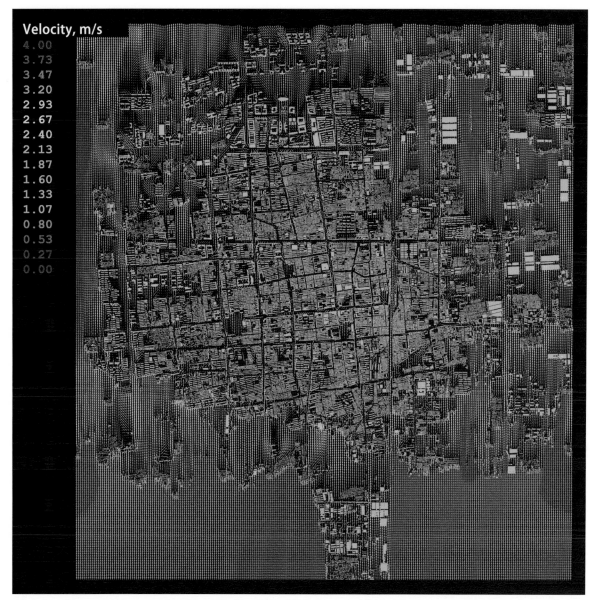

圖 5-36 駐馬店市城市風廊行人風場氣流動狀況分析圖 (Z 軸約 1.8 公尺高度)

　　圖 5-37 所示為 Z 軸斷面約 10 米高度中樓層場域風場氣流流通狀況的分析結果，此都市場域的通風狀況比地面層行人風場的情況有所改善，但仍可看出城區內有多處小區或社區的通風狀況不佳。顯示出駐馬店市雖有寬廣的南北向交通幹道扮演著城市主要風廊道的角色與功能，但如何配合相關的綠地開放空間系統及水域空間的規劃設計，以及街廓的建築配置與量體計畫，來加強地區尺度的通風廊道規劃與大型城市交通幹道型通風廊道的銜接與串連，讓

城市中的水體與綠地等冷源資源能夠銜接到城市整體通風廊道的網絡，並讓城市周遭的潔淨空氣能夠透過此多元、多尺度的城市通風廊道網絡規劃，導入小區或住宅社區的內部，是另一個需要考慮的議題。

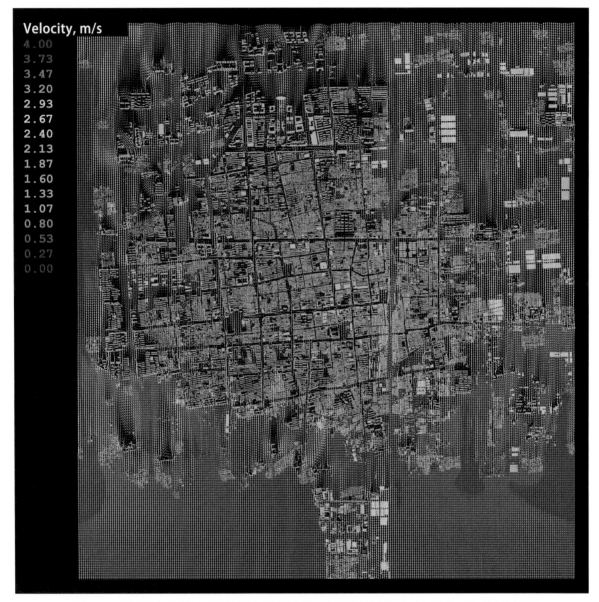

圖 5-37 駐馬店市城市風廊行人風場氣流動狀況分析圖 (Z 軸約 10 公尺高度)

四、城市通風廊道規劃與土地使用檢討

　　台南市和駐馬店市的城市通風廊道規劃解析反映出一些有趣的共同點及差異性，兩個城市目前都正處於都市擴張發展的階段，且在夏季盛行風吹入的地區有不少土地正在持續的開發。同樣地，兩個城市的中心城區也都相當炎熱、擁擠且需要改善空氣品質，所以城市通風廊道規劃概念的導入，對於城市通風及溫熱環境的改善相當重要，也有助於城市生態修復理

念的落實。但這兩個城市的土地使用、空間紋理、路網結構及規劃機制也有所不同，形成在城市風廊道規劃上的不同側重點及操作模式。

　　比較台南市與駐馬店市的城市通風廊道規劃解析結果可發現，城市空間佈局、土地使用、道路座向與寬度、盛行風流經處的建築量體高度、配置方式及開口位置與開口大小等因素，皆是影響到城市通風廊效果及通風廊道發展潛力的關鍵因素。城市通風廊道的效果與城市型態與空間佈局有密切的關係，台南市的城市型態與空間佈局早期受到城市美化運動的影響，以巴洛克式圓環及放射性道路為主要的特色。日治時期則透過市街改正計畫導入了棋盤狀的街廓及道路系統，此作法一方面調整了城市的空間結構，也改變原有的鄰里關係，這種特殊的時空背景與發展脈絡也形塑出台南市特殊的空間紋理及街巷空間特色。台南市是臺灣的文化古都，原有的主要街道皆非很寬，但街道尺度親切且與兩側建築形成舒適的人性尺度都市空間，這些尺度舒適、親切的街道及舊街區內蜿蜒的巷弄空間，建構出台南市的城市空間特色，但可惜的是，舊市區街巷空間行人風場的通風環境則並不理想，需要透過通風廊道的導風效果來改善市區內夏季時靜風或無風地區的通風環境問題，因此市區中的主要幹道、目前正在進行鐵路地下化的路段、巴洛克圓環、綠廊(或園道)及公園開放空間等，乃扮演著可以做為城市通風廊道主要路徑或觸媒點的角色與功能，藉以讓夏季入流風能透過城市通風廊道而流入市區，以改善原有狹小巷弄及開放空間的通風問題及空氣品質。

　　經通風廊道模擬分析的結果可發現，目前台南市區內的部分主要道路，包括大同路、西門路及中華東路的部分路段尚可發揮一些城市通風廊道的功能，但可惜的是，目前台南市區內最有潛力的一條城市通風廊道——鐵路地下化路段，由於位於舊市區內的路段路幅較窄，再加上受到生產路附近入流風吹入地段的住宅社區過於封閉等因素之影響，而形成風廊氣流流入的通風卡口或瓶頸(圖 5-38)，以致貫穿市區的鐵路廊帶並未能發揮城市主要風廊道的功能(圖 5-39)，此部分實有待日後相關土地使用規劃及都市更新時建築量體與配置的調整，來強化此城市風廊道的功能。另外，市區內城市通風廊道氣流經過之主要道路的重要節點或路口，也應避免配置大量體建築物或建築群來阻擋風廊道氣流的流通(例如圖 5-40 及圖 5-41)。

圖 5-38 鐵路地下化路線旁的住宅社區
(資料來源：吳綱立攝，2019)

圖 5-39 鐵路地下化廊帶都市發展現況
(資料來源：吳綱立攝，2019)

圖 5-40 道路節點大型新建建築阻擋風廊流通 1 圖 5-41 道路節點大型新建建築阻擋風廊流通 2

(資料來源：吳綱立攝，2019)　　　　　　　　　　(資料來源：吳綱立攝，2019)

經由 CFD 模擬分析及風環境調查分析，本研究也對台南都會區的主要通風廊道劃設提出一些建議，基本的整體通風廊道劃設構想如圖 5-42 所示。這些主要的通風廊道包括由道路及

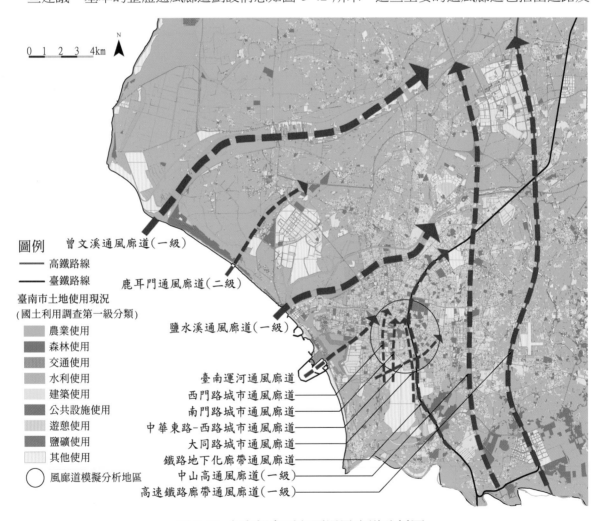

圖 5-42 台南都會區主要通風廊道分析圖

開放空間與建築量體所形成的市區內通風廊道，以及由水域及綠地開放空間所形成的自然通風廊道，這些通風廊道對於城市的通風減熱與空氣淨化具有重要的功能，故相關規劃措施應納入國土計畫及都市發展的策略規劃與土地開發管理之中，以便在都市成長管理或舊市區更新再發展的重要階段，將通風廊道規劃的理念與具體作法，導入都市設計與土地使用管制機制之中，例如對於通風廊道兩側土地使用之建築退縮、建築量體大小、建築高度、量體通透率、街廓建築開口位置與大小、綠地留設、廣場位置等，做出原則性的建議。

相較於台南市，駐馬店市似乎具有更佳的條件來發展成為城市風廊道規劃與土地開發管理成功結合的生態城市，目前該城市當局在此方面也有積極的企圖心。駐馬店市中心城區及週邊地區的主要幹道皆相當寬敞，且為南北向，並有兩條南北向的鐵路通過，而此城市夏季的主要盛行風為南風，所以雖然該城市的熱島效應嚴重，但夏季入流風風向與主要道路的方向一致，有助於引入城市周圍自然區域之潔淨氣流，達到城市退燒減熱及改善空氣品質的目的。寬敞的南北向道路所形成的城市風廊道，也可有效地切割熱島，舒緩城市熱島效應往東西向擴張蔓延。此外，目前駐馬店市的城市建築係以南低北高的型態發展，也有利於形成夏季南方入流風引入時的氣流攀爬效果，可藉此帶走城市建築的熱能。唯近年來，駐馬店市新型大型住宅社區陸續興建，多採超大街廓整體開發的模式，以大面寬、高樓建築，而且封密圍合的沿街配置形式來創造新建樓盤的市場價值，但卻造成社區內部空間通風環境品質欠佳。

就中國大陸的城市發展及城市空間佈局而言，駐馬店市算是相當有潛力以城市通風廊道整體規劃來做為城市發展亮點的示範城市，目前該城市主要的熱島效應地區是在舊區及東部工業區，寬敞道路與綠地開放空間和水系形成的通風廊道，可有效地切割熱島。城市的工業區主要在城市東部外側，南北向京廣鐵路廊帶所形成的一級通風廊道，可導入涼爽潔淨的氣流，減緩工業區的污染物流入中心城區。2017~2018 年駐馬店市規劃當局委託深圳市規劃設計研究院進行城市通風廊道的策略規劃(作者實際參與此項目)，當時規劃團隊提出建構城市南北向主要幹道為通風廊道的構想(圖 5-43)。經本研究大尺度 CFD 城市風環境模擬分析，研究結果顯示，多數當初規劃為主要通風廊道的城市主要幹道確實可發揮城市通風廊道之功能，但可惜的是，也有部分地區因為土地使用或大型建築群阻擋等因素，讓該地區城市主要幹道的一些路段未能發揮具體的城市通風廊道功能(例如天中山大道右轉至文明大道的斜角路段的城市風廊效果並未形成，需透過導風措施來予以強化。而樂山大道因為城市南側夏季盛行風吹入處有大型建築量體阻擋，再加上南側銜接道路的路幅過窄且街區建築擁擠，也未能發揮城市風廊道的功能)。事實上，城市通風廊道規劃是中國大陸近年來才興起的規劃思潮，二十多年前駐馬店市進行城市建設及都市發展時，並未有城市通風廊道規劃的理念，目前部分地區的實質城市建設及土地開發已經完成，要大幅度改善中心城區內通風不佳地區的通風環境有些為時已晚，但仍可透過城市風廊道規劃之關鍵路段及節點地區的都市更新及新開發街廓的通風環境改善計畫，而有一些積極的作為。另外，由圖 5-43 中也可看出，城市通風廊道沿線的高層建築量體及沿街退縮方式應有適當的規劃與管控，以避免影響城市通風廊道的效果。

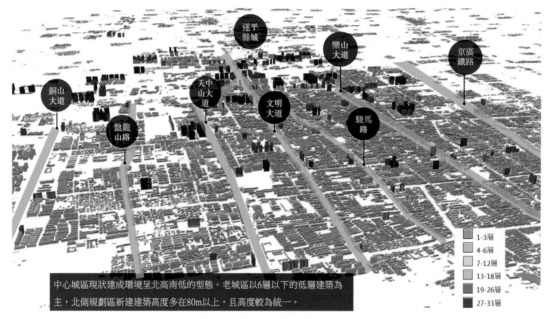

圖 5-43 駐馬店市以城市主要幹道及鐵路廊帶為主要城市風廊道的規劃構想圖
(資料來源:深圳市規劃設計研究院)

　　圖 5-44 及圖 5-45 為本研究使用 PHOENICS 軟體分析城市主要通風廊道周圍地區通風環境狀況的部分結果,由此二圖中可看出,因為建築配置、長形建築量體及社區土地開發建築量體圍合方式等因素的影響,造成部分城市通風廊道的效果並未有效地導入周圍的社區(或都市小區),以致有些社區的外部空間或建築單元,出現通風不佳的問題。所以城市通風廊道沿線兩側的住宅社區在進行建築計畫及開放空間設計時,應留出具有風廊引入效果的適當開口,並避免大量體、大面寬的建築物或封閉的建築圍合方式,來影響到地區的整體通風環境。

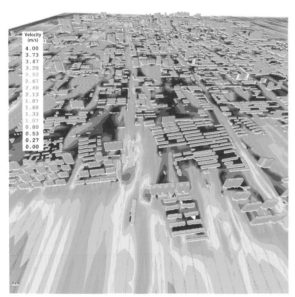

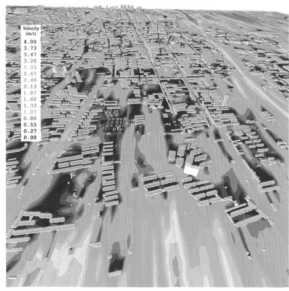

圖 5-44 通風廊道兩側地區通風狀況分析圖 1　　圖 5-45 通風廊道兩側地區通風狀況分析圖 2

　　當然城市通風廊道規劃不只是指認主要城市通風廊道路徑及進行沿線的建築開發管控而已，同樣重要的是，要在總體規劃及國土計劃的層級，提出整體性的規劃策略及配套土地使用管制措施之建議。在總規層面的通風廊道規劃需考量各級通風廊道的劃設、通風廊道類型及範圍的指認、通風廊道與都市冷源及開放空間系統關係之建構，以及通風廊道周邊土地使用規劃的構想與土地開發管理機制設計。圖 5-46 所示，為作者參考 2018 年深圳市規劃設計研究院提出的駐馬店市通風廊道規劃構想，以及參考本研究 CFD 模擬分析的結果，所建議的駐馬店市主要通風廊道規劃圖。為避免圖面內容過於複雜，圖中僅顯示目前重要的主要城市通風廊道及其與土地使用之關係。如圖 5-46 所示，本研究建議貫穿駐馬店市的兩條主要的鐵路廊帶(京廣鐵路線及石武高速鐵路線)應劃設為駐馬店市的一級通風廊道，沿線兩側各 100 公尺以內，應留出帶狀開發空間，周遭土地開發時應有相應的建築高度、建築退縮方式、通風開口及開放空間留設的規範與土地開發管控。主要的南北向幹道(華駿—驛城大道、文明—天中

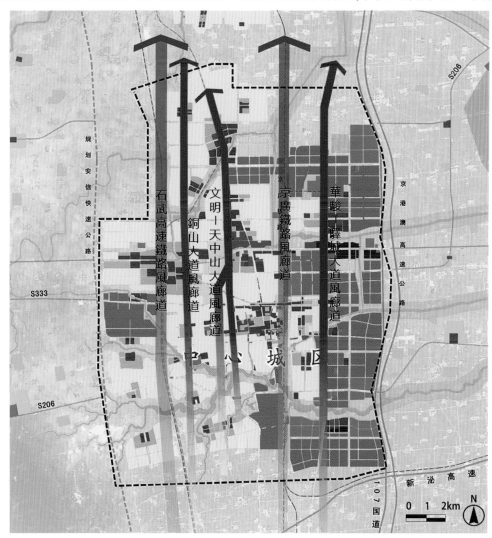

圖 5-46 駐馬店市通風廊道劃設與土地使用關係圖
(資料來源：本研究參考深圳市規劃設計研究院資料修改)

山大道、桐山大道等,則應劃設為城市重要的二級通風廊道,道路兩側各40 到 70 公尺範圍之內,應進行適當的土地開發管控及建築量體配置及通風開口留設方式的規範。至於前述本研究所建議通風廊道規劃的關鍵策略點(圖 5-34),則應進行微氣候環境調查及通風環境與溫熱環境的評估,以便研擬地區通風環境改善計畫,例如透過適當的 CFD 模擬分析及實測調查,來進行小區或社區外部空間通風環境的改善。

值得特別一提的是,欲發揮城市通風廊道規劃的整體綜效,城市通風廊道規劃應與城市的水與綠開放空間系統計畫密切的配合。目前駐馬店市有不錯的水與綠開放空間系統資源(圖 5-47),在以主要南北向交通幹道為基礎的縱向城市通風廊道建構的基礎之下,這些水與綠開放空間系統元素具有串連主要通風廊道及橫向拓展的功能。配合駐馬店市的綠地計畫及生態廊道規劃,這些水與綠開

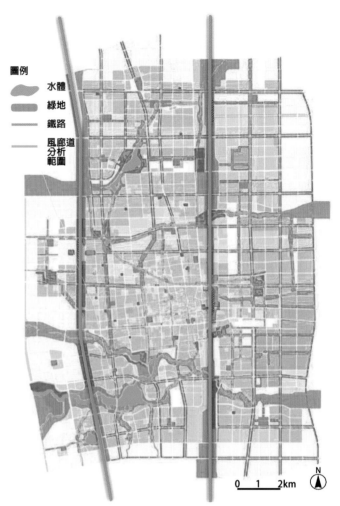

圖例
- 水體
- 綠地
- 鐵路
- 風廊道分析範圍

0　1　2km　N

圖 5-47　駐馬店市綠地系統計畫圖
(資料來源:修改自駐馬店市城市綠地系統專項規劃)

放空間系統元素在協助建構多元尺度通風廊道上的角色與功能應予以強化,例如加強沿著水與綠網絡及社區開放空間,發展鄰里尺度的通風廊道,並串連到以鐵路及幹線道路為主的城市一級與二級通風廊道,以便形成完整的城市通風廊道網絡,藉此將城市的冷源資源效應及周邊自然地區的潔淨氣流導入建成區及城市小區的內部。

本案例分析嘗試結合理論與實務,綜合運用兩套 CFD 專業軟體來進行城市通風廊道模擬分析之操作,並嘗試將分析結果回饋到實務規劃層面的檢討,應算是一個創新的作法。跨區域城市案例的比較分析,也可顯示出城市通風廊道規劃時一些需注意的在地化考量(例如台南市強調人性尺度街巷空間與傳統都市空間的通風改善,駐馬店市則強調切割熱島、連接冷源及減少工業區的污染排入中心城區)。然而,因為研究資源的限制,目前的成果應僅能算是一個初探,後續研究在模擬模型建置、成果驗證、模擬技術優化及規劃策略與土地使用模式檢討等方面,應進行更深入的分析,並將成果應用到協助城市規劃設計的專業實踐。另外,對

於城市通風廊道規劃一些基本的概念性問題，也應給予一些思索與探討。例如：(1)到底要強調哪種形式的城市通風廊道營造？是 10 米以下近地面場域的穿越型城市風廊，還是城市整體三維空間場域的主要通風廊道；(2)如何將夏季引風、退燒減污，冬季擋風、保暖減污的具體生活性考量納入反映季節性氣候特徵的城市通風廊道規劃；(3)城市通風廊道建置除了夏季導風及改善空氣品質之外，其與都市活動及都市空間使用者行為的關係為何？如何強化彼此之間的關係？這些問題需要一些論述與公開討論，以尋求共識；也需要系統性的實證研究探討，並將成果反映到城市通風廊道規劃的理論建構及實務規劃操作經驗之檢討。

城市通風廊道規劃是舒緩城市熱島效應的重要策略，也是進行城市生態修復的重要措施之一，對於新發展地區及都市建成區而言應屬同樣重要，尤其是正在快速發展的都市化地區或都市擴張發展地區，應及時將城市通風廊道規劃的理念及操作方法，導入土地開發管理及國土計畫之中，據以檢討城市空間佈局、土地開發管理機制及街廓建築開發的優化模式。本節案例分析嘗試提出一個系統性的分析方法，藉以指認城市通風廊道的主要路徑，並建議相關的土地使用規劃策略及建築設計原則，但是城市主要通風廊道的路徑規劃或重要通風廊道之指認其實只是完整的城市風廊道整體規劃作業中的一環，實務上還需要知道各風廊道路徑的通風強度及氣流循環特性，以便進行相關的都市活動規劃及行人風場的都市空間設計。更具體而言，城市通風廊道規劃需在主要的城市風道路徑(如主要道路或開放空間)引入潔淨的氣流，以達到自然通風換氣及城市退燒減熱的目的，但也必須避免在特定城市公共空間通道上產生不舒適的強風，以免影響到都市活動及行人風場空間使用者的舒適度(本節的兩個案例的城市中心城區目前多屬靜風狀態，所以較無此方面的問題，但是其他城市則不一定)；因此，後續還需要更詳細且深入的 CFD 模擬分析，並搭配現地調查，以協助了解影響城市通風廊道規劃的風環境特性及其與都市活動及土地使用之關係，以便針對不同類型與功能的城市通風廊道，因地制宜的發展規劃策略及周遭的土地使用管控原則。綜合而言，城市通風廊道規劃需要結合土地使用規劃及城市景觀計畫中點、線、面元素的綜合操作考量，並需整合風工程、環境監測、CFD 模擬分析、城市設計、建築及景觀規劃、生態規劃設計等多方面的專業知識，這是一個相當龐大的規劃任務及需長期投入的城市生態重建工程，有賴更多相關領域之專業者的投入及共同努力，雖然是一個辛苦的工作，卻是造福後代子孫的積極作為，只要開始去做，就有願景達成的一天。

第二節　CFD 模擬分析應用於河南省駐馬店市典型片區通風環境評估及改善策略研擬[*]

一、前言

　　利用自然通風及城市風廊道效果，來改善城市片區(中國大陸對於大型的街區或地區稱為片區)及住宅社區外部空間的通風環境與熱舒適性，已成為城市設計及社區設計時的重要目標之一。在炎熱、高密度發展的城市環境中，如何透過適當的建築配置與建築量體計畫，以便充分利用自然通風來獲得最佳的外部空間通風效果，更成為當前強調微氣候因應設計趨勢下日益重要的研究課題。基於此，本節嘗試透過 CFD 模擬分析來進行系統性的城市功能片區外部空間通風環境評估及優化策略探討。藉由中國河南省駐馬店市兩種具代表性的典型功能片區之實例分析，本節案例嘗試以現場實測搭配計算流體力學(Computational Fluid Dynamic, CFD)數值模擬分析的方法，來解析目前中國城市片區外部空間的通風問題，並探討社區外部空間通風環境優化與建築空間佈局和建築量體配置之關係。

　　近年來，在全球暖化、城市熱島效應日趨嚴重及城市空氣品質持續惡化的趨勢下，加強城市風廊道規劃及功能片區外部空間的通風環境改善，已成為中國一些大城市在進行環境改善及永續發展時的重要工作之一。駐馬店市是中國河南省的一個三線新興城市，近十年來其城市人口及規模快速的成長，目前人口已超過八十萬人，城市並持續地擴張發展。在此快速發展及城市擴張的關鍵時期，該城市當局很有魄力的積極地推動城市風廊道規劃，並進行城市功能片區通風環境的評估，以及相關氣象資料的分析及土地使用的檢討，此類具前瞻性的規劃措施與行動計畫在目前中國其他的地方，多是一、二線級的大城市才會積極地推動，由此可見駐馬店市在城市規劃與環境管理方面的企圖心與魄力。由於駐馬店市的規模及發展背景恰可反映出中國許多類似城市共同的問題與特徵，其也已具備了基本的氣候資訊及土地使用調查資料，因而提供了一個可供研究快速發展城市之功能片區通風環境改善的良好案例。基於以上研究背景及動機，本節特別以駐馬店市為案例，嘗試發展出一套適合中國城市片區或社區的外部空間通風評估模式，並提出改善策略之建議。透過實地調查分析、微氣候量測分析、風環境及舒適度調查分析、CFD 模擬分析等方法的綜合運用，本研究嘗試探討下列研究問題：

　　1.如何進行都市功能片區通風環境的系統性評估分析

　　本研究依據駐馬店市的發展背景及環境狀況，選出兩處不同類型的典型城市功能片區，系統性地進行夏季 CFD 通風環境模擬分析，包括 3D 建模、模擬模型建置、網格系統與參數設定、模擬成果評估、模擬結果的視覺化分析等，並依據田野調查及 CFD 模擬分析結果，評估研究片區的整體通風環境狀況。

---

[*]本節內容係以深圳市規劃設計研究院委託作者主持的研究計畫「駐馬店市中心城區典型功能片區通風環境模擬及優化提升策略研究」(吳綱立，2018)為基礎而發展，作者感謝河南省駐馬店市規劃局及深圳市規劃設計研究院的工作夥伴在研究計畫進行期間的支持與協助。本節部分內容的初稿曾發表於 2018 年住宅學會年會論文研討會(吳綱立，2018)。

2. 如何找出影響不同類型城市功能片區外部空間通風狀況的建築佈局與配置因素

依據實測及模擬分析的結果，本研究找出目前影響研究地區風廊規劃及城市片區通風環境優化的關鍵問題與重要影響因素，並參考相關案例之經驗，建議城市功能片區及住宅社區之通風環境優化策略及進行相關設計管控時應注意的內容。

二、河南省駐馬店典型片區選取

(一) 研究地區選取

本研究探討駐馬店市代表性功能片區的通風環境與土地使用、空間佈局、建築型態及城市設計管控等因素之關係。首先依據城市空間發展的類型、功能及土地使用現況，區分出不同的分區及空間佈局類型，再依據其功能、土地利用型態及建物類型等因素，選取出二個具代表性的典型功能片區，以便進行後續的通風改善分析，此二個功能片區分別為：典型新建居住區(以下簡稱新區)及典型老城街區(以下簡稱舊區)，兩個典型功能片區的位置詳見圖 5-48，其環境特徵分述如下：

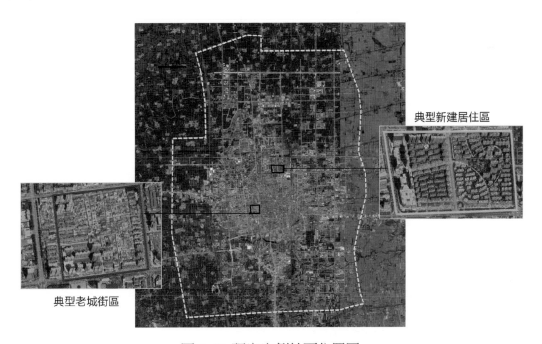

圖 5-48 研究案例片區位置圖

1. 典型老城街區(舊區)：為駐馬店早期開發的城市建築樣式及土地利用模式，早期居民主要以自建房為主，土地開發強度較低，房屋空間佈局較無秩序，區內巷弄寬窄不一，存在較多的難利用空間及一些衛生上的死角，對該地區的整體環境造成一些衝擊，但老城區居民間的交流相對較為熱絡，鄰里間的關係相對於新區而言，也較為融洽。

2. 典型新建居住區(新區)：為駐馬店城市發展的新面貌，皆為現代化住宅，居住環境佳，唯住宅建設缺乏引入當地特色的建築樣式。新區整體開發已進入尾聲，但入住率仍相

對較低，此區土地開發時建商的主要考量為：如何配合快速城鎮化發展，創造出最大的經濟收益。由於要營造良好的沿街建築景觀效果及市場價值，開發係採用超大街廓整體開發的模式。

(二) 典型片區簡介與類型分析

1. 典型老城街區(以下簡稱舊區)

(1) 發展背景

本研究所選擇的典型老城街區(以下簡稱為舊區)位於駐馬店早期的舊市區中心地帶，部分土地地塊現已完成更新，形成一處新舊社區混合的大型居住片區(圖 5-49)，此片區建築類型較為繁雜，有舊式的自建房，也有建商後來開發的新建住宅建築(圖 5-50)。此舊區整體面積約有 36 萬平方公尺，口字型合院型式的傳統社區為此區的特色建築(圖 5-51 至圖 5-53)，是以自建房為主的傳統城市居民集居地，建築型態頗具地方特色，但此社區內街道狹窄，建物擁擠，除每個住宅組合單元有一個共用的中庭空間之外，社區內其他地方的公共空間則有所不足，而且缺乏完整的開敞空間規劃及社區綠化。近年來，駐馬店市推動廉潔文化及舊街區改造等活動，若干地點的牆面有進行街道彩繪(圖 5-54)，達到了部分街巷環境美化的效果。本舊區與前述的新區類似，早期皆為農村居民住宅用地，目前則作為四級居住用地開發。除了早期以合院聚落型式開發的社區至今仍維持當時的空間佈局及建築型態之外，南北兩側及東側臨街的一些地塊，已由開發單位更新為新式樓房或兼具商業用途的新開發社區，包括世紀景苑、樂山商場、萬博城市花園、頤苑新城等。

舊區東側的萬博城市花園居住社區開發於 2000 年，由駐馬店市萬博房地產開發有限公司開發，為此片區較早期開發的小規模高層住宅區。旁邊的裕豐園則開發於 2006 年，也為早期駐馬店市所開發的社區樓盤，主打學區房。片區北側的興城名都開發時間為 2012 年，占地面積有 13,320 平方米，建築面積為 12,769 平方米，綠化率達 30％，容積率 400％，其建築型態為組合型高層電梯住宅。旁邊的頤苑新城則開發於 2010 年。片區西側的樂山商場家屬院則是由樂山商場企業所開發的住宅小區。樂山商場建於 1984 年，為早期駐馬店市的明星企業，樂山商場位於駐馬店市解放路與樂山路交匯點的商業黃金地段，1995 年改制為股份制企業——樂山商場實業有限公司，2003 年擴建 1.1 萬平方米的營業大樓，2006 年投資 6,000 多萬人民幣，再度擴建了樂山商場新營業大樓，擴建後的樂山商場營業面積達 30,000 平方米，員工數達 1,500 人。本片區內的樂山商場家屬院位於平安街 235 號，開發於 1996 年，由於建設時間較早，現今設施顯得有些老舊。

片區南側的世紀景苑社區(新建高級住宅社區)於 2015 年 8 月開始開發，是由駐馬店市中發投資有限公司開發，其基地位居駐馬店城市核心，建築面積約有 26 萬平方米，綠化面積約有 40％。基地與知名的世紀廣場開發案僅一路之隔，區位條件優越，開發商企圖以複合樓盤的開

發方式，將此基地打造成一個兼具商業及居住機能的高級社區，以期能吸引駐馬店市金字塔頂端之社經背景人士的進駐。片區西南側的建業新城半島社區則開發於 2010 年 4 月，是建業集團在駐馬店市區繼森林半島開發案後的另一個主力樓盤開發案，以新亞洲建築風格、生態景觀、尊貴生活為其賣點，企圖打造高級的生態宜居高層住宅。

整體而言，舊區大部分地區仍為駐馬店早期開發的城市樣式，張樓社區為典型特色街區，土地利用強度較低，房屋座落較無秩序，區內巷弄寬窄不一，存在一些環境上的問題，但此區的居民間的交流相對頻繁，鄰里性商業機能還算活絡，鄰里意識也較強烈，可考慮如何結合政府及民間的力量，來進行環境的活化再生，並修繕及維護現有的特色合院建築。另外，就新建住宅社區而言，舊區內各個後來新建的社區之開發時間不一，社區各自獨立開發，缺乏與片區環境間的整體配合，造成新舊雜陳，較為混亂的城市景觀，所以如何加強新舊小區間的景觀縫合及空間上的和諧轉換，創造出融合新舊建築形式的整體景觀意象及較佳的鄰里生活品質，實為舊區再發展時亟待思考的規劃議題。

圖 5-49 舊區傳統小區與新開發案位置
(資料來源：本研究攝，2018)

圖 5-50 舊區新舊建築混雜現況空照
(資料來源：本研究攝，2018)

圖 5-51 舊區傳統口字型合院社區空照
(資料來源：本研究攝，2018)

圖 5-52 口字型合院建築基本類型空照
(資料來源：本研究攝，2018)

圖 5-53 大型口字型合院建築 | 圖 5-54 舊區街道彩繪
(資料來源：吳綱立攝，2018) | (資料來源：吳綱立攝，2018)

(2) 土地開發及建築形式

　　舊區建築形式以新式高樓建築及傳統口字型舊城區建築為主，建築樣式差異頗大，形成外側高樓包圍舊城區內部建築，容易導致通風受到周邊高樓建築所阻擋，無法流通至內部社區。舊區建築型態主要分為新型住商混合式高層住宅社區、現代高層居住社區、連棟混合建築及口字型老舊圍屋建築等四種態樣，各類型建築的空間分佈如圖 5-55 所示，土地開發及建築形式態樣分析於表 5-1，至於影響片區通風環境的公共空間設計現況則分析如圖 5-56 至 5-63 所示。

圖 5-55 舊區土地開發及建築形式態樣分區位置圖

表 5-1 舊區土地開發及建築形式態樣分析表

	**A. 新型住商混合式高層住宅社區 (景苑社區)** 　　採用連排與獨棟混合建設,排列方向較為整齊,以周邊樓層高於內部樓層為主要形式特徵,樓與樓之間的臨棟間隔較為寬敞,道路寬度符合通風條件,有利於通風,可減少空氣污染滯留。
	**B. 現代高層居住社區** 　　以獨棟超高層建築量體為主,周邊少有此類高度的樓房,視野寬闊,樓與樓之間道路寬度符合通風環境,但可能對周遭低矮房屋產生擋風效果。
	**C. 連棟混合建築** 　　外側為後來新建的公寓建築,中間為老式低矮自建房,房屋排列較為緊密、整齊,有利於東西方向的通風,但南北向的通風(主要夏季風向)則受到阻隔,中間低矮房屋難以通風,同時建築量體較長,也有遮擋通風的作用。
	**D. 口字型老舊圍屋建築** 　　社區以大量舊式低矮的圍屋建築為主,口字形建築排列緊密,道路狹窄,零碎的增建建築及後來增建的設施物阻擋通風,通風條件差且存在消防安全上的隱憂。

(圖片來源:河南省駐馬店市規劃局提供)

圖 5-56 口字型合院內部中庭(空間較狹小者)　　圖 5-57 口字型合院內部中庭(空間較大者)
　　　(資料來源:吳綱立攝,2018)　　　　　　　　　(資料來源:吳綱立攝,2018)

圖 5-58 舊區巷弄空間 (較狹窄者)　　　圖 5-59 舊區巷弄空間 (較寬者)
(資料來源：吳綱立攝，2018)　　　　　(資料來源：吳綱立攝，2018)

圖 5-60 景苑社區高樓與入口處外部空間　圖 5-61 景苑社區高樓與社區開放空間
(資料來源：吳綱立攝，2018)　　　　　(資料來源：吳綱立攝，2018)

圖 5-62 地下停車場排氣孔與社區外部空間　圖 5-63 連棟混合建築現況
(資料來源：吳綱立攝，2018)　　　　　(資料來源：吳綱立攝，2018)

2. 典型新建居住區(以下簡稱新區)

(1) 發展背景

本研究所選取的新建居住片區(簡稱新區)位於駐馬店市政府旁的中心地帶，現址原為村莊，主要以「申莊」和「五里堡」兩個村落為主。新區總面積有 53 萬平方米，為新開發的高級住宅片區，片區西側邊界臨樂山大道，南側為置地大道，四周的街道寬闊，中央有金山路通過。隨著駐馬店市近十年來的快速城鎮化發展，在樂山大道與置地大道交叉口往北約 100 米向東可看到，原來申莊村的住房建築已經被全部清除，只有兩棵 400 多年的柏樹還矗立著，如今申莊村已遷到樂山大道的西側，原本的村民們都住進了高樓，唯有那兩棵柏樹被保留下來(圖 5-64)，村民並把「申莊」二字掛在幾十層樓高的大樓上，以維護集體的共同歷史記憶。

新區原為村莊農民的居住區，現在主要以四級居住用地來進行開發。主要開發時間為 2010 年至 2017 年之間，此片區包括兩個大型開發案，分別為「建業森林半島開發案」及「CBD 愛克首府開發案」(圖 5-65)。前者由駐馬店建業住宅建設有限公司開發建設，於 2010 年開盤；後者則由河南省愛克實業發展有限公司開發建設，於 2016 年開盤，目前仍在銷售中。此片區所引入的人口，主要為駐馬店市換屋的居民及原地的拆遷戶。開發案的特色及開發商的理念與核心要求如下：

A. CBD 愛克首府開發案位於駐馬店城區規劃範圍的核心位置，是樂山大道和置地大道兩條主要幹道的交匯處，區位條件極為優越。開發基地地處新老城區的咽喉位置，東臨建業森林半島、西鄰市政府行政中心。此開發專案總投資近 30 億人民幣，占地面積 340 畝，總建築面積 90 萬平方米，由日本 MAO 設計院進行整體規劃，是駐馬店目前規模較大、產品型態較豐富、品質也較高的複合式開發案，也是駐馬店市政府支持的重點工程項目，投資商是匈牙利猶太人基金會，開發商為河南省愛克實業發展有限公司。愛克首府由三大主題業態所組成：(1)商務區：沿樂山路的五星級酒店、國際寫字樓、精裝寫字樓。(2)商業區：鄧尼斯百貨、高端步行街區、獨棟高樓及沿街門面。(3)豪宅區：包括觀景高層、臻品小高層及多層花園電梯洋房。

B. 建業森林半島開發案位於置地大道 1 號，總建築面積約 30 萬平方米，分五期開發，建築型態以多層花園洋房、湖景別墅、朗式小高層、攬景高層、風情商業街為主，目前已經成為駐馬店市民心目中的頂級生態園林豪宅社區。

圖 5-64　新區百年柏樹保留現況
(資料來源：吳綱立攝，2018)

圖 5-65　新區開發案位置圖
(資料來源：本研究繪製)

(2) 土地開發及建築形式

　　新區的土地開發及建築形式較為多元，街廓南北兩側面臨寬敞道路的一整排，多配置為連棟高樓建築，以獲取最佳的視覺景觀效果及土地開發利益，社區內部則為錯落的建築排列佈局，以營造多元的公共空間及私密性效果。整體而言，此選取的示範性新區的建築形式與空間佈局型態可分為六種態樣(見圖 5-66)，分別為：連排與單棟混合形式住宅建築(圖 5-66 中的 A 區)、典型帶狀多單元式住宅建築(圖 5-66 中的 B 區)、高層單棟式高級住宅建築(圖 5-66 中的 C 區)、外高內低式新型住宅建築(圖 5-66 中的 D 區)、商住混合型多元建築(圖 5-66 中的 E 區)，以及獨棟高級型住宅建築(圖 5-66 中的 F 區)，各種建築態樣分區的位置如圖 5-66 所示，各建築分區態樣的特徵則分析於表 5-2。主要的建築形式及小區環境設計狀況，如圖 5-67 至圖 5-72 所示。

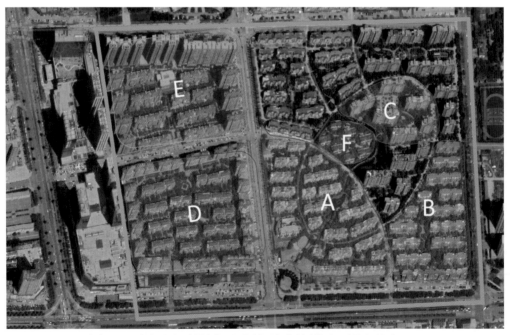

圖 5-66 新區土地開發及建築形式態樣分區位置圖

表 5-2 新區土地開發及建築形式態樣分析表

	**A. 連排與單棟混合形式住宅建築** 此區建築多以周邊連排,以達到土地利用及視野景觀的最佳效果,內部則以雙排或獨棟建築為主,錯落分佈,此作法有利於通風,但街角迎風面則未留設適當的通風開口,使得入流風無法流入,而且周邊長排建物也對整體通風環境造成阻礙。
	**B. 典型帶狀多單元式住宅建築** 此區建物樓層高度基本一致,建築前後棟距約 12 公尺以上,有利於街巷通風,但若前排連棟長排建築過長,則也可能阻擋後側建築的通風。建築長度適當的變化及錯落配置,也增加了景觀上的多樣性。
	**C. 高層單棟式高級住宅建築** 此區建物的建築覆蓋率(建蔽率)較低,樓層很高,故留設出較多的開敞空間。建築物的棟距很大,臨街也有一定距離的退縮,有利於社區通風,另外,迎風面建物之面寬較小,有助於氣流的引入。
	**D. 外高內低式新型住宅建築** 該區建物周邊樓層較高,南北向街廓外側臨街建築以長排連棟式建築為主,容易阻擋通風。東西方向周邊建築以獨棟單體建築為主,內部則以長條式連排建築為主,樓層較為低矮。整體而言,建築量體計畫採外高中低的方式,雖有助於發揮視野景觀及土地利用的價值,但也造成風廊效果無法引入。
	**E. 商住混合型多元建築** 該區北側街廓外側建物的樓高很高,內部建物樓高頗低,形成外高中低的量體配置形式,理論上是不利於通風的,但是因留設有寬敞的開敞空間,故也有部分氣流流入,達到一些通風的效果,但整體而言,周邊高層建築量體狹長且配置緊密,容易阻擋通風。
	**F. 獨棟高級型住宅建築** 此區為獨戶豪宅或雙併建築,建物分佈鬆散,開發密度很低,且建物之間棟距很大,形成良好的通風環境,此外建築物適當地錯落,並有水體規劃及良好的社區綠化,有助於社區夏季時的通風與退燒減熱。

(圖片來源:圖片 A 至 E 為河南省駐馬店市規劃局提供,圖片 F 為作者 2018 年用空拍機拍攝)

圖 5-67　高樓建築及開放空間
(資料來源：吳綱立攝，2018)

圖 5-68　混合形式建築及開放空間
(資料來源：吳綱立攝，2018)

圖 5-69　低樓層建築
(資料來源：吳綱立攝，2018)

圖 5-70　社區綠化狀況
(資料來源：吳綱立攝，2018)

圖 5-71　水景設計與社區公共空間
(資料來源：吳綱立攝，2018)

圖 5-72　社區入口開放廣場
(資料來源：吳綱立攝，2018)

三、CFD 模擬分析操作

本研究以二個典型功能片區的中心為圓心，750 公尺為半徑，界定出 CFD 通風環境模擬分析的範圍，以此進行 3D 模型的製作。在對二個典型功能片區進行戶外通風環境評估分析之前，先針對二個片區的 3D 模型進行初步分析，歸納出其空間佈局及建築型態的特徵，接著再利用 CFD 軟體進行片區通風環境的探討，以找出通風良好及不佳的代表性態樣，並分析其與片區建築型態及空間佈局間的關係，進而歸納出片區通風引導策略及應管控的都市設計項目。

(一) 3D 城市模型建置與分析

1. 舊區 3D 城市模型建置

舊區的建築組成主要為舊城區傳統建築及新開發的高樓建築，傳統建築主要為封閉的口字型圍屋，此為舊區的特色建築。舊區 3D 量體模型的部分角度 3D 透視圖如圖 5-73 至 5-75 所示。

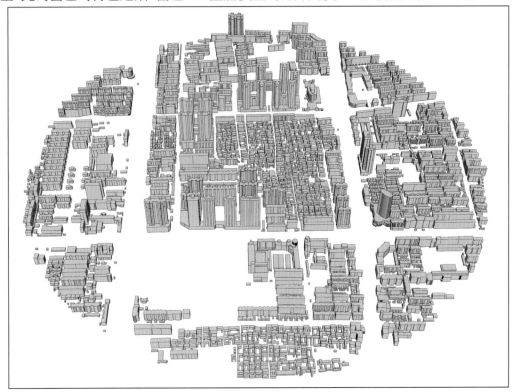

圖 5-73 舊區全區 3D 模型示意圖

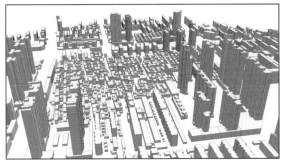

圖 5-74 舊區局部 3D 模型示意圖

圖 5-75 舊區圍屋建築及新建樓盤 3D 示意圖

2. 新區 3D 城市模型建置

　　新區建築量體的特徵主要為周邊狹長高層建築包圍內部建築，因無適當的通風開口，使得氣流容易受到阻擋，而無法順暢地流入片區內部。新區東側的住宅社區多為錯落的建築空間佈局，有利於風的流通。新區 3D 量體模型的部分角度透視圖如圖 5-76 至 5-78 所示。

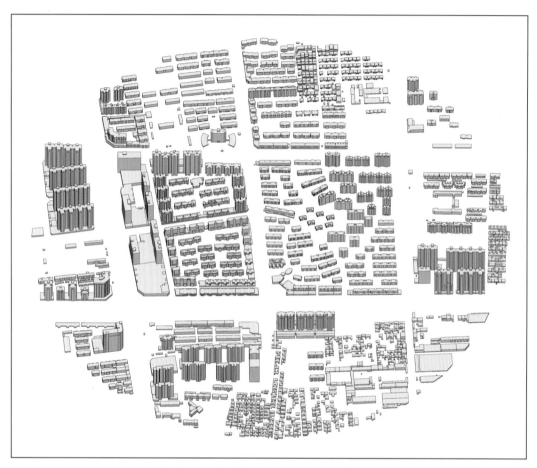

圖 5-76 新區全區 3D 模型示意圖

圖 5-77 新區局部 3D 模型示意圖 1

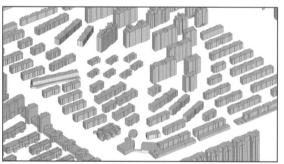

圖 5-78 新區局部 3D 模型示意圖 2

(二) 網格切分與參數設定

　　兩個典型功能片區風環境模擬分析之網格設定是以焦點領域、街區領域、全區領域三個領域範圍來進行網格切割與設定，以解析片區之戶外風場狀態。關於模擬條件設定部分，本研究是參考先前研究的經驗，並以實地微氣候調查量測及駐馬店市氣象測站的資料為基礎，來進行環境風場模擬模型基本參數之設定。圖 5-79 和圖 5-80 為舊區的網格設定圖，焦點領域 XY 軸平面的網格間距平均約為 1.5 公尺，街區領域 XY 軸平面的網格間距平均約為 6 公尺。表 5-3 所示為舊區模擬分析時的參數設定。

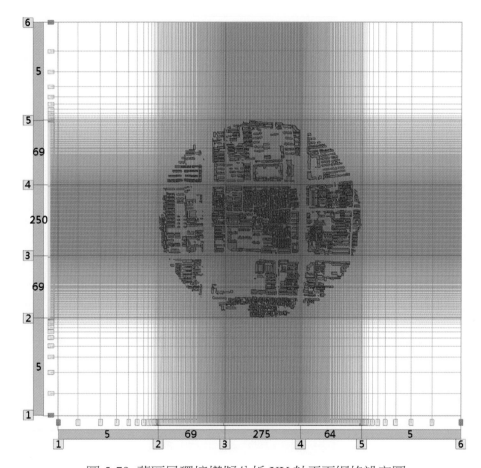

圖 5-79 舊區風環境模擬分析 XY 軸平面網格設定圖

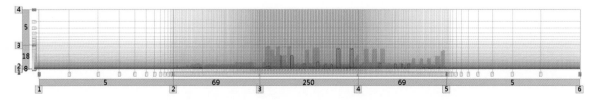

圖 5-80 舊區風環境模擬分析 Z 軸剖面網格設定圖

表 5-3 舊區風環境模擬分析參數設定表

邊界條件	設定值(夏季)
平均風速	2.23 m/s
入流風方向	南
CFD 求解方式	大渦流模擬 (LES)
粗度類別	地況 A
指數值(α)	0.32
計算網格數	19,708,746 格
基準高度	34 M
等速流高度	20 M

(資料來源：本研究整理)

圖 5-81 和圖 5-82 為新區的網格設定圖，焦點領域 XY 軸平面的網格間距平均約為 1.5 公尺，街區領域 XY 軸平面的網格間距平均約為 6.25 公尺。表 5-4 所示是新區模擬時的參數設定。

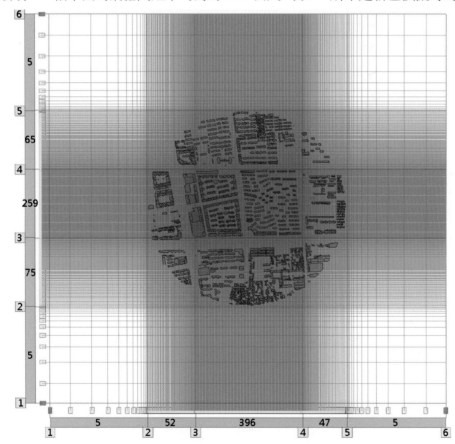

圖 5-81 新區風環境模擬分析 XY 軸平面網格設定圖

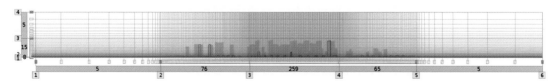

圖 5-82 新區風環境模擬分析 Z 軸剖面網格設定圖

表 5-4 新區風環境模擬分析參數設定表

邊界條件	設定值(夏季)
平均風速	2.29 m/s
入流風方向	南
CFD 求解方式	大渦流模擬 (LES)
粗度類別	地況 A
指數值 (α)	0.32
計算網格數	19,650,280 格
基準高度	34 M
等速流高度	20 M

(資料來源：本研究整理)

(三) CFD 模型模擬結果驗證

本研究在進行正式的典型城市片區(住宅社區)通風環境評估的 CFD 模擬分析之前，先進行 CFD 模擬模型之適當性的檢視與驗證。實際操作時，先依據兩個所選取之城市片區的空間規模、環境特性、建築類型特徵、街巷空間尺度等因素，於舊區抽樣選取 18 個測點、新區 22 個測點，進行外部空間通風環境及溫熱環境的實地調查(見圖 5-83 及圖 5-84，量測點編號同本章下一節的天空開闊度調查的量測點編號)。調查時間為 2018 年 8 月 3 日至 2018 年 9 月 10 日一個多月的時間，本研究於此調查期間，選取能充分反映研究地區夏季氣候特徵的時段進行調查。這段調查時間，作者實際住在駐馬店市，帶領著研究團隊成員進行微氣候調查及研究地區的實地環境觀察與記錄，以及進行相關人員的訪談。微氣候環境調查部分，每日的調查時間為早上 9:30 至下午 15:30。本研究使用本書第二章說明的記憶式熱線式風速計及記憶式溫溼度計來進行調查，調查時調查員於選定的測點架設儀器，進行該測點之風速、溫度、濕度及風向的測量與記錄，儀器每 2 秒鐘記錄一次，每個測點記錄 10 至 15 分鐘，記錄的數值直接存入儀器中的 SD 卡。調查完後進行資料整理，刪除差異性過大的樣本，並進行統計分析。

接著藉由 CFD 模擬分析結果與實地風速量測結果的比較，來檢視兩者間的差距是否在允許誤差的範圍之內，藉以驗證 CFD 模擬分析模型的適當性。兩個典型片區調查抽樣點之模擬結果與實測結果的比較，分別呈現在圖 5-85 和圖 5-86。如此二圖的內容所示，雖然部分測點的模擬值與實測值有一些差距，但多數測點兩者間的差距皆在容許誤差的範圍之內，顯示本研究 CFD 模擬模型具有一定程度的可靠性及推論性。

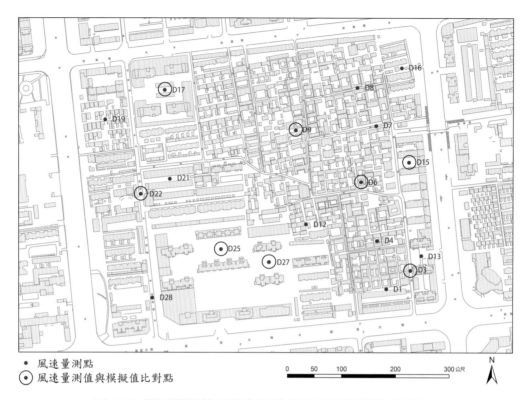

● 風速量測點
⊙ 風速量測值與模擬值比對點

0　50　100　　200　　300公尺

N

圖 5-83　舊區模擬結果與實測結果比較抽樣測點分佈圖

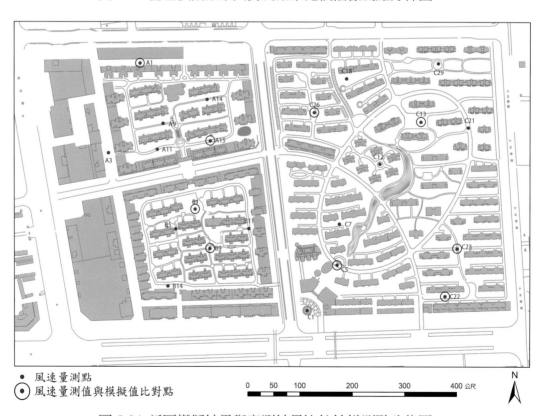

● 風速量測點
⊙ 風速量測值與模擬值比對點

0　50　100　　200　　300　　400公尺

N

圖 5-84　新區模擬結果與實測結果比較抽樣測點分佈圖

242

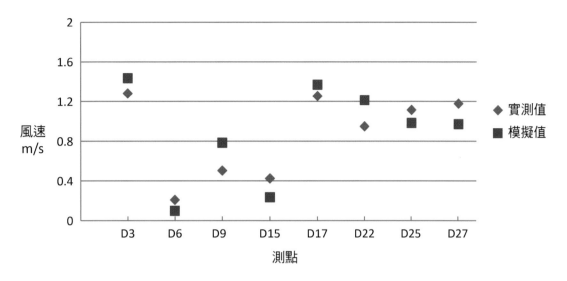

圖 5-85 舊區抽樣測點模擬結果與實測結果比較圖

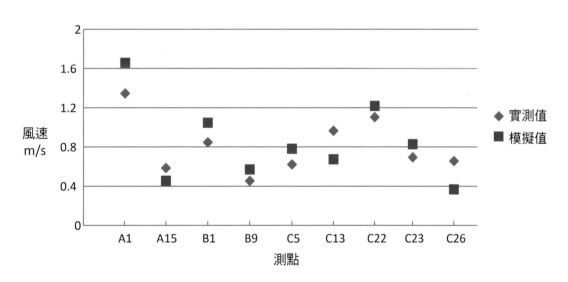

圖 5-86 新區抽樣測點模擬結果與實測結果比較圖

一、結果與討論

(一) 舊區外部空間通風環境評估分析

1. 舊區戶外通風環境 CFD 模擬分析結果

　　本研究的舊區研究街廓長約 545 公尺，寬約 510 公尺，屬超大街廓，街廓內建築形態多元，造成不同的通風效果。舊區研究街廓與周圍街廓之整體 CFD 模擬分析結果如圖 5-87 所示。圖面輸出的 XY 軸斷面設定係呈現約 1.6 公尺左右高度的行人風場 CFD 模擬分析結果。由此圖中可看出舊區大部分地區夏天時的戶外通風環境不佳，沒有良好的整體氣流流通效果。

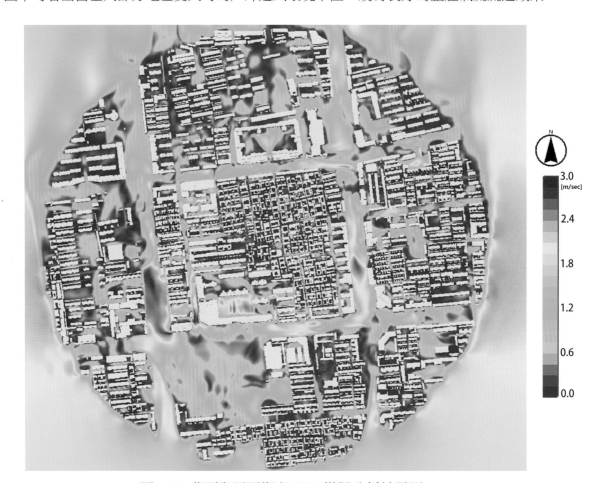

圖 5-87　舊區與周圍街廓 CFD 模擬分析結果圖

舊區與周圍街廓 CFD 模擬結果之風速等值線分佈，如圖 5-88 所示，局部放大結果如圖 5-89 所示：

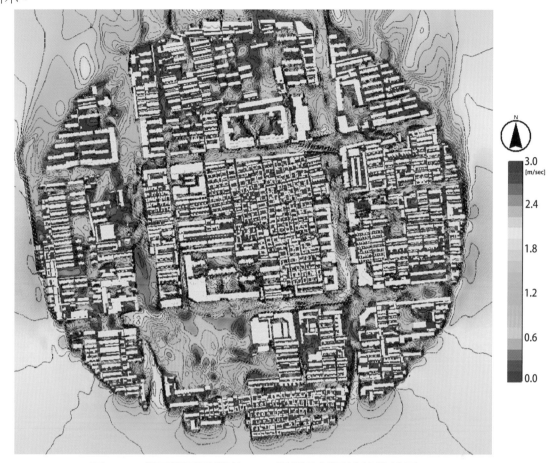

圖 5-88 舊區與周圍街廓 CFD 模擬分析風速等值線圖

圖 5-89 舊區核心區(模擬的焦點領域)風速等值線分析圖

　　由圖 5-88 和圖 5-89 可看出，雖然部分風廊效果有引入至風廊兩側的街廓社區，但傳統口字型圍屋地區及建築棟距過小的舊住宅社區，其外部空間的通風狀況普遍很差。

● **舊區通風環境主要問題：**

　　舊區通風環境的問題主要是由於建物密度過高，造成區內通風不佳，再加上區內通風廊道未能完整留設及延續，以致影響社區內部建築單元之通風。另外，入流風處配置有大型建築量體，也阻擋夏季時盛行風流入街廓內部(見圖 5-90)。

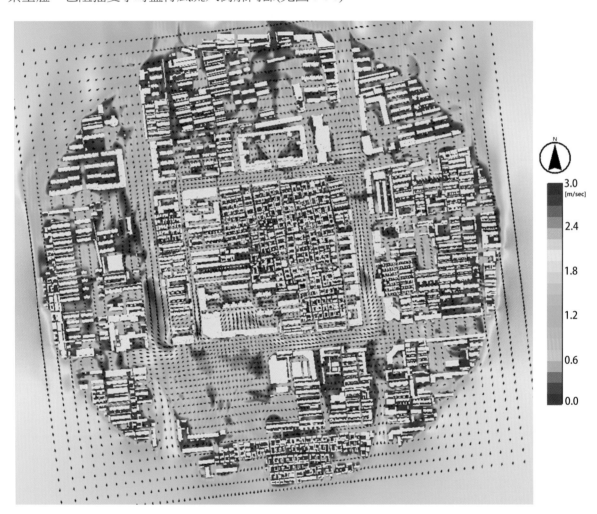

圖 5-90 舊區與周圍街廓風速、風向分析圖

　　整體而言，舊區的外部空間通風環境主要受到建築量體、配置型態、街廓規劃無留設區內通風廊道、口字型圍屋建築排列過於緊密且缺乏通風開口等因素之影響。配合 CFD 模擬分析的檢視，舊區整體通風環境上的主要問題可整理如下。

(1) 主要問題 1

　　建物密度過高，造成區內通風不佳(圖 5-91)。

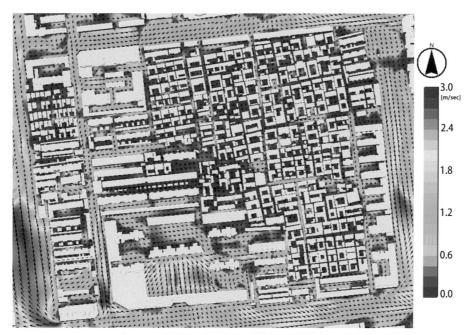

圖 5-91 舊區核心區通風狀況分析圖

(2) 主要問題 2

　　高層建築量體組合未經合理的整體規劃，造成周遭地點出現渦流風或是無風的現象(圖 5-92)。

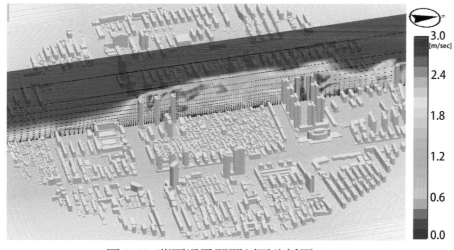

圖 5-92 舊區通風問題剖面分析圖

(3) 主要問題 3

入流風處配置有大型建築量體，阻擋夏季時盛行風流入街廓 (圖 5-93)。

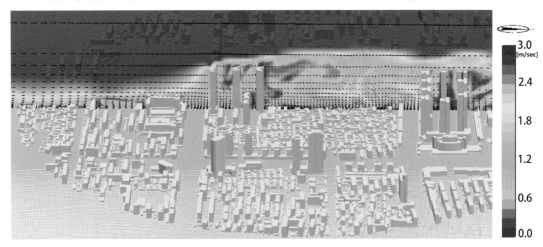

圖 5-93 舊區高大建築阻擋通風剖面分析圖

2. 舊區通風不佳及通風良好單元態樣分析

經由 CFD 模擬分析及現況調查分析，本研究指認出舊區內通風不佳的單元及與通風良好的單元，並找出影響通風狀況的主要規劃設計因素，以及分析通風狀況與建築配置態樣的關係，進而提出改善的策略，分析成果簡述如下。

(1) 舊區戶外通風不佳單元 (Old District Bad Ventilation Sites)分析

本研究嘗試指認出舊區通風不佳的單元 (Old District Bad Ventilation Sites，以下簡稱 OB) 並分析造成其通風不佳的原因，研究結果顯示，建築棟距狹小、量體過於狹長、建築過於密集、夏季入流風處建築量體過於高大、口字型建築過於封閉等，皆是影響舊區片區通風的因素。茲將舊區通風不佳的代表性單元之位置，整理如圖 5-94 所示，通風問題的分析整理於表 5-5。

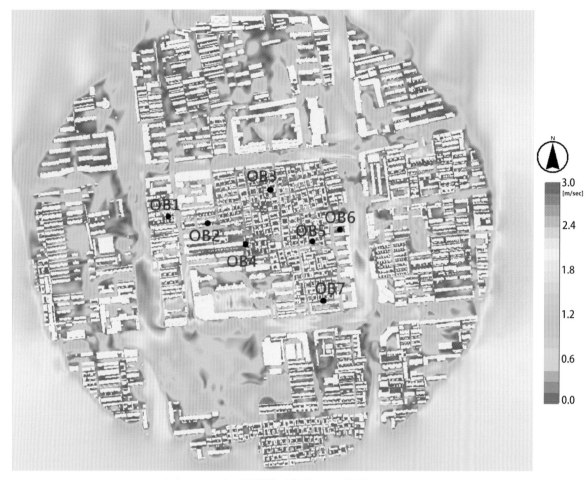

圖 5-94 舊區通風不佳單元分佈圖

表 5-5 舊區戶外通風不佳單元(OB)分析表

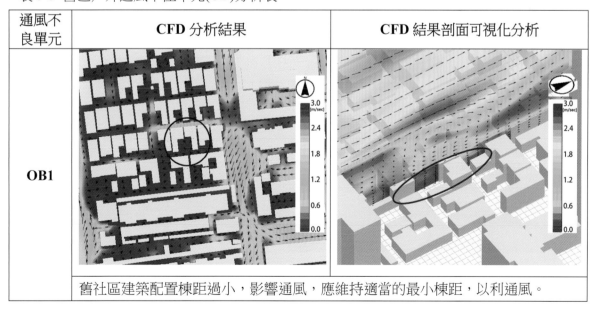

通風不良單元	CFD 分析結果	CFD 結果剖面可視化分析
OB1		
舊社區建築配置棟距過小，影響通風，應維持適當的最小棟距，以利通風。		

(續表 5-5)

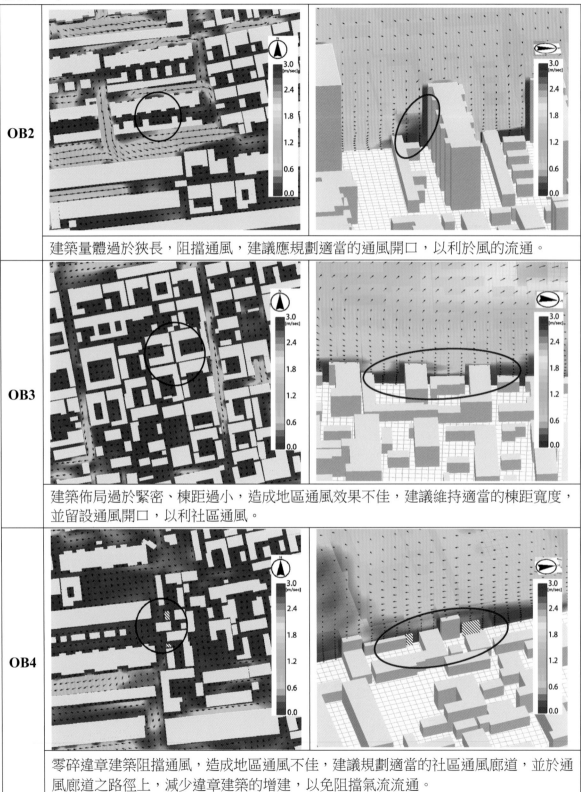

OB2		
	建築量體過於狹長,阻擋通風,建議應規劃適當的通風開口,以利於風的流通。	
OB3		
	建築佈局過於緊密、棟距過小,造成地區通風效果不佳,建議維持適當的棟距寬度,並留設通風開口,以利社區通風。	
OB4		
	零碎違章建築阻擋通風,造成地區通風不佳,建議規劃適當的社區通風廊道,並於通風廊道之路徑上,減少違章建築的增建,以免阻擋氣流流通。	

(續表 5-5)

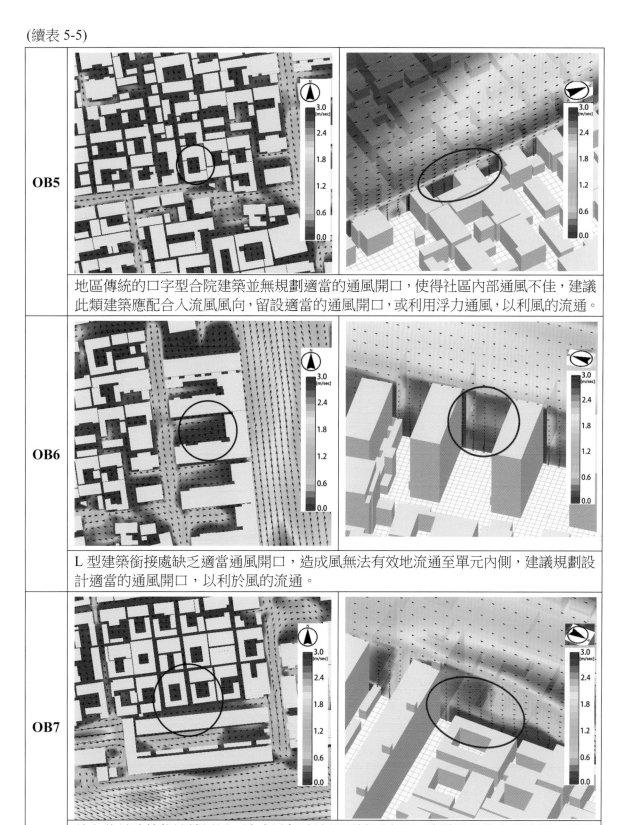

OB5	地區傳統的口字型合院建築並無規劃適當的通風開口，使得社區內部通風不佳，建議此類建築應配合入流風風向，留設適當的通風開口，或利用浮力通風，以利風的流通。
OB6	L 型建築銜接處缺乏適當通風開口，造成風無法有效地流通至單元內側，建議規劃設計適當的通風開口，以利於風的流通。
OB7	前方狹長建築物遮擋通風，造成風無法流通至社區內部，建議過長的大型建築量體應控制建築長度，或留設出通風開口，以利於風的流通。

在分析舊區通風不佳的單元之後，本研究歸納出以下 6 種通風不佳的態樣(表 5-6)：

表 5-6 舊區戶外通風不佳單元(OB)態樣分析表

通風不佳態樣	通風不佳單元(OB)	CFD 分析結果	通風不佳態樣示意圖	改善建議示意圖
風廊流通位置，建築棟距過小	OB1	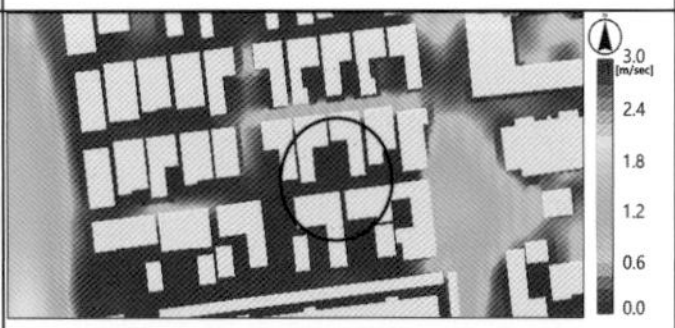	 風廊位置棟距過小影響通風	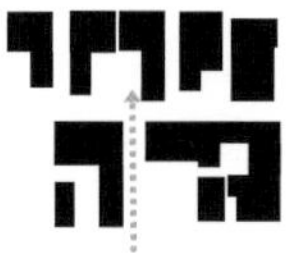 風廊位置留設適當棟距寬度
建築量體過長，阻擋通風	OB2 OB7		 過長建築量體阻擋通風	 過長建築應留設通風開口
建物排列緊密、棟距過小	OB3	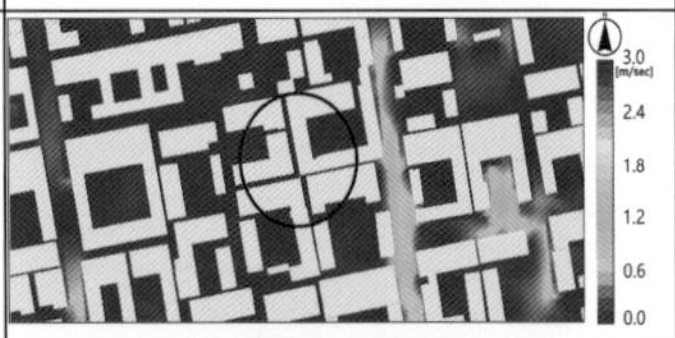	 棟距過小阻擋通風	 擴大建築棟距寬度
零碎違章建築阻擋通風	OB4	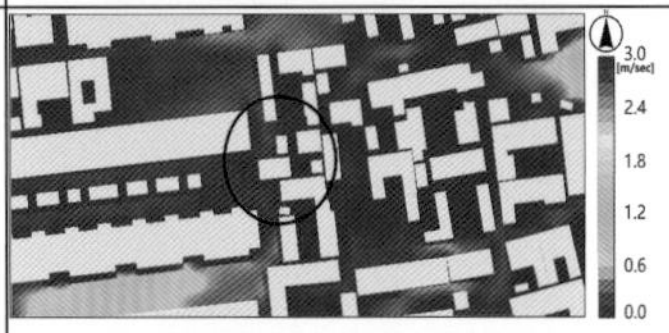	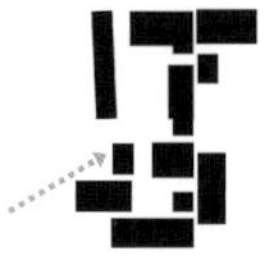 零碎違章建築阻擋通風	 清除違章臨時建築
封閉口字型建築，通風不佳	OB5	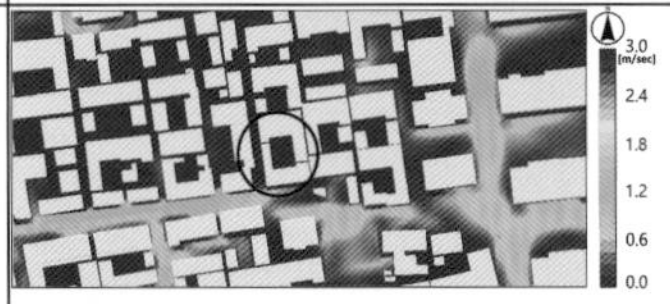	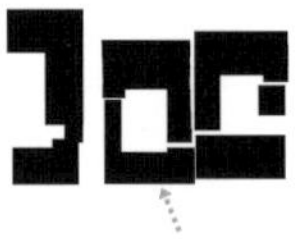 封閉口字型建築阻擋通風	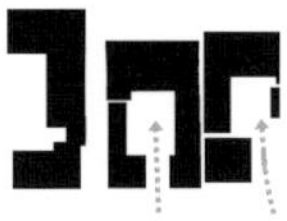 增加建築通風開口留設
封密的L型建築量體，阻擋通風	OB6	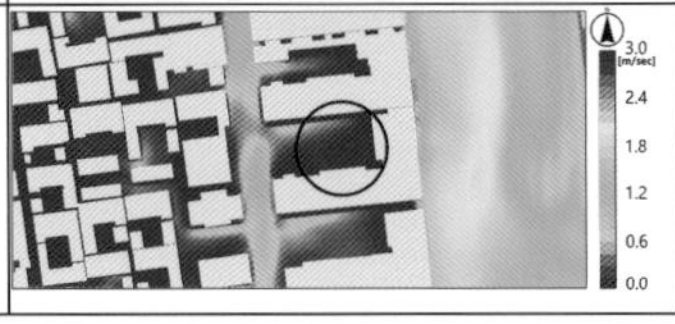	 L型建築量體擋風	 增加通風開口留設

(2) 舊區戶外通風良好單元 (Old District Good Ventilation Sites, OG)分析

　　雖然舊區整體片區的通風情況並不是很理想，但也有幾處通風良好的單元，經 CFD 模擬分析，本研究指認出舊區 2 處通風良好的單元(Old District Good Ventilation Sites，以下簡稱 OG)並進行相關影響因素之探討。舊區通風良好的代表性單元之位置如圖 5-95 所示，通風影響因素的分析整理於表 5-7。

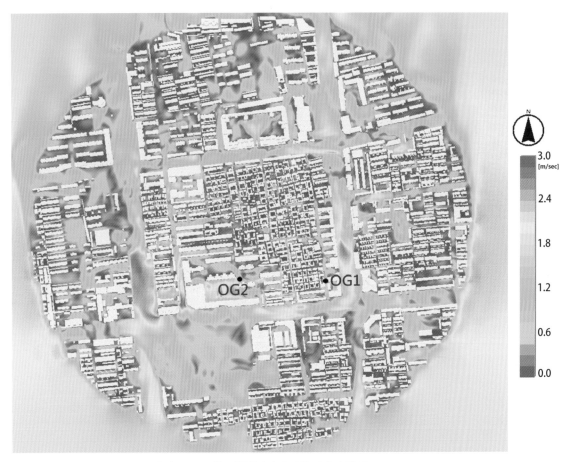

圖 5-95 舊區通風良好單元位置圖

表 5-7 舊區戶外通風良好單元(OG)分析表

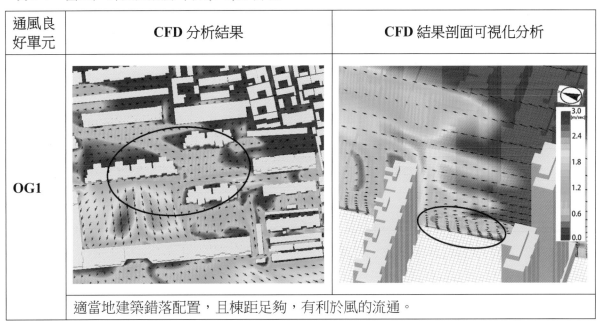

通風良好單元	CFD 分析結果	CFD 結果剖面可視化分析
OG1		
適當地建築錯落配置，且棟距足夠，有利於風的流通。		

(續表 5-7)

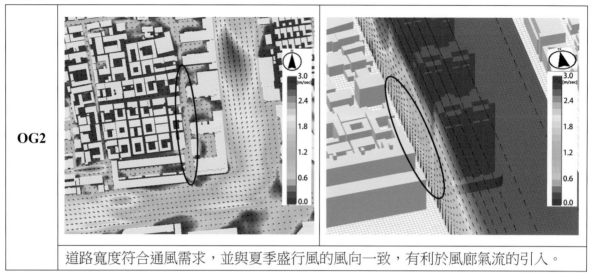

OG2	

道路寬度符合通風需求，並與夏季盛行風的風向一致，有利於風廊氣流的引入。

經分析舊區通風良好的建築單元之後，本研究歸納以下 2 種通風良好的態樣(表 5-8)：

表 5-8 舊區戶外通風良好單元(OG)態樣分析表

通風良好態樣	舊區通風良好單元 (OG)	CFD 分析結果	通風良好態樣示意圖
建物錯落配置且棟距足夠	OG1		
道路寬度符合通風需求，且順應入流風風向	OG2		

(二) 新區外部空間通風環境評估分析

1. 新區戶外通風環境 CFD 模擬分析結果

　　新區研究街廓範圍長約 830 公尺，寬約 510 公尺，屬超大街廓整體開發。新區與周圍街廓的整體 CFD 模擬分析結果如圖 5-96 所示。圖面輸出的 XY 軸斷面設定係呈現約 1.6 米高度左右的行人風場 CFD 模擬分析結果。由圖 5-96 中可看出，新區住宅社區之外部空間的通風環境差異頗大，有通風較良好的簇群住宅單元，也有通風不佳的分區，反映出一些住宅社區規劃設計時須注意的問題。

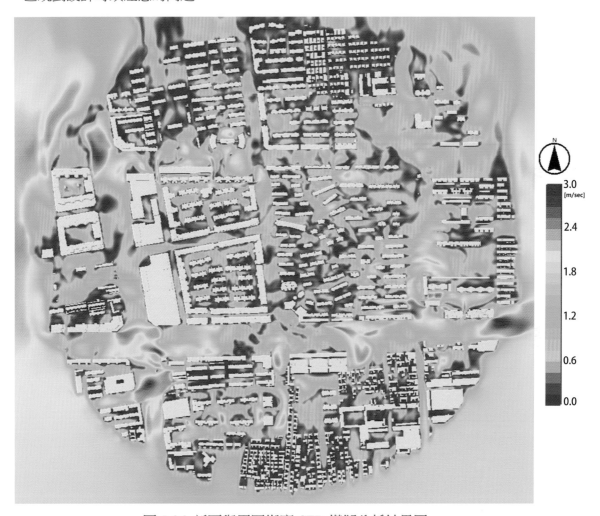

圖 5-96　新區與周圍街廓 CFD 模擬分析結果圖

　　由於採用超大街廓整體開發，新區部分沿街建築量體過大且過於狹長，影響氣流流入社區內部。新區西側開發基地的街廓以外圍狹長大量體建築包圍內部建築的方式配置，使得迎風面被狹長高層建築所阻擋，造成入流風不易導入社區內部，以至社區內的風速普遍較低。新區東側街廓的小區之建築排列採錯落空間佈局模式，營造出多處具流動感的開放空間，再加上棟距較寬，有助於提升此地區外部空間的通風環境，並創造出一些具有不錯自然通風效

果的外部空間。整體而言，因配置方式及建築量體組合方式的不同，造成不同小區的通風環境有明顯的差異。新區與周圍街廓 CFD 模擬結果之風速等值線分佈如圖 5-97 所示：

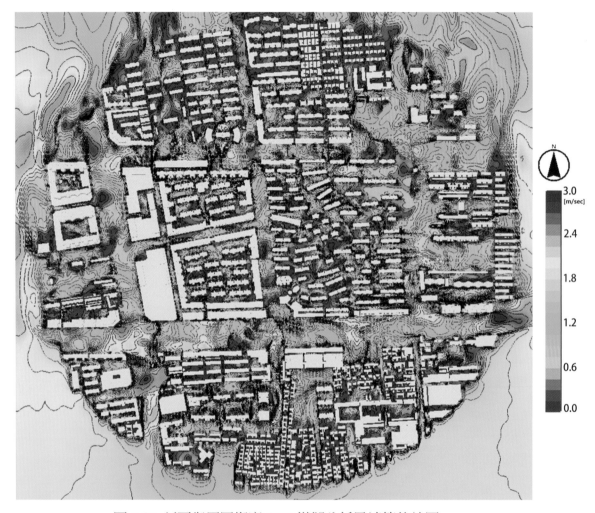

圖 5-97 新區與周圍街廓 CFD 模擬分析風速等值線圖

● 新區通風環境狀況分析

　　夏季迎風面長向建築量體過長、過大，以致阻擋通風，使得夏季盛行風無法流通至街廓內部單元，此為新區主要的通風問題之一(見圖5-98、圖5-99)。

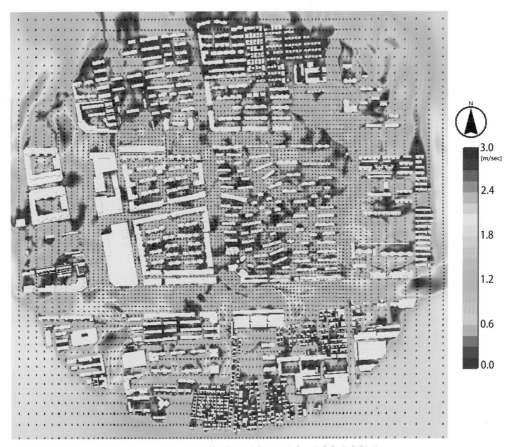

圖5-98　新區與周圍街廓風速、風向分析分析圖

圖5-99　新區核心區(模擬的焦點領域)風速等值線圖

　　新區的通風環境分析顯示，沿街建築量體過大、片區規劃時未能留設適當的社區通風廊道、L 型建築缺乏留設適當的通風開口等因素，都影響到新區內部較為低矮的建築單元之通風狀況。茲將新區戶外通風的主要問題整理如下。

(1) 主要問題 1

　　盛行風迎風面配置有大型建築量體，影響後側低樓層建築之通風(見圖 5-100)。

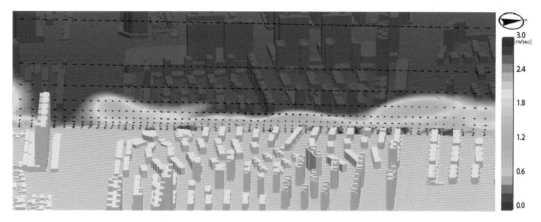

圖 5-100　新區通風問題剖面分析圖

(2) 主要問題 2

　　大型街廓街角地塊未適當地留設風廊開口，影響街廓內部建築通風(見圖 5-101)。

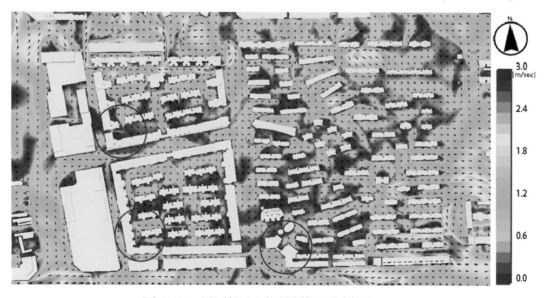

圖 5-101　新區核心區通風狀況分析圖

2. 新區通風不佳及通風良好單元態樣分析

經由 CFD 模擬分析及現況環境調查分析，本研究指認出新區內通風不佳的單元(New District Bad Ventilation Sites，以下簡稱 NB)及與通風良好的單元(New District Good Ventilation Sites，以下簡稱 NG)，並找出影響通風狀況的主要規劃設計因素，以及分析通風狀況與建築配置態樣的關係，進而提出改善的策略，分析成果簡述如下。

(1) 新區戶外通風不佳單元 (New District Bad Ventilation Sites, NB)分析

本研究指認出新區 7 處通風不佳的單元，並分析造成其通風不佳的原因，研究結果顯示，建築配置未能留設適當的通風廊道、夏季入流風吹入處建築量體過於狹長等，皆是影響片區通風的因素。茲將新區通風不佳的代表性單元之位置整理如圖 5-102 所示，通風問題的分析整理於表 5-9。

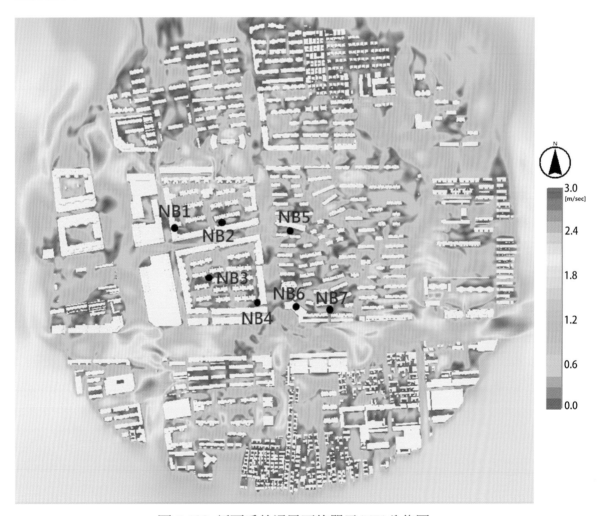

圖 5-102　新區戶外通風不佳單元(NB)分佈圖

表 5-9 新區戶外通風不佳單元(NB)分析表

通風不良單元	CFD 分析結果	CFD 結果剖面可視化分析
NB1		
	狹長建築量體的開口配置未考慮入流風風向，導致入流風不易流通到社區內部，建議此區建築開口位置應配合夏季盛行風風向，並維持一定的寬度，以利入社區通風。	
NB2		
	受前方狹長建築量體阻擋，影響通風，建議前方狹長建築量體應有適當的通風開口，以利入流風的引入。	

(續表 5-9)

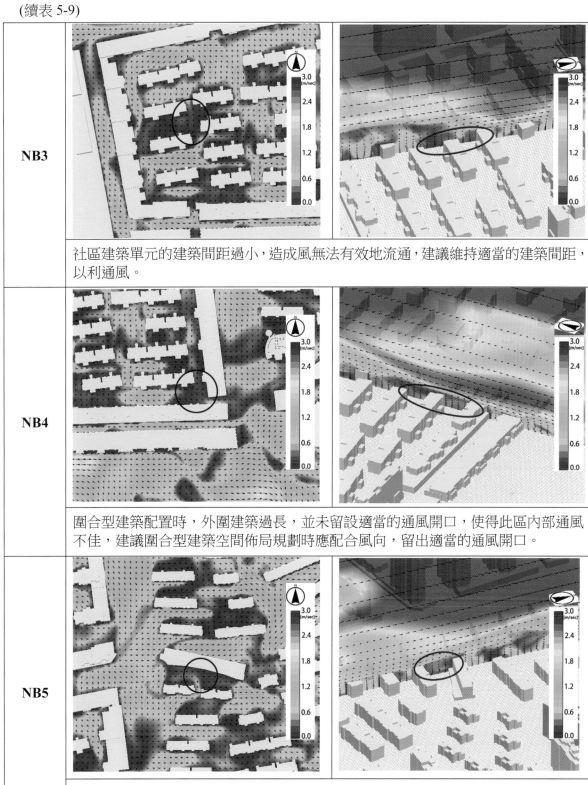

NB3	
	社區建築單元的建築間距過小,造成風無法有效地流通,建議維持適當的建築間距,以利通風。
NB4	
	圍合型建築配置時,外圍建築過長,並未留設適當的通風開口,使得此區內部通風不佳,建議圍合型建築空間佈局規劃時應配合風向,留出適當的通風開口。
NB5	
	單元建築群體前側的建築間距過小,使得風無法有效地流入,建議應增加建築棟距,以加強戶外通風。

(續表 5-9)

NB6	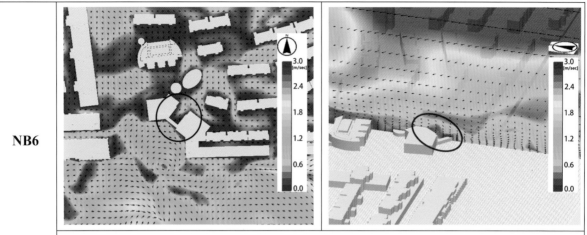
	迎風面街角未留設通風開口，造成社區內部通風不佳，建議街角應順應風向，規劃適當的導風廣場，並有通風開口之留設。
NB7	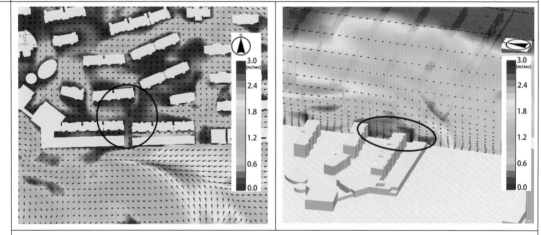
	受前排建築間距過小的影響，造成通風受阻，建議入流風吹入處的建築配置，應規劃適當的棟距，以利風廊效果的引入。

經比較分析新區通風不佳的單元，歸納出以下 5 種通風不佳的建築配置態樣(表 5-10)：

表 5-10 新區戶外通風不佳單元(NB)態樣分析表

通風不佳態樣	通風不佳單元 (NB)	CFD 分析結果	通風不佳態樣示意圖	改善建議示意圖
建築開口的留設，未考慮夏季盛行風風向	NB1		通風開口未考慮盛行風方向	適當開口的留設，加強引風
建築物過長，阻擋通風	NB2		迎風面狹長建築擋風	狹長建築增設通風開口
建築間距過小，造成通風不佳	NB3 NB5 NB7		間距過於狹小，影響氣流流入	維持適當間距，以利於通風
外圍建築過長，無適當通風開口留設	NB4		外圍建築無適當開口留設	適當通風開口，引導風流入
迎風面街角未留設適當的通風開口	NB6		街角迎風面未留設通風開口	街角迎風面留設通風廊道的開口

(2) 新區戶外通風良好單元 (New District Good Ventilation Sites, NG)分析

　　新區也有一些通風良好的配置單元態樣，經由 CFD 模擬分析及現場調查，本研究選取出以下 4 處通風良好的建築配置單元進行分析，分析結果如圖 5-103 及表 5-11 所示：

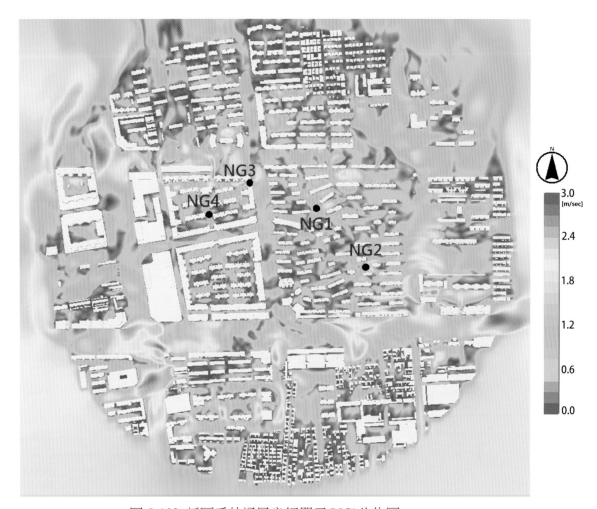

圖 5-103　新區戶外通風良好單元(NG)分佈圖

表 5-11 新區戶外通風良好單元(NG)分析表

通風良好單元	CFD 分析結果	CFD 結果剖面可視化分析
NG1		
	建築錯落配置，並有適當的建築棟距，有利於風的流通。	
NG2		
	適當的建築錯落排列，且鄰棟間隔符合通風需求，使得通風順暢。	
NG3		
	適當通風開口留設，有利於風的流通。	

(續表 5-11)

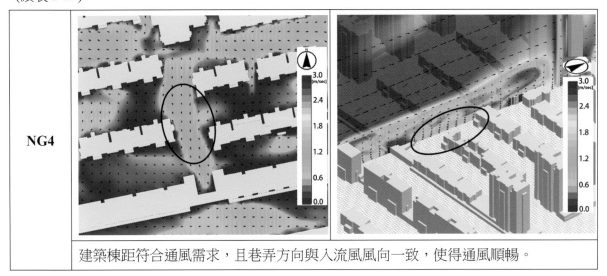

NG4	建築棟距符合通風需求，且巷弄方向與入流風風向一致，使得通風順暢。

經分析新區通風良好的單元，本研究歸納出以下新區 3 種通風良好的建築配置態樣(表 5-12)：

表 5-12 新區戶外通風良好單元(NG) 態樣分析表

通風良好態樣	新區通風良好單元(NG)	CFD 分析結果	通風良好態樣示意圖
建物錯落配置，且有適當棟距，有利引導通風	NG1、NG2		
街角適當開口留設有利入流風引入	NG3		
適當建築棟距及街巷方向，有利風廊流通	NG4		

五、結論與建議

　　本研究嘗試提出一套研究方法論，藉以系統性的探討不同類型之城市功能片區的外部空間通風狀況，並找出影響城市片區通風設計的主要因素。藉由 CFD 模擬分析及研究片區的實地調查分析，本研究發現，影響城市片區外部空間通風狀況的主要因素包括：開放空間規劃設計狀況、通風廊道留設狀況、建築量體之通風開口位置、建築棟距、土地使用及建築量體設計、建築物高度及高低建築組合方式、建築配置型態，以及街巷寬度及尺度(D/H)等，經由實證分析，本研究找出通風良好及通風不佳的建築單元基本態樣，並分析影響其通風狀況的主要原因。經由駐馬店市兩個代表性功能片區(舊城區和新開發區)的外部空間通風環境評估與比較分析，本研究發現，造成住宅片區建築單元及外部空間通風不佳的主要原因包括：建築棟距狹小、量體過於狹長、建築配置及空間佈局過於緊密或封閉性太高、外圍高層建築包圍內部低矮建築、夏季盛行風流入處建築量體過大或過長、建築配置無留設通風廊道或適當的通風開口等。依據實證研究結果，本研究建議以下改善城市片區(住宅社區)通風環境的策略：維持適當的建築棟距、加強地區風廊道留設、加強建築開口設計與夏季入流風風向的配合、適度地採用錯落建築配置空間佈局的規劃模式、維持小區內部巷道座向與夏季盛行風方向的配合、避免過長且過於龐大的沿街高樓建築設計、維持沿街建築適當的通透率或留設適當的通風開口、維持適當的建築退縮等。

　　此外，經由系統性的研究操作，本研究也發現 CFD 模擬分析是一套可協助城市片區通風改善的有用工具，其可在不同的建築生命週期階段(包括新住宅社區開發的規劃設計階段或是舊住宅社區的更新評估階段)協助住宅社區規劃及外部空間規劃設計的決策。至於本研究所提出之結合實地調研及 CFD 模擬分析的方法，也經研究證實具有相當的參考價值，此操作模式與方法論經依據不同研究地區之實際環境進行適當的調整之後，應可適用於中國其他城市片區的通風環境評估及通風改善方案研擬。最後，需要說明的是，由於研究時間與研究資源的限制，本研究僅操作城市片區環境通風改善的部分內容，後續研究可繼續探討建築單元型態、空間佈局模式、建築量體組合、配置模式以及社區景觀設計元素(例如植栽、導風/擋風設施、水體、多元綠化等)對於城市片區及住宅社區外部空間通風環境及人體舒適度的影響。經由完整配套的住宅片區通風環境評估及溫熱環境分析，以及通風優化策略之研擬，應可發展出一套適合中國住宅片區的自然通風改善策略及設計導則，進而協助中國城市的可持續發展。

第三節　駐馬店市典型片區 CFD 模擬分析與天空開闊度分析[*]

　　為探討建築量體及開發密度對城市片區通風環境的影響，本節以駐馬店市的典型片區為例，進行天空開闊度的調查分析，並與現場通風環境調查及 CFD 模擬分析結果做相互比較，以作為城市設計及建築管理的參考。此部分乃針對前一節中二個典型功能片區分別進行，先進行整體調查計畫之設計，依據片區規模及實際環境狀況，挑選出適當的天空開闊度量測點位置及測點數目，再以配有 EF8-15 mm 魚眼鏡頭的相機進行天空開闊度的拍攝與記錄，然後計算每個量測點的天空開闊度數值，並與現場調查的風速資料及 CFD 模擬分析結果進行比對分析，以探討天空開闊度等級與片區通風狀況之關係，進而提供相關設計管控時的參考資料。

一、天空開闊度調查

　　為達到上述目的，本研究首先進行研究片區天空開闊度調查的研究設計，綜合考慮研究片區的規模、建築型態、街巷類型與尺度，以及調查人力資源狀況，本研究於舊區選擇 28 個量測點，新區選擇 59 個量測點，進行天空開闊度的實地量測。天空開闊度量測點的位置，如圖 5-104 至 5-105 所示，天空開闊度量測點選擇時，盡量考慮其在空間分佈及類型上的代表性。

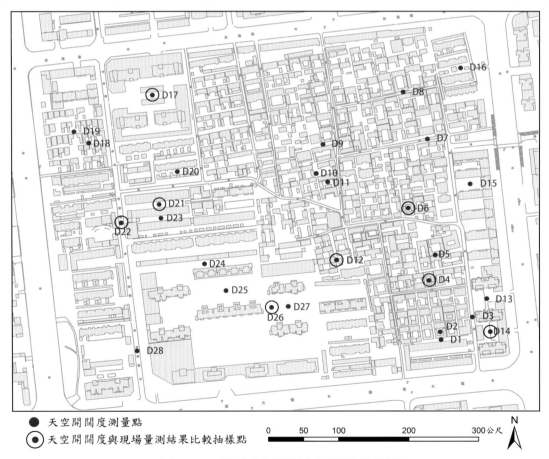

圖 5-104　舊區天空開闊度量測點分佈圖

[*]本節係以深圳市規劃設計研究院委託作者主持之研究計畫成果(吳綱立，2018)為基礎而加以發展。

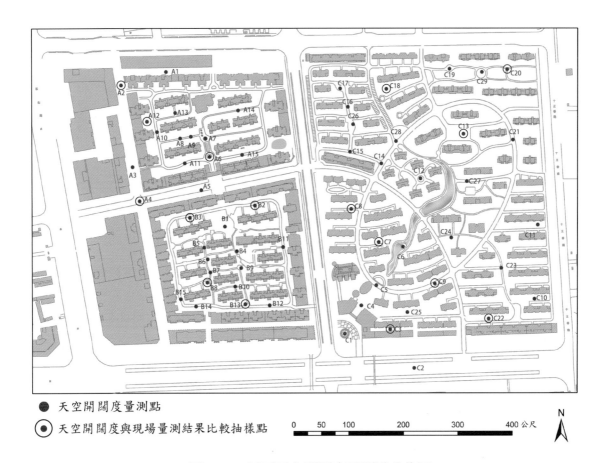

● 天空開闊度量測點

◉ 天空開闊度與現場量測結果比較抽樣點

0　50　100　　200　　　300　　　400 公尺

N

圖 5-105　新區天空開闊度量測點分佈圖

二、天空開闊度與通風狀況評估分析

依據天空開闊度調查的構想，本研究於選取出的天空開闊度量測點，以配有 Canon EF8-15 mm 魚眼鏡頭的單眼相機來進行天空開闊度的量測。相機拍攝高度約為 1.65 公尺的行人風場高度，拍攝時儘量控制相機的水平及角度，以達統一的量測效果。拍攝完後依據照片中可見天空與建物的比例，根據天空開闊度定義，計算每個測點的天空開闊度數值，二個片區的天空開闊度分析結果摘述如下：

(一) 舊區天空開闊度與通風狀況比較分析

舊區共於調查樣本中，選取 22 個代表性的量測點來進行天空開闊度與通風狀況量測結果及 CFD 模擬分析結果之比較分析，分析結果摘述於表 5-13。表 5-13 中的平均風速為綜合考量熱線式風速儀所測得的風速及 CFD 模擬分析的結果。通風狀況評估，係以風速的平均值，參考蒲福風級與舒適度的標準以及當地居民的感受，分為五個等級：很差(風速< 0.30 m/s)、差(0.301 m/s <風速< 0.60 m/s)、普通(0.601 m/s <風速< 1.00 m/s)、好(1.001 m/s <風速< 1.50 m/s)、很好(1.501 m/s <風速< 2.50 m/s) (風速為行人風場高度的風速)。

269

表 5-13 舊區天空開闊度與通風狀況評估分析表 (部分測點分析結果)

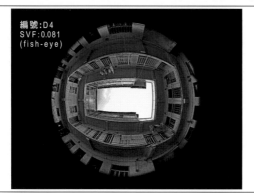	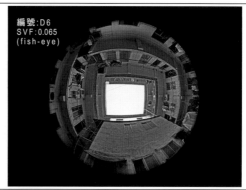
量測點編號：D4 天空開闊度：0.081 平均風速：0.12 m/s 天空開闊度量測點位置：街廓內口字型圍屋中庭 通風狀況：很差	量測點編號：D6 天空開闊度：0.065 平均風速：0.10 m/s 天空開闊度量測點位置：街廓內口字型圍屋中庭 通風狀況：很差

量測點編號：D12 天空開闊度：0.195 平均風速：0.20 m/s 天空開闊度量測點位置：老街區街廓內街巷空間 通風狀況：很差	量測點編號：D14 天空開闊度：0.292 平均風速：1.12 m/s 天空開闊度量測點位置：住宅社區內公共空間 通風狀況：好

量測點編號：D17 天空開闊度：0.365 平均風速：1.30 m/s 天空開闊度量測點位置：住宅社區內公共空間 通風狀況：好	量測點編號：D21 天空開闊度：0.230 平均風速：0.96 m/s 天空開闊度量測點位置：街廓內部街巷空間 通風狀況：普通

(續表 5-13)

量測點編號：D22 天空開闊度：0.483 平均風速：1.28 m/s 天空開闊度量測點位置：街廓周邊道路 通風狀況：好	量測點編號：D26 天空開闊度：0.386 平均風速：1.21 m/s 天空開闊度量測點位置：住宅社區內公共空間 通風狀況：好

(二) 新區天空開闊度與通風狀況比較分析

　　新區共於調查樣本中，選取 42 個代表性的量測點進行天空開闊度與實際通風狀況量測結果及 CFD 模擬分析結果之比較分析，操作方法及評估原則與舊區相同，部分代表性量測點之天空開闊度與通風狀況的分析結果，摘述於表 5-14 及表 5-15。

表 5-14 新區天空開闊度與通風狀況評估分析表 1 (A、B 區)

	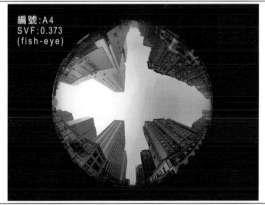
量測點編號：A2 天空開闊度：0.221 平均風速：1.38 m/s 天空開闊度量測點位置：社區周邊街道 通風狀況：好	量測點編號：A4 天空開闊度：0.373 平均風速：2.25 m/s 天空開闊度量測點位置：周圍街道路口 通風狀況：很好

(續表 5-14)

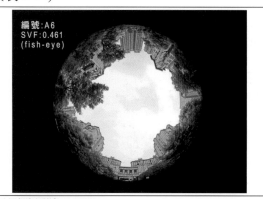	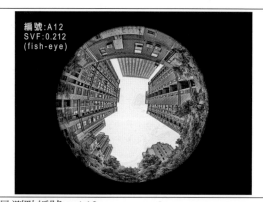
量測點編號：A6 天空開闊度：0.461 平均風速：1.58 m/s 天空開闊度量測點位置：社區內廣場空間 通風狀況：很好	量測點編號：A12 天空開闊度：0.212 平均風速：1.25 m/s 天空開闊度量測點位置：住宅街廓內公共空間 通風狀況：好
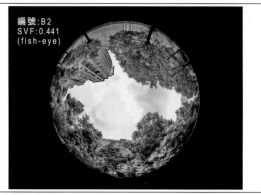	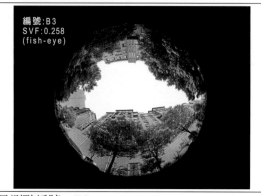
量測點編號：B2 天空開闊度：0.441 平均風速：1.22 m/s 天空開闊度量測點位置：住宅社區內道路空間 通風狀況：好	量測點編號：B3 天空開闊度：0.258 平均風速：0.61 m/s 天空開闊度量測點位置：住宅社區內道路空間 通風狀況：普通

量測點編號：B8 天空開闊度：0.463 平均風速：1.34 m/s 天空開闊度量測點位置：住宅社區內公共空間 通風狀況：好	量測點編號：B13 天空開闊度：0.270 平均風速：1.12 m/s 天空開闊度量測點位置：住宅社區內道路空間 通風狀況：好

表 5-15 新區天空開闊度與通風狀況評估表 2（C 區）

量測點編號：C3 天空開闊度：0.228 平均風速：0.44 m/s 天空開闊度量測點位置：街廓內住宅後巷空間 通風狀況：差	量測點編號：C7 天空開闊度：0.274 平均風速：0.70 m/s 天空開闊度量測點位置：住宅社區內公共空間 通風狀況：普通

量測點編號：C8 天空開闊度：0.254 平均風速：0.46 m/s 天空開闊度量測點位置：住宅社區內道路空間 通風狀況：差	量測點編號：C9 天空開闊度：0.256 平均風速：0.31 m/s 天空開闊度量測點位置：住宅社區內道路空間 通風狀況：差
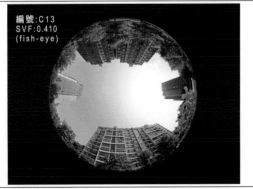	
量測點編號：C13 天空開闊度：0.410 平均風速：1.28 m/s 天空開闊度量測點位置：住宅社區內開放空間 通風狀況：好	量測點編號：C18 天空開闊度：0.408 平均風速：1.60 m/s 天空開闊度量測點位置：住宅社區內公共空間 通風狀況：很好

(續表 5-15)

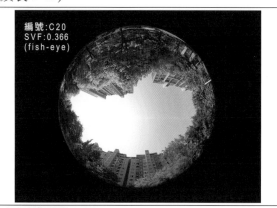	
量測點編號：C20 天空開闊度：0.366 平均風速：1.18 m/s 天空開闊度量測點位置：住宅社區內公共空間 通風狀況：好	量測點編號：C22 天空開闊度：0.303 平均風速：1.12 m/s 天空開闊度量測點位置：住宅社區內道路空間 通風狀況：好

三、天空開闊度與社區外部空間通風狀況探討

　　根據天空開闊度調查分析結果以及實地通風狀況調查與 CFD 模擬分析的結果，本研究進行天空開闊度與社區外部空間通風狀況關係之探討。本研究將天空開闊度量測點之天空開闊度計算數值與實地調查的平均風速及 CFD 模擬分析得出的風速，進行比對分析，檢視是否具有相關性，研究結果摘述於表 5-13 至表 5-15。綜合而言，研究結果發現，就所調查的城市片區而言，通常天空開闊度數值越高的地點，其通風狀況較佳的機率也較高。例如：天空開闊度在 0.10 以下者，其通風狀況普遍為「很差」；天空開闊度介於 0.101 與 0.20 之間者，其通風狀況通常為「很差」或是「差」；但是天空開闊度在 0.201 至 0.35 之間者，其通風狀況的差異性則較大，其中屬於「差」、「普通」、「好」的情況皆有，以「普通」及「好」居多；而天空開闊度在 0.351 以上者，其風狀況為「好」或「很好」者較多。上述分析結果提供了一個初步的決策判斷參考，但由於樣本數較少，且樣本中存在一些特殊的情況，故尚無法運用統計模式進行量性分析。但上述天空開闊度與外部空間通風狀況的調查分析結果，仍可提供一些初步的資訊，以協助檢討建築高度、建築量體配置狀況(如圍塑性、建築退縮等)及土地開發強度等因素，對於片區外部空間通風狀況的影響，但是值得注意的是，研究結果也發現，天空開闊度並非影響社區外部空間通風狀況的唯一因素，而且其實際的影響程度，會受到量測地點的其他空間設計因素，諸如街巷型態、空間尺度、與通風廊道之關係，以及量測點在片區中的位置等因素之影響，所以天空開闊度指標雖然可作為在社區及城市設計時，檢討建築配置及建築量體對於通風採光之影響的輔助決策工具，但可能不宜作為評斷通風狀況之唯一決策指標。另外，建議實際應用天空開闊度於探討城市或社區通風環境設計時，應考慮天空開闊度測點的環境差異所帶來的影響，並搭配其他指標一起使用，以獲得較全面性的資訊。

第四節　　高雄鐵路地下化廊帶地區城市及街廓通風環境分析

　　本節以高雄市鐵路地下化運輸走廊地區為例，探討如何結合城市尺度及地區尺度的 CFD 模擬分析來加強城市軌道運輸廊帶地區及車站地區的通風環境優化。此研究地區目前已完成鐵路地下化規劃及相關的城市設計規劃，鐵路地下化工程施工也於 2018 年 10 月完成，如能在目前這個配合軌道建設來推動都市再發展的關鍵時刻，導入城市風廊道規劃及風環境因應設計的相關考量，對於整個鐵路地下化廊帶及車站地區的環境改善，應有具體的貢獻。作者在 2008~2009 年時，曾主持高雄市鐵路地下化廊帶地區都市設計策略規劃計畫，當時曾提出綠色大眾運輸導向發展(Green TOD)的構想及計畫內容，其中除了提出建構永續生態社區的構想之外，也提出微氣候因應設計的構想與規劃原則。如今隨著鐵路地下化都市發展工作的實際推動，應該是到了需要重新檢視如何將城市風廊道規劃理念具體地落實於相關的土地開發管理之中的關鍵時刻了。配合研究地區氣象調查資料的彙整分析及高雄都市發展狀況的分析，本節嘗試探討如何透過 CFD 模擬分析，將風環境因應設計理念及規劃設計考量，導入都市設計的檢討及城市發展策略規劃之中，以期能為高雄市的生態城市發展提供一些參考資訊。

一、微氣候因應設計：區域尺度與地區尺度通風環境分析的結合

　　本案例嘗試結合城市尺度與地區尺度的風環境模擬分析，研究內容包括：探討區域氣候與地形對城市通風環境及車站地區通風環境設計的影響，以及探討如何進行各鐵路地下化車站地區的通風環境評估與改善策略研擬。首先分析研究地區主要的地景元素對於城市風廊效果及地區通風環境的影響，包括：高雄的柴山、半屏山以及愛河水域等的影響，研究地區的環境及都市發展狀況如圖 5-106 和 5-107 所示，圖 5-108 為研究地區的 3D 城市模型建置成果。

圖 5-106 研究地區山體與街廓關係示意圖

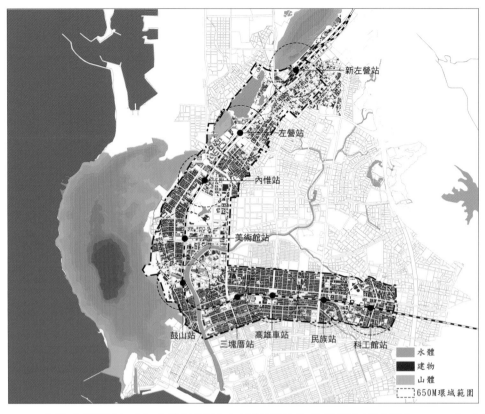

圖 5-107 高雄市鐵路地下化廊帶地區及車站地區建物分佈狀況分析圖 (2018 年資料)

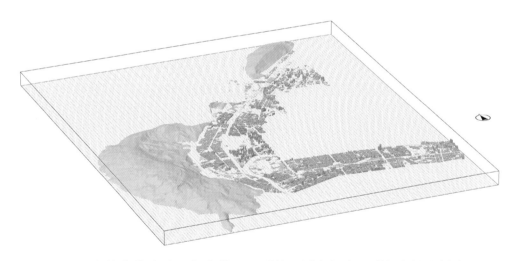

圖 5-108 高雄市鐵路地下化廊帶 CFD 模擬分析地區 3D 模型建置成果

　　本案例為多尺度城市風環境模擬分析之應用，包括城市尺度及地區尺度的分析。考量目前市面上 CFD 模擬分析軟體的功能與特性，本案例採用兩套 CFD 軟體的搭配使用，來完成所需的研究工作。首先使用 PHOENICS 軟體來進行城市尺度的分析，接著使用 WindPerfectDX 軟體來進行車站地區尺度的分析。PHOENICS 軟體是由英國 CHAM 公司所開發，為目前廣泛應用的熱流分析軟體，軟體創建者是知名的熱流界大師 Brian Spalding 博士，此軟體運算使用

有限元素法，目前市面上主流的 CFD 軟體有不少是基於 Brian Spalding 博士與 Suhas Patankar 博士所發展出的解析模式而拓展。PHOENICS 軟體所根據的物理學理論是在流體力學及熱傳學與濃度質量擴散傳遞學都很成熟且普遍應用的法則，亦即物理量守恆之自然法則與物理量傳輸偏微分方程式，包括：(1)質量守恆方程式；(2)動量守恆方程式 (Fully Navier-Stokes Eq.)；(3)熱能能量守恆方程式；(4)濃度質傳擴散方程式；(5)紊流─動能及能量消散率方程式 (KE-EP turbulence model)，這些方程式在物理學理論上的正確性已被相關研究所肯定。至於車站地區尺度的分析，則是使用 WindPerfectDX 軟體，此軟體的風環境解析功能完善，且易於與城市 3D 建模軟體配合，故適合建築及街廓尺度的分析，唯此軟體的適用空間範圍有限，無法進行城市尺度的詳細分析，故本研究以 PHOENICS 軟體進行第一階段城市尺度的模擬分析。

二、城市尺度風環境分析

　　城市尺度的風環境模擬分析需考慮海陸風及地形對城市通風環境及風廊效果的影響。本研究地區西側有柴山、半屏山且鄰近海洋，所以城市通風分析時需考慮到大氣環流和海陸風的影響。依據本研究所收集的研究區域近十年氣象資料，高雄研究地區的風向在夏季有大氣環流作用時，主要的盛行風為南南西風，其餘時間的夏季盛行風則為西風。故本研究分別以南南西風及西風，對於早上、下午和晚上三個時段進行夏季城市通風環境的評估分析。以下摘述下午時段(熱島效應最明顯時候)的分析結果，分別呈現 5M、10M、20M、50M 四個 Z 軸斷面的分析結果及相關的剖面分析圖，如圖 5-109 至圖 5-122 所示(分析時間為下午 14:00)。

(一) 盛行風為南南西風的 CFD 模擬分析結果

圖 5-109 高雄鐵路地下化廊帶地區夏季通風狀況分析 (盛行風：南南西風；高度 5 M)

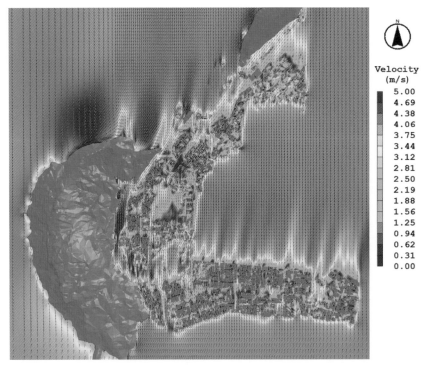

圖 5-110 高雄鐵路地下化廊帶地區夏季通風狀況分析 (盛行風：南南西風；高度 10 M)

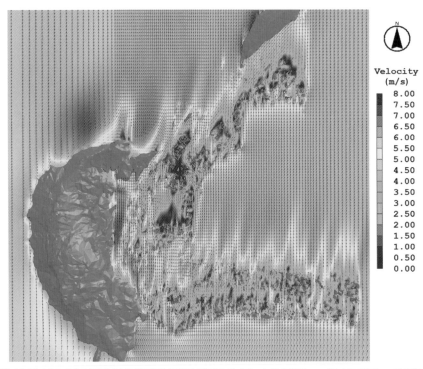

圖 5-111 高雄鐵路地下化廊帶地區夏季通風狀況分析 (盛行風：南南西風；高度 20 M)

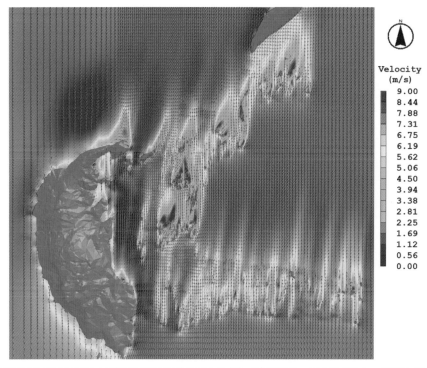

圖 5-112 高雄鐵路地下化廊帶地區夏季通風分析 (盛行風：南南西風；高度 50 M)

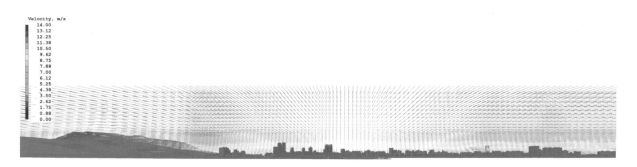

圖 5-113 高雄鐵路地下化廊帶地區夏季通風剖面分析-1 (盛行風：南南西風)

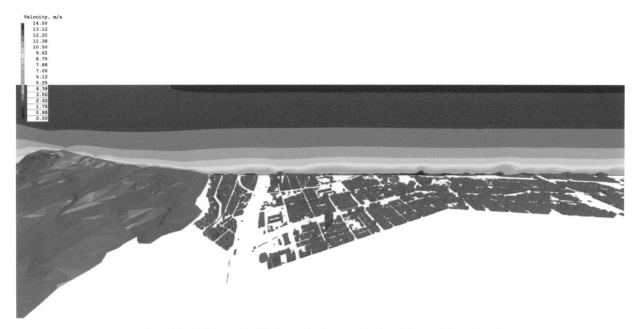

圖 5-114 高雄鐵路地下化廊帶地區夏季通風剖面分析-2 (盛行風：南南西風)

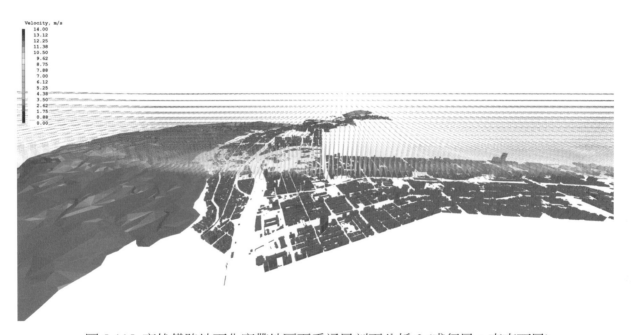

圖 5-115 高雄鐵路地下化廊帶地區夏季通風剖面分析-3 (盛行風：南南西風)

(二) 盛行風為西風的 CFD 模擬分析結果

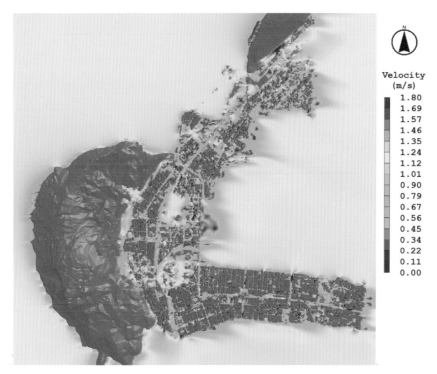

圖 5-116 高雄鐵路地下化廊帶地區夏季通風分析 (盛行風：西風；高度 5 M)

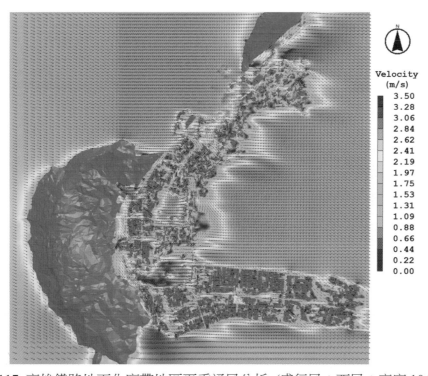

圖 5-117 高雄鐵路地下化廊帶地區夏季通風分析 (盛行風：西風；高度 10 M)

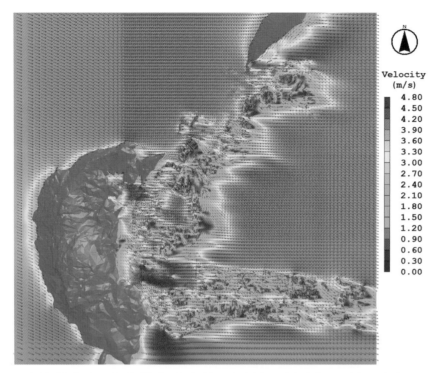

圖 5-118 高雄鐵路地下化廊帶地區夏季通風分析 (盛行風：西風；高度 20 M)

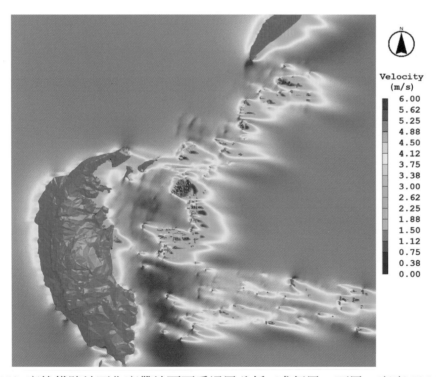

圖 5-119 高雄鐵路地下化廊帶地區夏季通風分析 (盛行風：西風；高度 50 M)

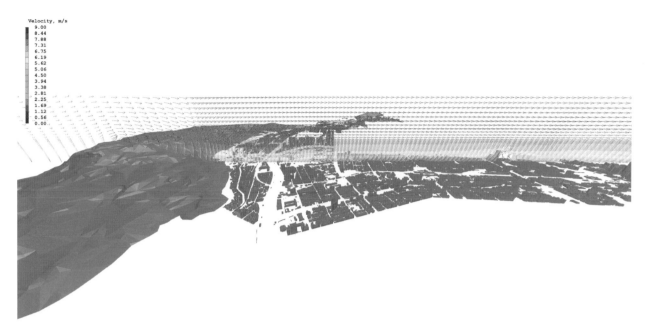

圖 5-120 高雄鐵路地下化廊帶地區夏季通風剖面分析-1 (盛行風：西風)

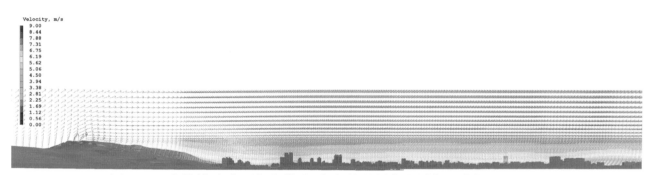

圖 5-121 高雄鐵路地下化廊帶地區夏季通風剖面分析-2 (盛行風：西風)

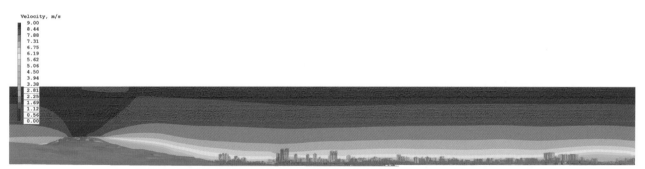

圖 5-122 高雄鐵路地下化廊帶地區夏季通風剖面分析-3 (盛行風：西風)

　　本研究主要探討如何透過鐵路地下化廊帶地區的通風環境評估來找出目前土地使用及建築配置上影響地區通風環境設計的關鍵問題，以便提出適當的規劃策略，以改善都市通風環

境狀況，進而達到舒緩都市熱島效應及淨化地區空氣品質的目標。城市尺度的分析結果顯示(如圖 5-109 至圖 5-122 所示)，高雄市的山體對於城市風廊道規劃及導入潔淨的氣流，發揮了不小的影響。由上述分析圖中可看出，海風經由柴山所產生的下壓作用，並透過柴山植栽的淨化效應之後，可為鐵路地下化廊帶地區導入一些較為乾燥且潔淨的氣流，此氣流如果能透過適當的城市風廊道規劃，而成功地導入城市街道空間及住宅社區內部，將有助於都市街廓及住宅社區外部空間的通風環境改善以及地區的退燒減熱。另外，城市尺度的分析也可看出山體造成部分車站地區入流風風向的改變，此部分對於後續車站地區的通風環境分析提供了一些有用的參考資訊。相較於柴山，半屏山因為地勢較低矮，其對地形風影響的程度則較為有限，但仍能發揮一些氣流引導及空氣淨化的功能，所以這些山體，實為高雄市欲轉型成為生態城市過程中重要的地景資源，應予以適當地保育及造林綠化。

　　至於夏天晚上，當盛行風由南邊吹向都市地區，污染物(市區餘熱、中油煉油廠排放等)隨風進入都市內部時，則易造成三塊厝站至大順站(後改名為科工館站)等車站地區所接收氣流之溫度較高且較髒，故宜透過城市風廊道規劃及綠地開放空間規劃來加以改善。然而，由於這些舊市區街廓的開發密度頗高，要留設出通風廊道實屬不易，而且該區域建築緊密、違章情況嚴重，也造成此地區的通風狀況普遍較差，所以實有必要在都市更新或都市再發展階段，配合綠地計畫、舊街廓更新改建、沿街建築退縮、建築量體高度管控等措施，留設出地區尺度的通風廊道及重要的綠地開放空間，以改善城市建成區的通風環境狀況。另外，前述城市尺度的分析結果也顯示出，鐵路軌道及兩側沿線土地(鐵路地下化後軌道路權土地將規劃為多功能的城市綠帶)及愛河水域應可發揮城市一級通風廊道的功能，配合夏季盛行風將較潔淨的氣流引入週遭的街廓及住宅社區，但是實際上，由於鐵路地下化路線兩側的土地使用及建築開發多未納入整體城市通風廊道規劃的考量，以致形成一些入流風流入周邊街廓或社區時的阻礙(如通風卡口或量體阻擋)，使得這些重要開放空間所引入的氣流無法順利地流入都市社區內部或是車站地區重要的公共外部空間，此部分在下階段的地區尺度分析應可更清楚地看出。

三、地區尺度通風環境分析

　　在分析城市通風環境與地形地勢及重要開放空間的關係之後，本研究接著進行地區尺度通風環境改善的分析，操作重點為依據地區氣候環境及都市活動之規劃目標，來檢討土地使用、建築配置、建築量體、建築退縮，以及廣場與社區開放空間留置方式與位置等，以期能善用風廊道效果，導入夏季時的盛行風，進而達到自然通風減熱及淨化都市廢氣的目標。地區尺度風環境分析的操作步驟如下：

(一) 地區氣象資料蒐集與分析

　　收集相關高雄氣象站的氣象資料，分析夏季及冬季之風速、風向及溫濕度等微氣候資訊，並配合本研究實測調查的資料進行歸納分析，以作為模擬時基本參數設定的參考資料。本研

究共收集高雄地區左營氣象測站、三民氣象測站、鼓山氣象測站、新興氣象測站、苓雅氣象測站、小港氣象測站等氣象站之近 10 年夏季與冬季時的氣象資料,予以統計分析,繪製風頻圖及計算夏季及冬季的平均風速,此資料也與本研究的實測資料進行綜合比對與檢討。

(二) CFD 模型建置及參數設定:

1. 模型建構:藉由 GIS 土地使用資料和建物屬性資料以及航測地形圖資料,建構研究地區的城市 3D 量體模型,配合高雄市 Green TOD 規劃目標,進行後續的 CFD 模擬分析。

2. 條件設定:依據風速梯度理論,風速隨高度而增加,風速分佈與高度間的關係可以指數率 (power law profile)予以描述:

$$\frac{U(z)}{U_0} = \left(\frac{z}{\delta}\right)^{\alpha} \quad \dots\dots\dots\dots\dots\dots\dots\dots\dots\dots\dots\dots\dots\dots\dots\dots\dots\dots\dots(1)$$

$U(z)$ 為指數風速,其中 U_0 為邊界層外之梯度風速 (gradient velocity)

本研究蒐集研究地區相關氣象測站近十年的風向和風速資料來進行統計分析,以作為設定平均風速值時的參考。δ 值為梯度高度 (gradient height),係參考高雄氣象站風向風速儀的安置高度而定,風指數乘值則是依據研究區域的地況特性,設定 α 為 0.32。經綜合分析高雄氣象站的風向與風速資料,並參考本研究的實測結果,以及前階段城市尺度 CFD 模擬分析的結果,本研究選定九個車站地區的風向及風速設定值,並以車站為中心,環域650 公尺為範圍,進行車站地區 CFD 模擬模型的 3D 建模,3D 建模時除了建築物及地景元素的模型建置之外,也包括山體的建模,建模是以研究地區的 GIS 建物資訊、土地使用現況調查資料以及最新的航測地形圖資料為基礎,並搭配本研究的實地建物調查,進行部分地點的建物資訊更新。

3. 模擬分析網格系統設定:建模工作完成之後,接著進行 3D 模擬模型的檢視及 CFD 模擬分析網格系統的設定。網格系統設定的 XY 軸平面網格設定共分為:焦點領域、街區領域及全區領域等三個領域,焦點領域的網格細分,切割到平均 1.5 公尺一個網格,以便充分解析焦點地區都市街巷空間及外部公共空間的通風狀況,圖 5-123 及圖 5-124 係以三塊厝車站地區為例,說明 XY 軸平面及 Z 軸剖面的網格切割設定。三塊厝車站地區 CFD 模擬模型的總網格數為 19,359,000,此網格數量已接近 WindPerfectDX 專業分析軟體(2000萬網格專業版)的容量上限,此地區焦點領域的範圍不小,但網格仍切割的很細,而各領域網格系統中網格與相鄰網格的寬度變化則是以逐漸變化的方式來處理,以力求網格間平順的銜接。其他幾個車站地區的網格系統設定也是採類似的方式操作,以達網格切割設定的最佳化。在完成網格切割設定之後,接著進行邊界條件設定及數值模擬分析計算的設定。紊流處理係以 LES 模式來進行解析分析,模擬計算時間設定為 350 秒。

初步的 CFD 模擬結果先經過模擬模型結果的驗證,然後才進行各車站地區的通風環境評析。驗證係以抽樣方式,於車站地區選取 25 個代表性的測點,經比對後發現 75%以上測點的

模擬結果與實測結果的誤差在 0.40 m/sec 以下，依據先前研究的經驗，此為可接受的範圍，本研究於是接著進行正式的各車站地區通風環境的 CFD 模擬分析與通風狀況評估，各車站地區模擬分析結果摘述如後：

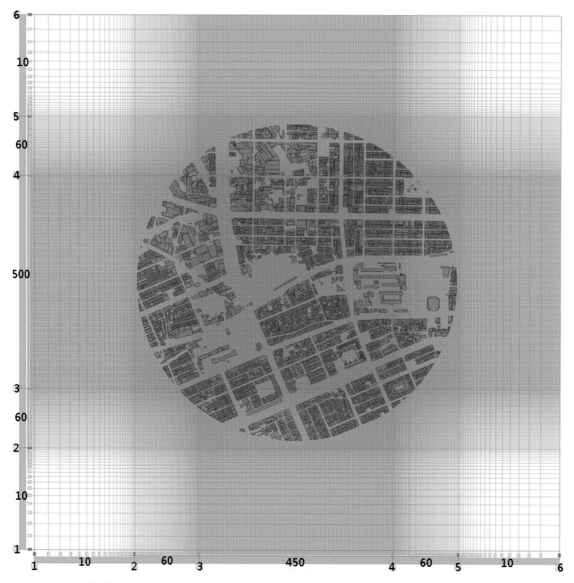

圖 5-123　高雄鐵路地下化車站地區風環境模擬 XY 軸平面網格設定圖 (以三塊厝車站地區為例)

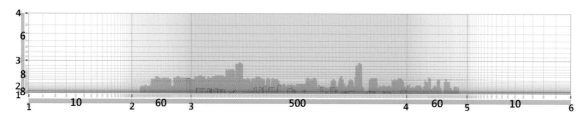

圖 5-124　高雄鐵路地下化車站地區風環境模擬 Z 軸剖面網格設定圖 (以三塊厝車站地區為例)

(三) 各車站地區 **CFD** 模擬分析結果與討論

1. **新左營站環域 650 M 範圍地區 CFD 風環境分析結果**

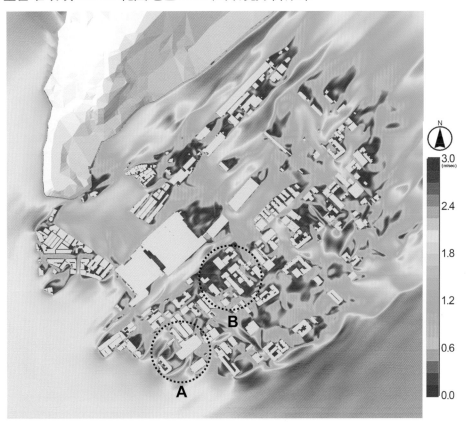

圖 5-125 新左營站環域 650 M 範圍地區 CFD 通風狀況分析圖 (Z 軸高度約 1.8 M 之模擬結果)

　　新左營車站地區通風環境分析結果如圖 5-125 所示。由於新左營站周邊地區屬新興地區，區內建築物並非十分密集，所以 CFD 分析結果顯示，西南向吹來的夏季盛行風能順利流入主要的街道及開放空間，但由於區內建築配置較為雜亂，缺乏整體的秩序性，故並未發揮完整的風廊道導風之功能，將入流風引入多數街廓內部。部分街廓也因大型建築量體或長條型建築量體阻擋入流風的吹入，而造成街廓內之外部空間的通風不佳，如圖 5-126 和圖 5-127 所示。

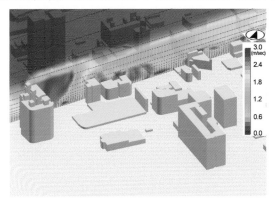

圖 5-126 新左營站地區通風不佳單元剖面圖
(圖 5-125 中 A 區)

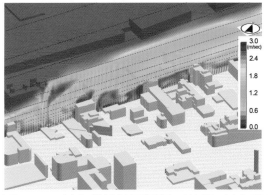

圖 5-127 新左營站地區通風不佳單元剖面圖
(圖 5-125 中 B 區，多數地點通風不佳)

2. 左營站環域 650 M 範圍地區 CFD 風環境分析結果

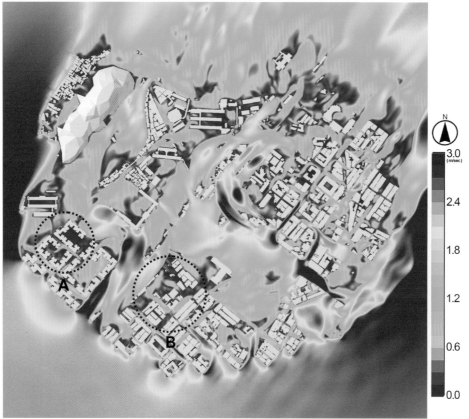

圖 5-128 左營站環域 650 M 範圍地區 CFD 通風狀況分析圖 (Z 軸高度約 1.8 M 之模擬結果)

　　左營站周圍地區的情況與新左營站地區類似，因為受到地形等因素的影響，此地區夏季時以西南風為主。夏季盛行風可順利的流入主要的開放空間及街道，有利於地區整體通風環境的改善 (圖 5-128)，但部分街廓因為缺乏留設適當的通風開口，或是建築棟距過小，影響夏季入流風的流入，造成通風不佳的情況，如圖 5-129 及圖 5-130 所示。

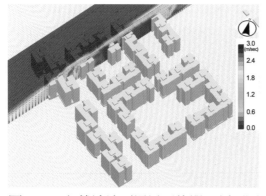

圖 5-129 左營站地區通風不佳單元剖面圖
(圖 5-128 中 A 區)

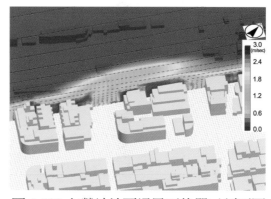

圖 5-130 左營站地區通風不佳單元剖面圖
(圖 5-128 中 B 區)

3. 內惟站環域 650 M 範圍地區 CFD 風環境分析結果

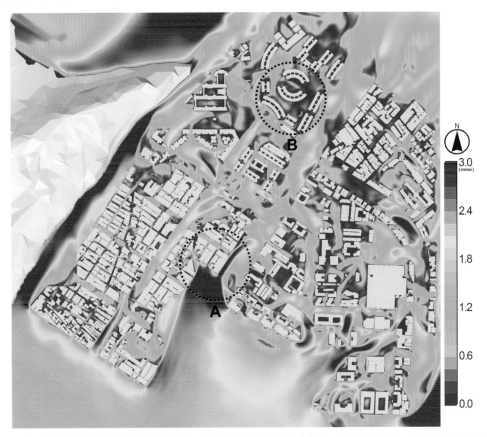

圖 5-131 內惟站環域 650 M 範圍地區 CFD 通風狀況分析圖 (Z 軸高度約 1.8 M 之模擬結果)

　　內惟站地區的風環境較明顯的受到自然地形(山體)及大型綠資源開放空間的影響(圖 5-131)，大型開放空間穿過的地帶有明顯的風廊道效應產生(圖 5-132)，但可惜這些風廊道所帶來的氣流未能充分的引入到周邊的都市街廓或住宅社區，例如上方的國宅社區就因建築物的配置及量體組合過於封閉(圖 5-133)，未能讓右側風廊道的夏季盛行風氣流順利地流入社區，因而造成社區內部開放空間的通風不佳，而此情況也在其他一些較封閉的街廓社區中出現。

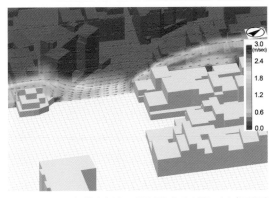

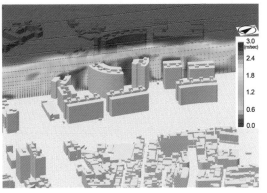

圖 5-132 內惟站地區通風良好單元剖面圖 　　　圖 5-133 內惟站地區通風不佳單元剖面圖
　　　　(圖 5-131 中 A 區)　　　　　　　　　　　(圖 5-131 中 B 區)

4. 美術館站環域 650 M 範圍地區 CFD 風環境分析結果

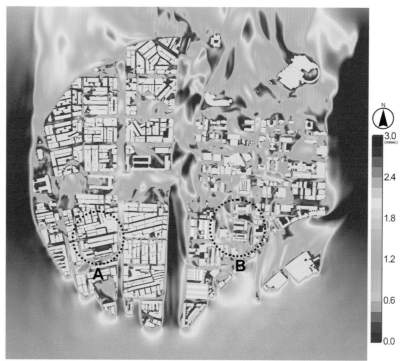

圖 5-134 美術館站環域 650 M 範圍地區 CFD 通風狀況分析圖 (Z 軸高度約 1.8 M 之模擬結果)

　　美術館車站地區的通風環境分析結果如圖 5-134 所示。此區域鐵路廊道右側的內惟埤農 16 地區因為有內惟埤都市公園大型綠地及愛河水域空間等重要的開放空間資源，目前已成為高雄市房價最高的地區之一，唯高房價並未保證良好的通風環境品質。如圖 5-134 所示，整個車站周邊地區可以明顯地看到被鐵路劃分成兩個不同區塊的現象，左側為建築密集的舊街區，右側則主要為新興的高級住宅社區。左側舊街區的建築排列緊密且密度很高，通風環境普遍不佳(圖 5-135)，右側的新興街廓開發雖有通風廊道氣流的引入，使得某些棟距較大之開發基地的通風環境較佳(圖 5-136)，但仍因建築量體過高及整體地區的空間佈局缺乏秩序性，尚未能充分發揮最佳的城市通風廊道氣流流通的效果。所以鐵路地下化後的綠廊規劃，實應扮演著主要城市通風廊道的角色與功能，俾能配合日後綠廊左側地區的都市更新及右側地區的都市設計管控，讓鐵路地下化後的綠廊空間及愛河水域開放空間所形成的城市通風風廊能有效的串連，並將整體風廊效果外溢到周邊的街廓社區，進而帶動整個地區通風環境的改善。

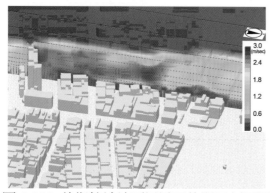

圖 5-135 美術館站地區通風不佳單元剖面圖
(圖 5-134 中 A 區)

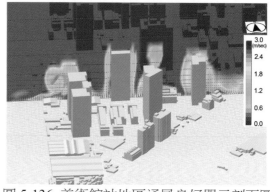

圖 5-136 美術館站地區通風良好單元剖面圖
(圖 5-134 中 B 區)

5. 鼓山站環域 650 M 範圍地區 CFD 風環境分析結果

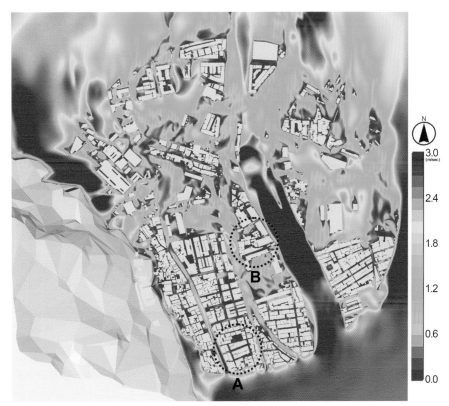

圖 5-137 鼓山站環域 650M 範圍地區 CFD 通風狀況分析圖 (Z 軸高度約 1.8 M 之模擬結果)

　　鼓山車站地區的通風環境因地點的不同，而有明顯的差異(圖 5-137)。山體旁的舊街區因建築緊密排列、缺乏適當的開放空間及建築退縮，以致通風環境普遍不佳(圖 5-138)。愛河水域與周遭綠地開放空間所形成的開放空間廊帶地區則有明顯的風廊效果產生，但可惜未能適當的引入兩側的街廓社區或是開發單元，以致未能形成完整的風廊道氣流流通系統。部分街廓的開發因大型建築量體或長條型建築量體阻擋到後側建築的通風，形成通風不佳的單元(圖 5-139)。整體而言，此地區實有不錯的山水景觀資源，故應配合都市設計引導及舊街區的都市更新，來導入城市風廊道整體規劃及片區通風改善的構想，落實不同層級的城市風廊道規劃。

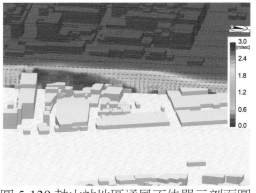

圖 5-138 鼓山站地區通風不佳單元剖面圖　　　圖 5-139 鼓山站地區通風不佳單元剖面圖
　　　　　(圖 5-137 中 A 區)　　　　　　　　　　　　(圖 5-137 中 B 區)

6. 三塊厝站環域 650 M 範圍地區 CFD 風環境分析結果

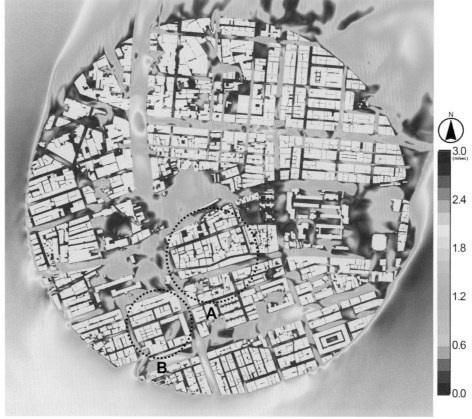

圖 5-140 三塊厝站環域 650 M 範圍地區 CFD 通風狀況分析圖 (Z 軸高度約 1.8 M 之模擬結果)

　　圖 5-140 所示為三塊厝車站地區整體通風環境狀況。此地區屬內城區舊街區，開放空間較少且建築密度較高，故外部空間通風狀況明顯不佳，多數街廓屬靜風的狀態(見圖 5-140、圖 5-141)，而部分長條型封閉的沿街建築量體，也阻擋了氣流流入街廓內部(圖 5-142)。儘管如此，由圖 5-140 中仍可看出，此地區的主要街道仍有氣流流通，故還是具備通風環境改善的潛力，建議在街角或適當的建築物棟距間隙之間留設導風開口或小廣場，應有助於地區的通風改善。

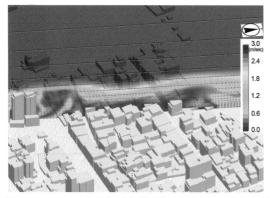

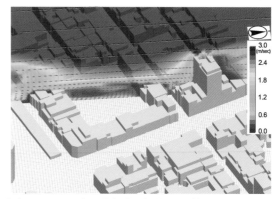

圖 5-141 三塊厝站地區通風不佳單元剖面圖　　圖 5-142 三塊厝站地區通風不佳單元剖面圖
　　　　　(圖 5-140 中 A 區)　　　　　　　　　　　(圖 5-140 中 B 區)

7. 高雄車站環域 650 M 範圍地區 CFD 風環境分析結果

圖 5-143 高雄車站環域 650 M 範圍地區 CFD 通風狀況分析圖 (Z 軸高度約 1.8 M 之模擬結果)

　　高雄車站地區的整體通風狀況如圖 5-143 所示，此區域為舊市區的核心地區，由於街廓狹長且建築密度很高，再加上新舊建築雜陳、增建明顯，造成地區通風環境普遍不佳(圖 5-144)。對於此類舊街區而言，區內重要的公共建築(如車站)、學校，以及廣場和綠地開放空間等實扮演著重要的通風廊道建構之策略點的角色，通風廊道規劃時應配合沿街建築退縮及指定開放空間留設，串連重要的通風路徑與節點，讓地區的次級通風廊道效果能滲透到街廓內部。新建大型建築量體配置時也應避免阻擋到後側重要公共開放空間的氣流引入(圖 5-145)。

圖 5-144 高雄車站地區通風不佳單元剖面圖
(圖 5-143 中的 A 區)

圖 5-145 高雄車站地區通風不佳單元剖面圖
(圖 5-143 中的 B 區)

8. 民族站環域 650 M 範圍地區 CFD 風環境分析結果

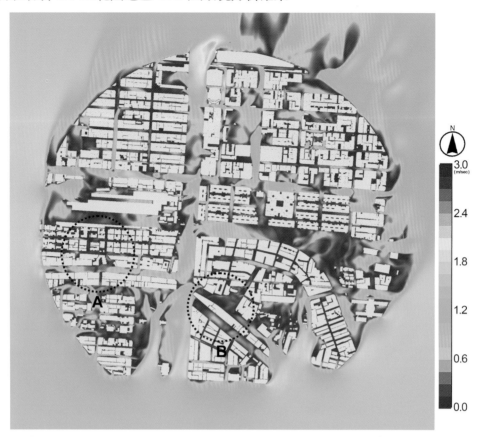

圖 5-146 民族站環域 650 M 範圍地區 CFD 通風狀況分析圖 (Z 軸高度約 1.8 M 之模擬結果)

　　民族站車站地區的通風環境分析結果如圖 5-146 所示。此車站地區多為東西向的狹長街廓，街廓於入流風處未能留設適當的通風開口且建築排列緊密，因而造成夏季時此地區南南西向的盛行風無法順利地流入街廓內部，另外前排長型建築量體多阻擋到後排建築的通風，也為此區常見的通風不佳問題態樣(圖 5-147 和圖 5-148)。

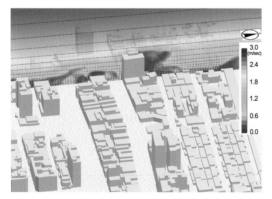

圖 5-147 民族站地區通風不佳單元剖面圖
(圖 5-146 中 A 區)

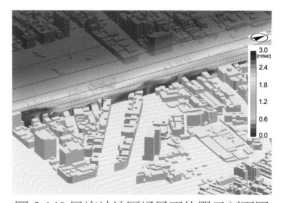

圖 5-148 民族站地區通風不佳單元剖面圖
(圖 5-146 中 B 區)

9. 大順站(科工館站)環域 650 M 範圍地區 CFD 風環境分析結果

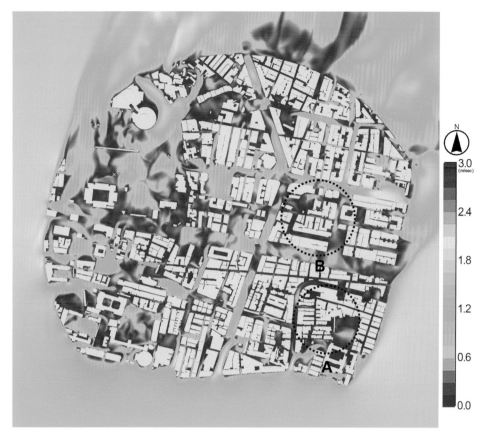

圖 5-149 大順站環域 650 M 範圍地區 CFD 通風狀況分析圖 (Z 軸高度約 1.8 M 之模擬結果)

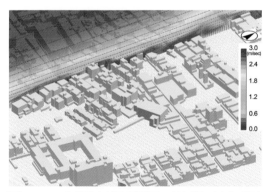

圖 5-150 大順站地區通風不佳單元剖面圖
(圖 5-149 中 A 區)

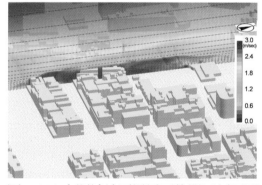

圖 5-151 大順站地區通風不佳單元剖面圖
(圖 5-149 中 B 區)

　　大順站(後改名為科工館站)車站地區的通風環境分析結果如圖 5-149 所示。此地區東西兩側地區的通風環境有較明顯的差異，東部地區因開發密度較高、建築排列緊密，通風環境普遍較差，其通風問題的基本態樣與前述高雄車站地區類似，包括建築棟距過小且建築排列過於緊密，影響到街廓內部的氣流流通，以及長條建築量體未留設適當的通風開口，影響到後側建築及外部空間的氣流引入等(見圖 5-150 和圖 5-151)。至於本車站周邊地區的西部地區，

其通風環境則不一，有些較開闊的街廓通風良好，但也有些密度較高或建築配置缺乏通風開口留設的街廓則通風不佳。整體而言，此地區雖然仍有不少尚未發展的土地，但因建築配置時缺乏與整體城市通風廊道規劃相配合的空間秩序性之建立，以致未能發揮地區風廊道系統的導風散熱功能，建議未來應配合都市設計的管控，進行系統性的多層級通風廊道規劃及導風開放空間的留設。

綜合而言，經由前述高雄鐵路地下化運輸廊帶地區九個車站地區的 CFD 風環境模擬分析與通風環境評估，研究結果發現，美術館站地區的內惟埤公園周遭及愛河兩側，因有大型開放空間所形成的風廊道氣流流通效果，所以整體通風環境較佳，其餘的舊街區則多呈現通風不佳的狀態。就各車站地區而言，新左營站地區及左營車站地區，因有部分通風廊道效果的引入，整體通風環境尚可。至於內惟站地區及美術館站地區，舊都市街區及新發展地區的通風環境則有明顯的差異，例如內惟站地區左側的舊都市街區，因建築排列緊密且有較多的建築增建，造成街廓整體通風環境不佳，而新興發展區的通風狀況則是視情況而定，有留設通風廊道開口或棟距較寬的新建住宅大樓社區的通風狀況大致良好，但棟距較小、密度較高的街廓住宅社區，則通風不佳，並有時會因為大樓建築量體較高，而造成地面層人行空間出現下旋風的現象。另外，為創造較佳的地區整體通風環境，建議應配合地區的水與綠開放空間系統規劃及建築退縮與高度管控，建立串連的通風廊道系統，並加強原本被鐵路分隔之兩側土地使用及景觀環境的縫合。就市中心區內的幾個車站地區而言，包括高雄車站地區、民族站地區及大順站(科工館站)地區，由於這些地區土地開發的密度過高、建築配置過於緊密、街廓過於狹長，以及違建頗多等因素，造成地區內的通風環境普遍不佳，建議應加強違建管理及都市更新的推動，考量適當的街廓尺度、開放空間的留設與綠化，以及建築退縮與建築量體組合方式的調整，以留設出適當的城市或地區通風廊道，並加強地區潔淨氣流的循環。

四、結論與建議

綜合前述高雄市鐵路地下化廊帶地區風環境 CFD 模擬分析的結果，並考慮地區發展的需求，本研究提出以下城市通風廊道規劃及車站地區通風環境改善的建議：

1. 進行系統性、通盤性的城市風廊道規劃與相關的土地使用檢討：配合城市開放空間系統整體規劃及大型公共工程建設(如軌道建設)的機會，重新調整土地使用內容及都市發展的空間佈局，劃設出主要及次要的城市通風廊道，並進行相關的土地使用檢討及開發策略引導，例如鐵路地下化後原有軌道改建成的綠帶及城市主要水域空間與周邊綠帶應劃設為主要的城市一級通風廊道，在兩側一定範圍之內進行土地使用的調整及開發密度與強度的管控。

2. 落實生物氣候設計及微氣候因應設計理念於 TOD 車站周邊地區：配合鐵路地下化車站地區的再發展，重新檢討建築量體高度、土地使用強度、土地混合使用內容，以及開放空

間及公共廣場的型式與位置，以便發揮自然通風及自然氣流循環的功能，營造符合綠色大眾運輸導向發展(Green TOD)理念的車站地區建設，並創造出宜人、生態、節能、舒適的生活空間與都市場所(urban place)。

3. 加強城市通風廊道的整體規劃與建築及城市設計的結合：配合地區氣候特徵、地形地貌及都市空間結構，選擇順應氣候特性的城市空間佈局型態、建築形式、建築量體組合方式、街廓建築配置模型，以及建築開口形式，並進行高層建築合理配置及土地開發強度的適當管控，以創造良好的「地區風環境」。

4. 加強城市或地區的「綠地計畫」與風廊道規劃及地區通風環境改善的配合：利用生態綠地留設、植栽選取(尤其是固碳導風喬木)及植栽規劃設計等手法，加強植栽與綠地的有效配置與規劃設計，使其能在夏季達到引風及遮蔭降溫的作用，在冬季則發揮減弱季風吹襲的功能，藉由植栽計畫與自然通風的結合，導入潔淨的氣流並減緩熱島效應的衝擊。

5. 推動加強通風環境優化的建築量體及建築型態設計：避免於夏季盛行風的迎風面配置大面積或長型帶狀的高層建築量體，以致阻礙到夏季入流風的引入。過長的建築量體應有適當的開口，以便風廊道吹來的氣流能順利地流入街廓或社區內部。此外，也應善用錯落配置形式的建築空間佈局，以期能一方面達到營造流動的空間及流動的氣流循環的效果，另一方面增加景觀的變化性。上述有助於通風環境優化的設計措施，可配合獎勵措施來加以引導。

6. 推動合理的建築管理：舊街區應妥善管控巷弄的違建及任意增建，以免導風通道及避難通道被不當的封閉或阻礙，影響地區通風及整體安全。

7. 街廓開口及建築牆面處理：為將夏天的盛行風帶來的氣流，順利地導入都市街廓與社區建築內部，應在街廓轉角處留設適當的通風開口，並加強建築開窗及陽台的導風設計，以利用風力通風原理中的對流效應，或可在建築物的陽台側設置翼牆，以便引導風由陽台或開窗處吹入室內，增加室內的氣場流動。

8. 建築物轉折處設計：為了減弱大樓所產生之強風，在建物轉角處可利用弧狀造型與陽台設計做出量體轉折或柔化的效果，以降低強風對建築物及周圍空間使用者的影響。

9. 污染及建築物排熱管理：避免於上風處設置具污染性的工廠或高排放的商業使用，並有效處理建築排出的熱能，提高或調整空調設備排熱的位置，避免熱氣流入主要入流風處，並使用高節能效率的空調設備。

　　最後，值得一提的是，良好的地區通風環境改善需要城市規劃、城市設計、社區開發、建築設計等專業的合作，進行多尺度通風環境設計之綜合性考量，並應在城市發展及建築生命週期較早的階段，如概念發展及規劃設計階段，就導入自然通風及氣候因應設計的理念，以減少日後進行環境改善的成本。

第五節　城市片區通風環境改善規劃引導策略及設計導則研擬[*]

　　為了加強城市片區及社區的通風環境改善，需在都市計畫、都市設計及建築管理等層級進行適當的開發管控，以引導建築設計與土地開發行為，朝更環境友善及順應地區氣候的方向發展。需說明的是，這種順應氣候環境的管控措施，並非是要限制建築師或土地開發業者的創意，而是希望能在規劃設計的初期，就能導入氣候因應設計的考量，以便創造出更舒適、宜人的集居環境，進而提升建築及土地利用的價值。基於此，本書嘗試提出初步的城市設計及建築通風環境優化之規劃設計引導架構，並建議基本操作內容。基於現況調查、案例分析、CFD 模擬分析及相關專家學者訪談的結果，本書提出以下風環境因應設計之規劃設計引導架構(圖 5-152 所示)，在實際應用時，建議應因地制宜予以調整，並配合適當的獎勵機制來推動。

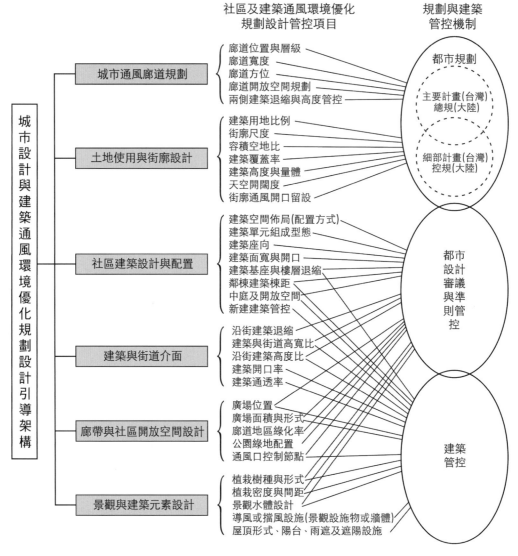

圖 5-152 促進城市及建築通風環境改善之規劃設計引導架構構想圖

[*]本節係以作者主持的深圳市規劃設計研究院委託研究計畫成果為基礎而繼續發展(吳綱立，2018)，作者感謝深規院單樑副院長、荊萬里所長、程龍經理、韓江雪規劃師在計畫進行期間的資料提供與協助。

　　依據前述規劃設計引導架構的構想，本節就架構中部份內容，參考本書案例 CFD 模擬分析的結果以及相關案例的經驗，提出開發管控及設計準則的建議，如圖 5-153 至圖 5-191 所示。以下設計準則(或原則)為通論性的管控構想，後續研究可因地制宜，研擬更具體的操作性準則。

一、城市通風廊道規劃

　　在城市主要計畫及總體規劃的層面，透過系統性的城市通風廊道規劃與開放空間系統規劃及兩側土地使用管控機制的配合，達到最佳的整體通風效果。

通風廊道位置與層級	通風廊道座向
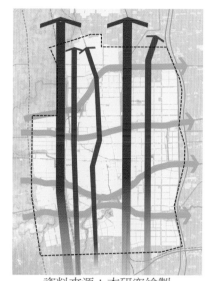 資料來源：深圳市規劃設計研究院，2018	資料來源：本研究繪製
● 在總規層級及城市發展的重要階段，界定出城市風廊道的位置、層級及定位，以引導周邊土地開發的強度管控及量體規劃。	● 規劃城市風廊道座向與盛行風方向及主要城市視覺廊道方向的合理關係，並與水與綠開放空間規劃設計進行配套整合

圖 5-153 通風廊道位置與層級及廊道座向規劃原則示意圖

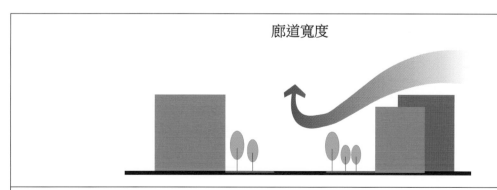

廊道寬度

● 確定主要城市風廊道兩側需進行土地使用及設計管控的廊道土地寬度，預留出適當的綠帶及開放空間，並配合風廊道劃設，進行兩側建築開發時之指定退縮及建築高度的管控。

圖 5-154 廊道寬度規劃原則示意圖

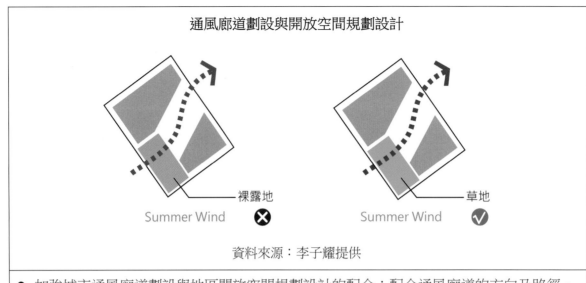

通風廊道劃設與開放空間規劃設計

資料來源：李子耀提供

● 加強城市通風廊道劃設與地區開放空間規劃設計的配合：配合通風廊道的方向及路徑，劃設環保綠地或街角廣場，並進行適當的植栽綠化，以引入潔淨的氣流，達到都市退燒減熱及改善空氣品質的目的。

圖 5-155 通風廊道與開放空間規劃設計原則示意圖

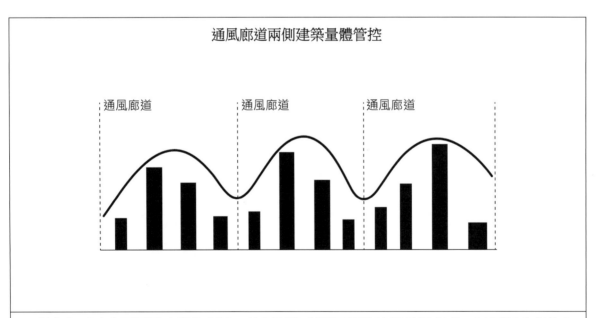

通風廊道兩側建築量體管控

● 配合主要及次要通風廊道的劃設，控制面臨廊道兩側的建築量體高度，以逐漸升高的方式，形塑廊道周邊地區的通風環境，並達到特殊的天際線效果。

圖 5-156 通風廊道兩側建築量體管控原則示意圖

二、土地使用與街廓設計

就城市片區及都市街廓內影響外部空間通風的土地使用及街廓設計因素，進行綜合性的規劃與管控，例如：建築用地比例、街廓尺度、建蔽率、天空開闊度、沿街建築通風開口等。

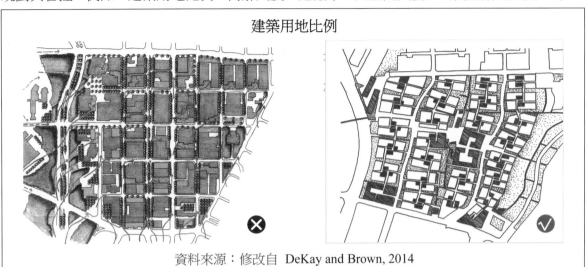

建築用地比例

資料來源：修改自 DeKay and Brown, 2014

● 城市片區的通風廊道管控範圍內，建蔽率(建築覆蓋率)宜小於 50％，如果必須採用較高的建蔽率時，應平行於盛行風方向留設通風廊道，以彌補建蔽率過高所造成的通風不順暢。

圖 5-157 建築用地比例原則示意圖

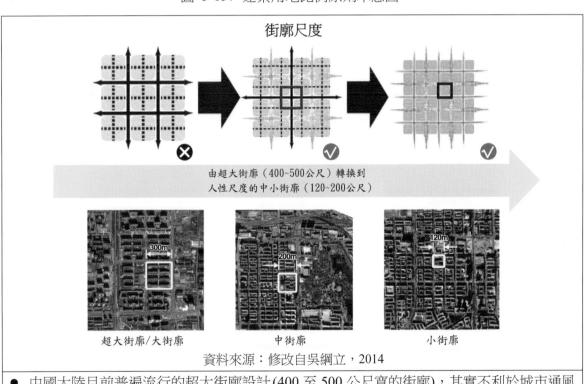

街廓尺度

由超大街廓（400~500公尺）轉換到
人性尺度的中小街廓（120~200公尺）

超大街廓/大街廓　　　　　中街廓　　　　　小街廓

資料來源：修改自吳綱立，2014

● 中國大陸目前普遍流行的超大街廓設計(400 至 500 公尺寬的街廓)，其實不利於城市通風廊道的規劃，也不易營造社區內舒適的人行環境，建議以人性尺度的規劃考慮，將超大街廓調整為舒適的人性尺度中小型街廓，以利於片區通風廊道及人行環境的整體規劃設計。

圖 5-158 街廓尺度設計原則示意圖

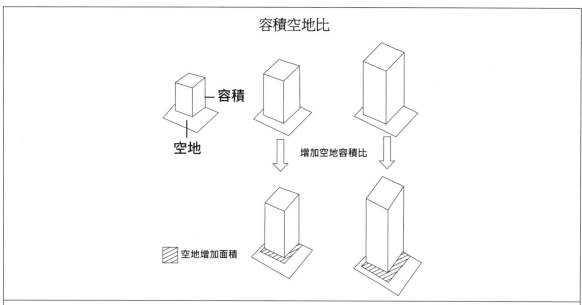

容積空地比

容積

空地

增加空地容積比

空地增加面積

● 土地開發時的建築配置，應降低容積與空地的比率(容積空地比)，留出更多的外部公共空間，以利基地及社區的自然通風。

圖 5-159 容積空地比管控原則示意圖

建蔽率(建築覆蓋率)

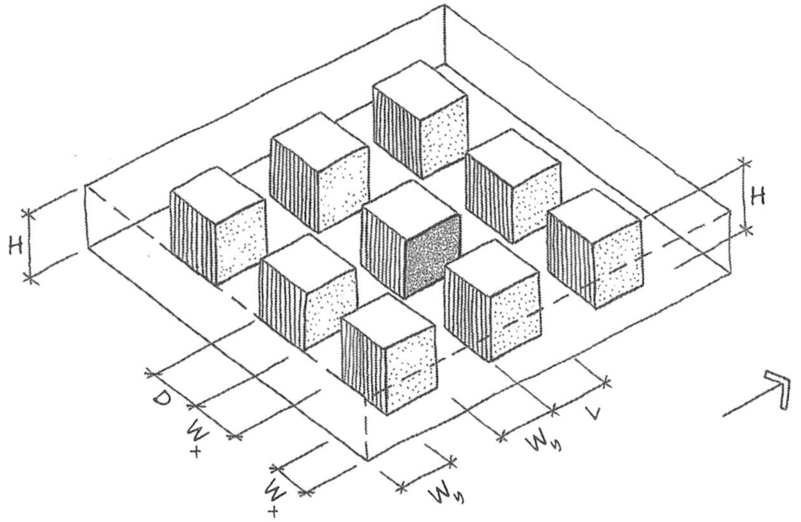

資料來源：DeKay and Brown, 2014

● 土地開發時，除了降低片區整體的建蔽率(建築覆蓋率)之外，也應控制每宗開發基地的建蔽率以及空地留設的位置，並加強空地之間的串連，以利於社區整體通風。

圖 5-160 建蔽率管控原則示意圖

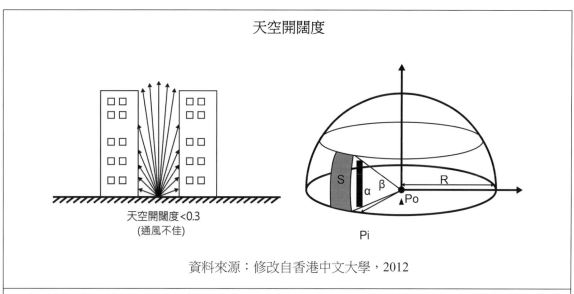

圖 5-161 天空開闊度管控原則示意圖

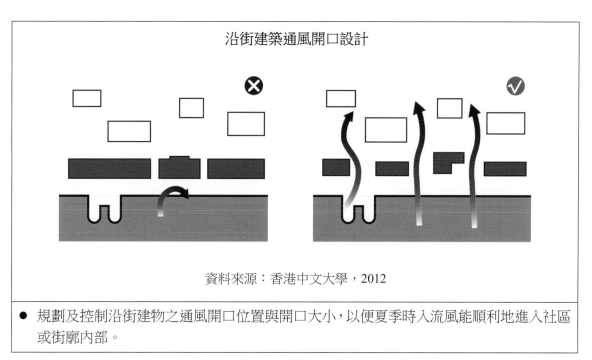

圖 5-162 沿街建築通風開口設計原則示意圖

三、社區建築設計與配置

　　配合街廓尺度及地區氣候特性，選擇適當的建築配置方式、鄰棟間隔、社區建築空間佈局，以及推動考量自然通風效果的建築量體計畫與建築開口設計。

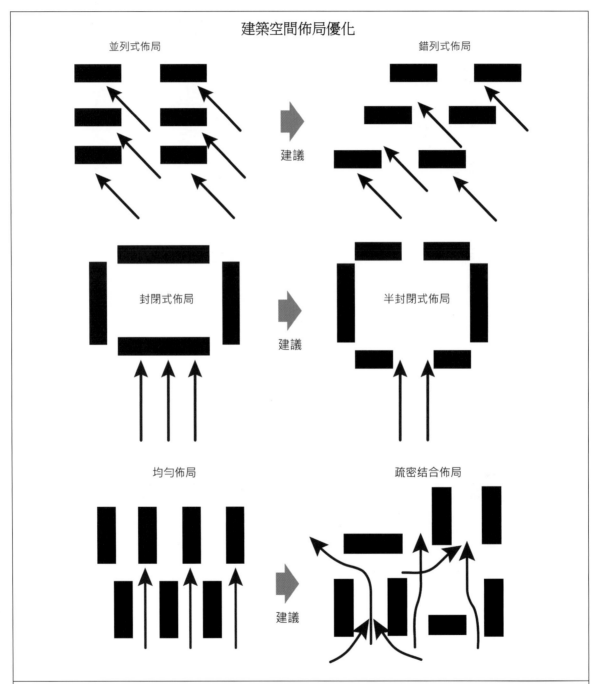

● 社區建築配置及空間佈局建議採用錯列式佈局、半封閉式佈局、疏密結合、長短結合等多元的配置與空間佈局模式，以創造良好的通風環境，並營造豐富且具變化的社區景觀。

圖 5-163　社區建築空間佈局原則示意圖

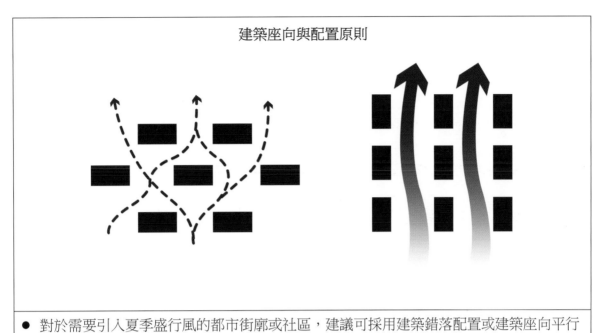

建築座向與配置原則

● 對於需要引入夏季盛行風的都市街廓或社區，建議可採用建築錯落配置或建築座向平行入流風方向的配置模式，以引入夏季時的盛行風氣流，強化外部空間的通風效果。

圖 5-164　建築座向與配置原則示意圖

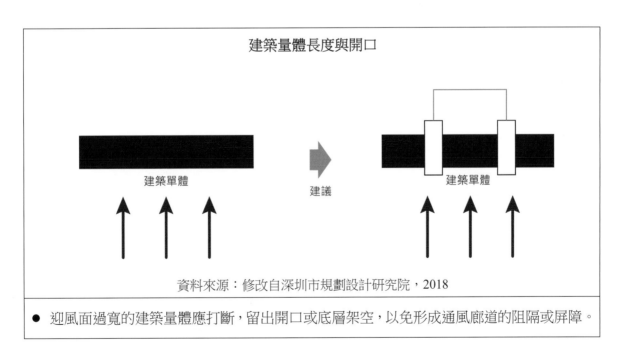

建築量體長度與開口

建築單體　　建議　　建築單體

資料來源：修改自深圳市規劃設計研究院，2018

● 迎風面過寬的建築量體應打斷，留出開口或底層架空，以免形成通風廊道的阻隔或屏障。

圖 5-165　建築量體長度與開口原則示意圖

建築量體計畫與風環境效果

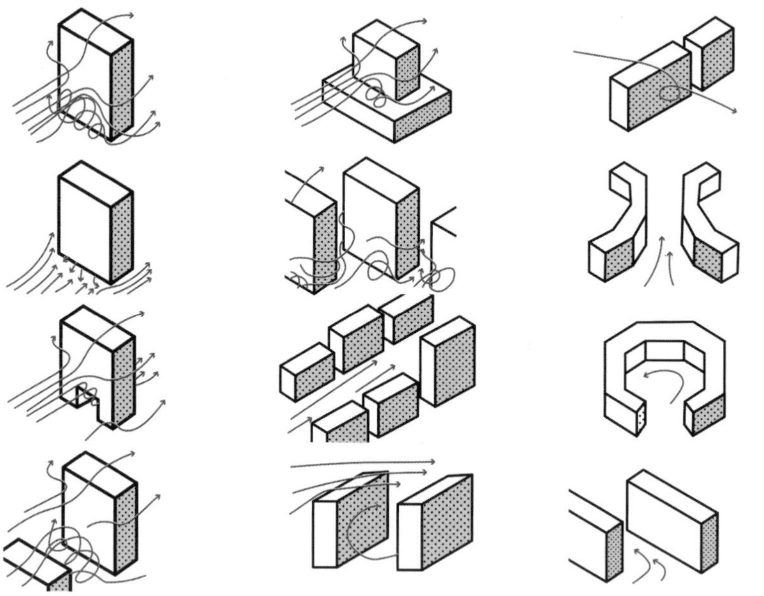

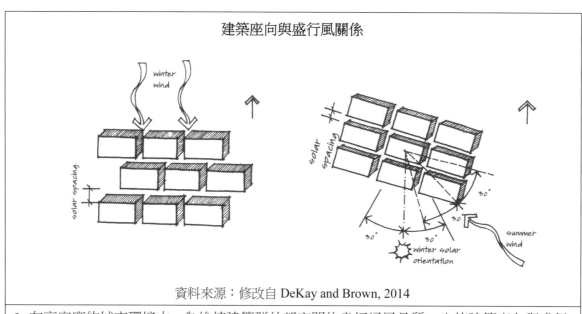

資料來源：Servando Alvarez, 1991

● 建築量體計畫應配合地區風環境的特性，善用引導、渠化加速、基座導風、屏障等不同的都市風場效果，並減少大型建築量體所造成的下旋風或角隅風等問題。

圖 5-166 建築量體計畫與風環境效果規劃原則示意圖

建築座向與盛行風關係

資料來源：修改自 DeKay and Brown, 2014

● 在高密度的城市環境中，為維持建築群外部空間的良好通風品質，宜使建築座向與盛行風方向形成合理的夾角，以便引入氣流來加強街巷的通風，最適化的夾角角度需視風速及街巷寬度而定，一般而言，30 度左右的夾角具有帶動巷弄氣流流通的效果。

圖 5-167 建築座向與盛行風關係設計原則示意圖

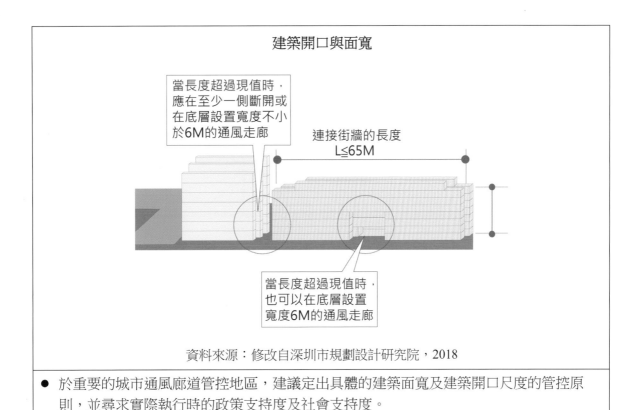

建築開口與面寬

當長度超過現值時，應在至少一側斷開或在底層設置寬度不小於6M的通風走廊

連接街牆的長度
L≦65M

當長度超過現值時，也可以在底層設置寬度6M的通風走廊

資料來源：修改自深圳市規劃設計研究院，2018

● 於重要的城市通風廊道管控地區，建議定出具體的建築面寬及建築開口尺度的管控原則，並尋求實際執行時的政策支持度及社會支持度。

圖 5-168 建築開口與面寬設計原則示意圖

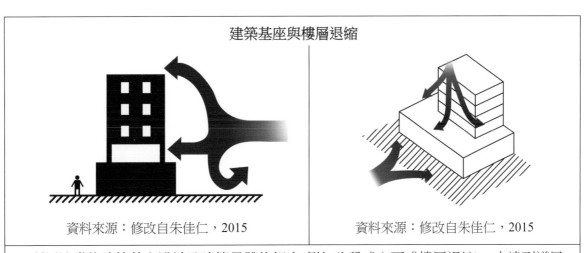

建築基座與樓層退縮

資料來源：修改自朱佳仁，2015

資料來源：修改自朱佳仁，2015

● 利用適當的建築基座設計及建築量體的組合(例如分段式立面或樓層退縮)，來達到導風、引風等不同的通風效果，並增加地面層行人風場的舒適度。

圖 5-169 建築基座與樓層退縮設計示意圖

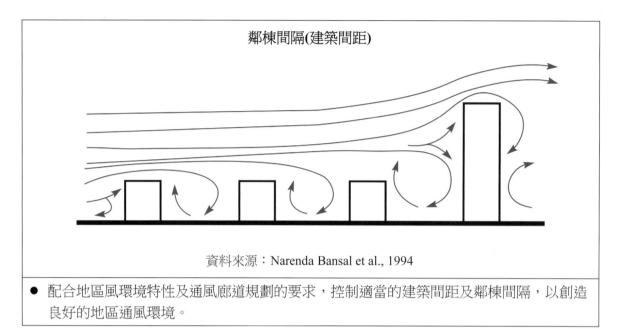

鄰棟間隔(建築間距)

資料來源：Narenda Bansal et al., 1994

● 配合地區風環境特性及通風廊道規劃的要求，控制適當的建築間距及鄰棟間隔，以創造良好的地區通風環境。

圖 5-170　鄰棟間隔(建築間距)設計原則示意圖

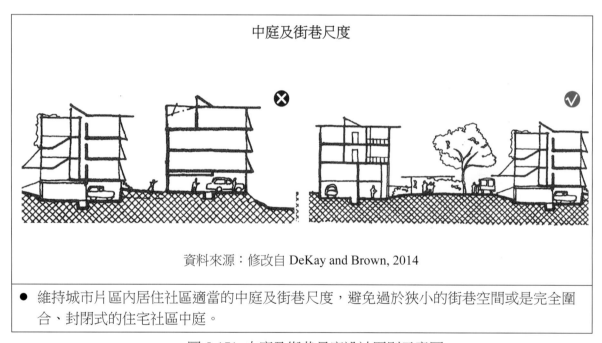

中庭及街巷尺度

資料來源：修改自 DeKay and Brown, 2014

● 維持城市片區內居住社區適當的中庭及街巷尺度，避免過於狹小的街巷空間或是完全圍合、封閉式的住宅社區中庭。

圖 5-171　中庭及街巷尺度設計原則示意圖

建築中庭尺度、開口與浮力通風

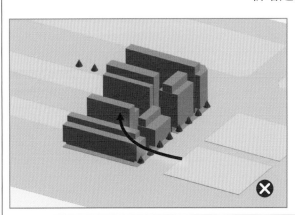

資料來源：DeKay and Brown, 2014　　　　　資料來源：作者繪製

● 對於擁擠的口字型圍合式建築單元，可利用浮力通風原理，控制中庭空間的尺度及四周房間的開窗位置，以達中庭自然通風的效果。

圖 5-172　建築中庭尺度與浮力通風設計原則示意圖

新增建築量體

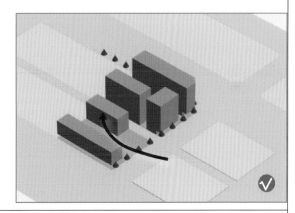

● 開發基地內之新增建築量體，應適當的規劃與管控建築量體的大小、高度及配置方式，以免影響目前及未來街廓外部空間的整體通風環境。

圖 5-173　新增建築量體設計原則示意圖

四、建築與街道介面

　　控制街道尺度與建築高度的關係，並以通風設計的角度研擬建築與街道高寬比、沿街建築高度比、沿街建築退縮、建築開口率及建築通透率等的設計引導規範。

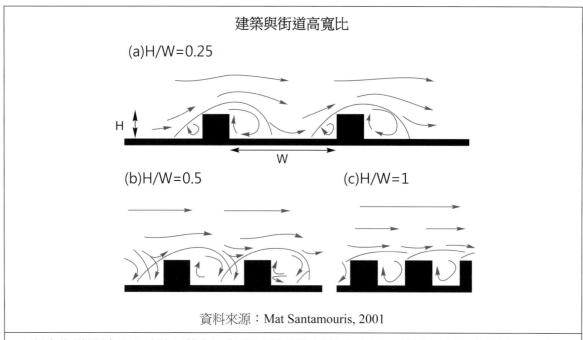

建築與街道高寬比

(a)H/W=0.25

(b)H/W=0.5　　　　　(c)H/W=1

資料來源：Mat Santamouris, 2001

● 配合街道設計及土地使用管制，控制建築與街道的高寬比，營造具有適當包被感及良好通風效果的街巷生活空間。

圖 5-174　建築與街道高寬比原則示意圖

高度比與前後院深度

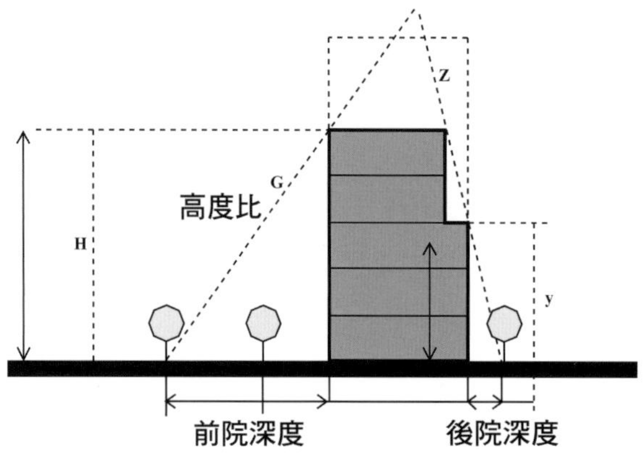

高度比

前院深度　　　　後院深度

● 配合土地使用管制內容及街道層級設計，設定適當的高度比管控參數，以便能鼓勵留設出適當寬度的前後院，並有利於地區通風。

圖 5-175　前後院深度設計原則示意圖

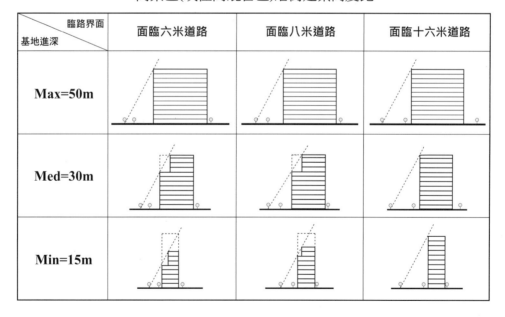

住宅區沿街建築高度比

- 參考 CFD 模擬分析結果及人性尺度街廓設計原則，建議以上基本的住宅區沿街建築高度比原則，實際應用時，可依地區環境狀況調整。

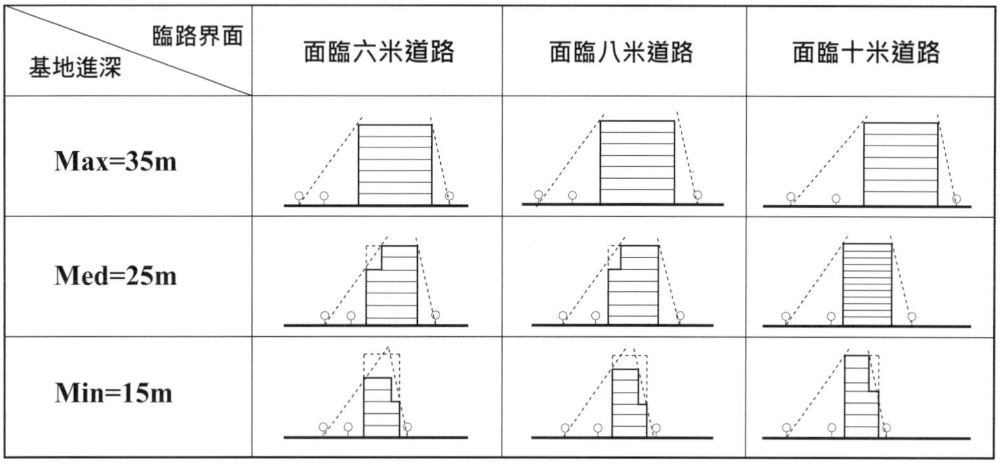

圖 5-176 住宅區沿街建築高度比原則示意圖

商業區(或住商混合區)沿街建築高度比

- 參考 CFD 模擬分析結果及人性尺度街廓設計原則，建議以上基本的商業區沿街建築高度比原則，實際應用時，可依地區環境狀況調整。

圖 5-177 商業區(或住商混合區)沿街建築高度比原則示意圖

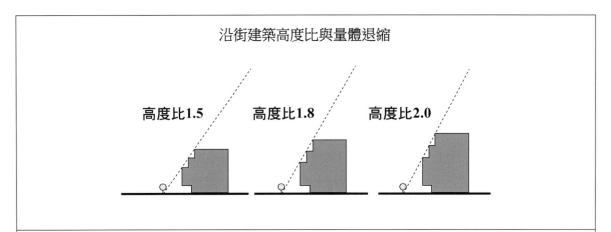

沿街建築高度比與量體退縮

高度比1.5　　高度比1.8　　高度比2.0

● 配合道路系統設計及地區土地使用管制內容，設定符合通風廊道規劃原則的風廊地區沿街建築高度比，並採用高層建築的逐段量體退縮，以達良好的地區通風效果。

圖 5-178　沿街建築高度比原則示意圖

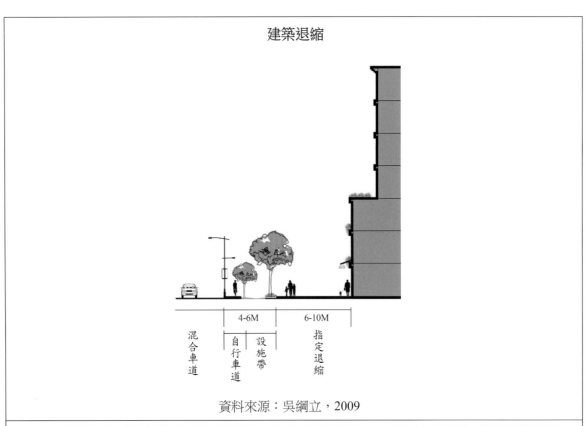

建築退縮

資料來源：吳綱立，2009

● 利用沿街指定建築退縮及配合量體計畫的中高樓層退縮，來營造良好的街道通風環境，並可配合街道綠化及建築平台與立面綠化等多元綠化手法，創造通風減熱的宜居環境。

圖 5-179　建築退縮設計原則示意圖

建築開口率

$$開口率 = \frac{建築面寬(建築面寬之合)}{基地面寬}$$

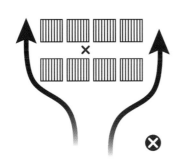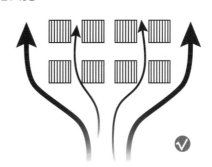

資料來源：香港中文大學，2012

● 依據地區通風環境特性及房地產開發市場之需求，設定具市場接受度的建築開口率管控原則，在不明顯降低土地開發效益的情況下，維持適當的開口率。

圖 5-180 建築開口率設計原則示意圖

建築通透率

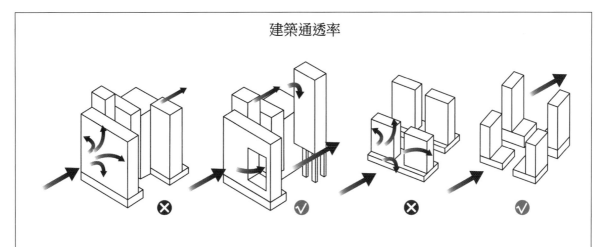

資料來源：香港中文大學，2012

● 透過建築座向、開口設計及量體組合等方式，維持沿街面建築適當的建築通透率。

圖 5-181 建築通透率設計原則示意圖

五、廊道與社區開放空間設計

考量開放空間的形式、規模、位置及綠化手法，例如社區中庭開放空間的形式、尺度、開口位置、開口大小，以及都市街廓主要開放空間的留設位置與綠化方式，以達較佳的氣流流通效果。

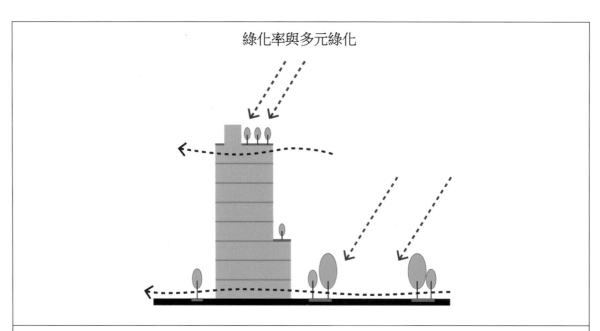

圍合建築開口、中庭位置、面積、形式

| 資料來源：內政部建築研究所，2006 | 資料來源：內政部建築研究所，2006 |

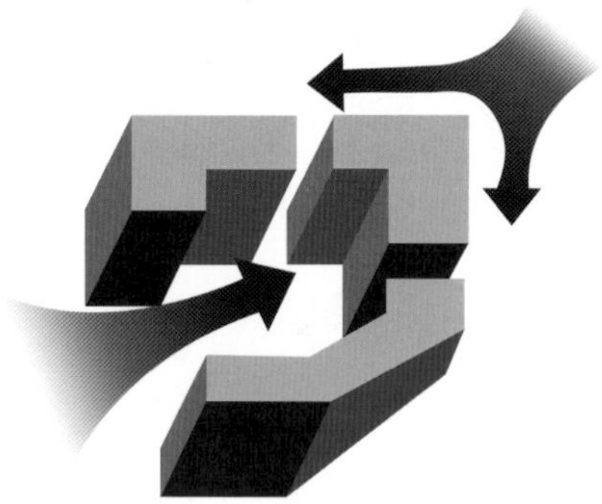

● 圍合型建築的開口、中庭 (或廣場)位置、規模和形式，應配合入流風方向，做整體的安排，以達到夏季引風、冬季擋風的效果，藉以營造具舒適通風環境的社區公共空間。

圖 5-182 圍合建築之開口、中庭位置、面積、形式設計原則示意圖

綠化率與多元綠化

● 公園綠地或綠化的空間是都市地區重要的冷源生成區，在高密度發展的都市街廓應留設一定規模的集中綠地(或植栽帶)及維持基本的綠化率，並考慮街道與廣場綠化、平台綠化、建築立面綠化及屋頂綠化等社區多元綠化的方法，以達自然通風及淨化空氣的效果。

圖 5-183 廊道地區綠化率規劃設計原則示意圖

廣場綠地及植栽配置

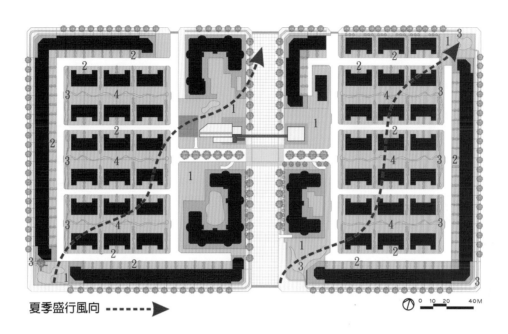

夏季盛行風向 ------▶

資料來源：修改自吳綱立，2009

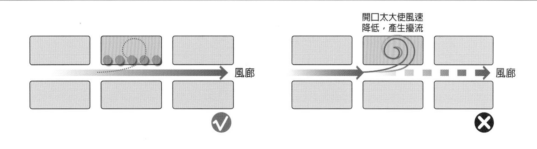

資料來源：吳綱立，2009

● 都市社區沿街連棟建築配置時，應於街角配置廣場或綠地，以作為通風廊道之氣流引入口，廣場應予以適當地綠化，沿街建築高度不宜太高且應有開口，以利風廊效果的引入。植栽配置計畫(包括喬木樹種選取及植栽密度)，應配合風廊方向，發揮夏季引風及冬季擋風的效果。

圖 5-184　街角廣場(或綠地)及植栽配置計畫原則示意圖

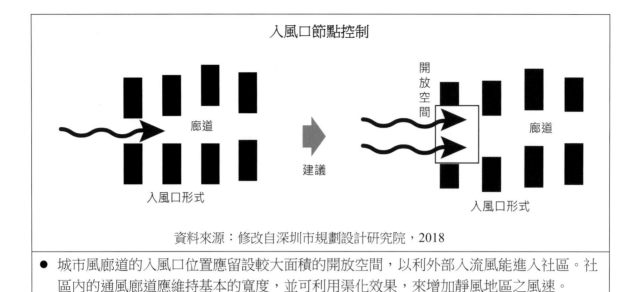

資料來源：修改自深圳市規劃設計研究院，2018

● 城市風廊道的入風口位置應留設較大面積的開放空間，以利外部入流風能進入社區。社區內的通風廊道應維持基本的寬度，並可利用渠化效果，來增加靜風地區之風速。

圖 5-185 入流風節點開放空間與量體管控原則示意圖

六、景觀與建築元素設計

利用喬木植栽的樹高、樹型、孔隙率、樹冠離地淨高、種植間距、景觀水體、牆體、建築量體排列，以及建築屋頂形式與建築立面開口位置等設計手法，來發揮引風或擋風的功能。

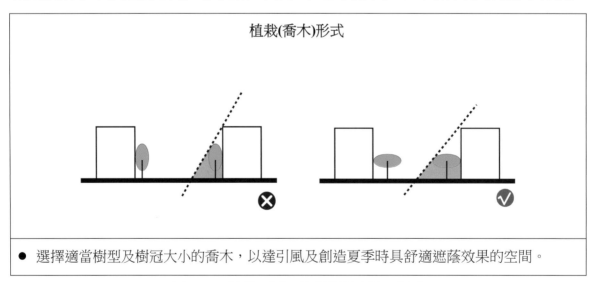

● 選擇適當樹型及樹冠大小的喬木，以達引風及創造夏季時具舒適遮蔭效果的空間。

圖 5-186 植栽(喬木)形式設計原則示意圖

樹型、孔隙率、植栽密度及樹冠淨高

資料來源：修改自朱佳仁，2015

- 植栽計畫時應考量喬木的樹型、樹冠大小、孔隙率、植栽密度及樹冠離地淨高等因素，並設計喬木種植的適當間距，以達較佳的引風或擋風的效果。

圖 5-187 植栽(喬木)密度及樹冠淨高設計原則示意圖

景觀水體引風減熱

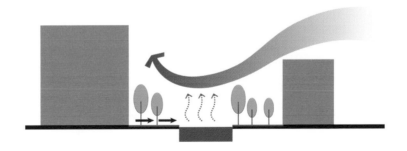

資料來源：李子耀提供

- 適當地設置潔淨的景觀水體，創造水與綠廊道空間，並利用水體的降溫效果，引入清涼的氣流，達到城市引風減熱的目的。

圖 5-188 街廓水體引風減熱設計原則示意圖

導風或擋風設施(如建築量體或牆體)

冬季

夏季

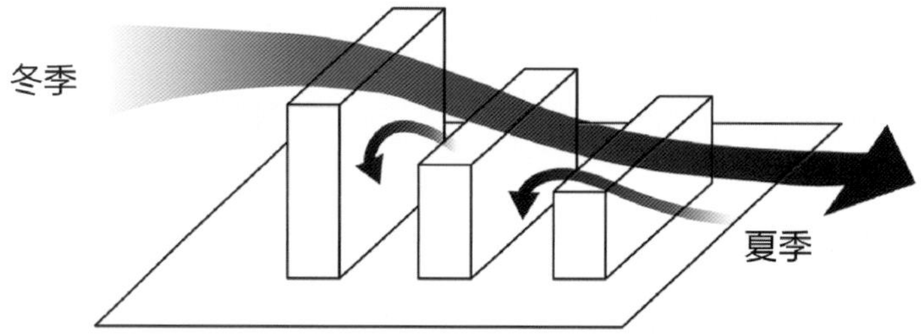

資料來源：修改自內政部建築研究所，2006

● 配合夏季及冬季盛行風的風向，利用建築量體高度的變化與不同高度量體的排列，達到夏季引風、冬季擋風的目的。

圖 5-189 導風或擋風設施(如建築量體或牆體)設計原則示意圖

建築開窗與屋頂形式

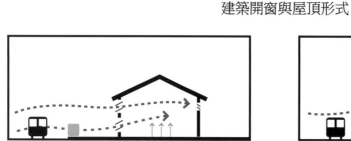

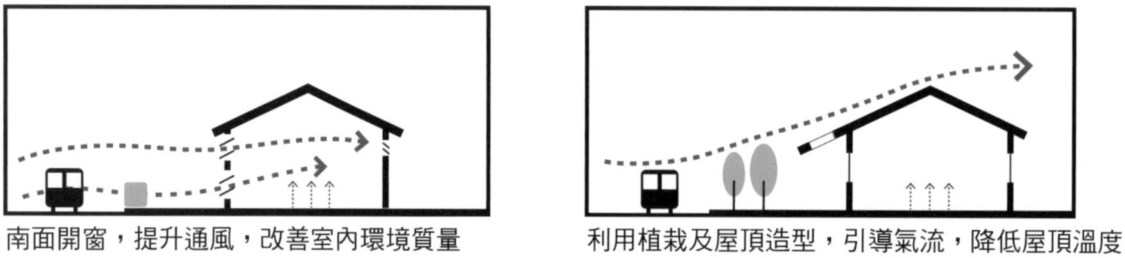

南面開窗，提升通風，改善室內環境質量

利用植栽及屋頂造型，引導氣流，降低屋頂溫度

● 配合盛行風風向，利用建築立面開窗及屋頂形式，加強地區及室內的自然通風效果。

圖 5-190 建築開口及屋頂形式設計原則示意圖

陽台及雨遮設施

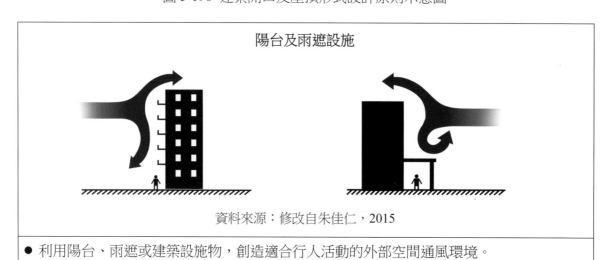

資料來源：修改自朱佳仁，2015

● 利用陽台、雨遮或建築設施物，創造適合行人活動的外部空間通風環境。

圖 5-191 陽台、雨遮或建築設施物設計原則示意圖

第六章　邁向風環境因應的建築及城市設計

第一節　加強 CFD 模擬分析與建築及城市設計計畫評估的配合

　　利用城市通風廊道效果和自然通風來增進建築與城市外部空間的通風環境設計及使用者舒適度，已成為建築與城市設計專業操作時重要的目標之一。在炎熱、高密度發展的海峽兩岸城市環境中，如何調整建築設計、建築配置模式、量體計畫、開放空間規劃設計，以及社區空間佈局，以便充分利用自然氣流流動效果來獲得建築及社區外部空間最佳的通風環境及使用舒適度，更是當前強調微氣候因應設計及生物氣候設計的國際思潮下，一個日益重要的議題。此議題深具理論及實務應用的價值，但是目前都市及社區尺度的相關實證研究仍相對較少，有鑑於此，本書嘗試透過 CFD 模擬分析及相關規劃設計案例的評估分析，來協助建築、住宅社區及城市片區之建築與開放空間設計時的通風環境優化。藉由海峽兩岸，不同類型及多元空間尺度之相關建築與城市設計案例的通風環境評估以及規劃設計方案之檢討，本書嘗試發展出一套結合自然通風理念的社區及建築設計方法論以及相關的規劃設計原則，以期能協助發展出符合地域氣候特性的建築設計及集居空間規劃設計模式。

　　本書中所進行的研究係以實地調查，搭配計算流體力學(CFD)數值模擬分析方法之應用，來解析建築與城市設計時的通風問題，以期能找出通風效果優良與不佳的基本社區空間單元類型，並分析影響建築及城市通風環境的主要因素，進而提出相關的規劃策略及設計準則之建議。經由多元尺度及多重通風設計議題的實際案例探討，並配合設計方案的模擬分析與評估，本書案例分析結果顯示，狹長街廓、高密度開發的都市住宅社區之中庭通風環境普遍不佳。另外，研究結果也發現，建築過於緊密、建築佈局過於封閉、鄰棟間隔過小，以及沿街建築之量體過大、過長等因素，皆是造成社區通風不佳的主要原因，這些實證分析結果有助於開發商及設計師調整目前市場上常見的不良通風建築型態及土地開發模式，以達到較佳的通風環境設計及戶外空間使用的舒適度。

　　就社區通風設計而言，本書研究結果發現，當社區建築的開口位置及開口大小，能與當地夏季主要盛行風之風向相配合時，社區外部空間的通風狀況會有明顯的改善，但社區外部空間通風環境設計的整體效果，也明顯的受到建築棟距、建築量體組合方式、社區開放空間規劃設計狀況，以及地區通風廊通道是否適當地留設等因素的影響。在考量目前海峽兩岸住宅市場多要求建築容積要充分利用的情況下，本書檢視並比較幾個以街廓為單元來進行整體規劃設計的社區住宅開發案，最後依據實證分析結果，對於如何透過建築配置與外部空間設計來提升住宅社區外部空間之通風環境提出具體的建議。另外，作者並建議目前大陸地區普遍流行的超大街廓社區整體開發模式(400~500 公尺街廓的整體開發)，應再細化並調整為 100~200 公尺左右的人性尺度街廓開發模式，以利於加強建築空間佈局與自然通風設計之間的關係，並有助於營造較佳的步行環境及較親切的鄰里開放空間尺度。

319

　　就建築設計的自然通風考量而言，本書透過 CFD 模擬分析來檢討如何應用浮力通風及風力通風原理，來達到建築物自然通風設計，進而減少夏季時人工空調設備的使用，並導入潔淨的氣流，創造較舒適的室內外通風環境。研究結果顯示，本書所提出的分析方法可在設計概念發展階段及設計方案評估階段，提供具參考價值的評估資訊和可視化的模擬分析結果，有助於評估自然通風設計的構想，並可配合 CFD 模擬分析工具及實測工具的應用，來檢討建築物的通風開口位置、開口大小、通風管道間留設形式，以及整體建築造型設計與自然通風之關係。

　　在大尺度城市通風廊道規劃方面，本書提出具體的案例探討及操作方法的說明，來協助指認城市主要通風廊道及進行相關的土地使用檢討，並建議城市通風廊道規劃理念及操作方法應及時地納入國土計畫及都市計畫的操作。本書提供了一個結合科學性分析與策略性規劃之研究初探，但是通風廊道規劃所考量的內容應不只是通風廊道指認(或劃設)及相關的建築與土地使用管控而已，還應考量通風廊道的季節性風速變化與都市活動及都市公共開放空間使用者行為之關係，所以完整的城市通風廊道規劃理念的落實尚有賴更多系統性、綜合性的規劃分析與評估，來建立不同氣候地區城市通風廊道規劃的方法論、空間使用模式及相關的規劃設計準則。

　　在自然通風規劃設計規範及準則研擬方面，本書系統性地探討如何進行都市片區及街廓尺度的社區開放空間通風環境優化，以期能為住宅社區規劃設計與微氣候因應設計理念之結合，提供一套有用的規劃引導策略及設計導則。藉由理論與文獻的探討，以及現況與改善方案的模擬分析，研究結果顯示，本書所提出的方法論及規劃策略與準則在輔助社區建築之通風規劃設計方面具有實用的價值，並發現此操作方法適用於城市設計的策略規劃及方案發展階段之評估，以便回饋修改街廓設計與建築計畫(例如量體及配置計畫)。透過 CFD 方法對街廓建築通風環境優化之分析，並搭配不同方案模擬結果的比較，本書的案例分析結果也發現，此方法可加強傳統城市設計操作模式的科學性基礎及可驗證性，並在一定程度上可預先診斷出一些建築配置、公共空間設計及量體組合上的問題，以便及時引導規劃設計方案的修正。

　　就設計實踐而言，本書比較不同建築單元及社區公共空間的行人風場通風狀況，經由文獻分析，並利用實測來驗證 CFD 模擬模型之後，接著透過 CFD 模擬分析，探討不同類型建築配置及街廓設計的行人風場通風效果。經由多重案例的比較分析，研究結果發現，透過加強人性尺度的街廓設計、建築座向及棟距調整、建築空間佈局、量體配置、建築開口與地區風廊道效果的配合等作法，可明顯地改善社區外部空間的通風環境。所以如果能在社區規劃的初期或是都市更新的方案評估階段，配合適當的 CFD 模擬分析方法，來協助進行空間規劃及建築計畫內容的檢視與評估，其實社區外部空間通風環境優化的目標是可以在兼顧土地開發經濟效益的要求下，而予以充份達成的(例如配合開放空間設計及適當的住宅型態組合與建築量體計畫，可達到對容積率、戶數、總樓板面積的要求，並營造出良好的社區通風環境)。最後，良好的建築與社區自然通風會有助於營造良好的生活環境，如果這些效益能反映到建商及購屋者的價值觀調整，進而引導出住宅市場偏好的調整，促使更多具有良好自然通風環境之住宅社區及生態建築之興建，如此一來，永續生態建築及微氣候因應設計的理念應有逐漸落實的可能。

第二節　對於邁向風環境因應的建築與城市設計之建議

　　經由理論與文獻分析，以及多元實際案例探討的經驗，本書對於如何邁向風環境因應的建築與城市設計提出以下的建議：

1. 增加都市建築的穿透率：包括視覺上的穿透率及有利於引入風廊道效果的建築穿透率(或稱通透率)，以便讓潔淨的氣流能夠在都市環境及建築中適當的流通，達到自然通風換氣及淨化空氣的目的。

2. 增加連繫性及延續性：包括城市通風廊道要維持其連續性，使得透過風廊道效果帶來的氣流能適當地流入住宅社區的外部空間及建築內部。此外，也要從生態規劃設計理念所強調的生態多樣性和延續性拓展到加強城市及社區的社會連繫性，以及城市整體通風廊道及城市氣流流通的連續性與延續性，以期能建立網網相連、串連成網、自然循環、生生不息的城鄉集居環境。

3. 營造具豐富陰影變化、造型靈活，且能與地區自然環境驅策力(風、光、水、熱等)作適當配合的建築設計：順應地區的氣候特性，並利用風、光、水、熱等環境因子，來進行適當的建築與城市設計，而非僅是複製流行的建築形式或樣版式的社區空間佈局模式到不適合的氣候地區，例如熱帶(或亞熱帶)氣候的城市建築其實不太適合大量應用大型玻璃帷幕牆黑盒子的建築形式，熱帶地區需要的是創造具有豐富陰影變化及多孔隙性的建築環境，藉由穿透性的建築式樣及空間形式，讓人與戶外的自然環境因子，能有更多的接觸與互動。

4. 加強通風設計與植栽綠化及水體設計等景觀元素相互搭配的整體設計考量：讓建築物的自然通風設計及風廊道效果能與多元綠化的建築設計充分的結合，並加強通風設計與景觀水景設計之配合(例如考量水體形式、水流方向、水體位置與自然通風設計的關係)，藉以豐富空間設計的生態景觀效果，並達到整體通風環境優化及城市退燒減熱的作用，同時亦可創造出舒適的外部空間使用環境。

5. 推動城市與建築多元尺度綜合考量的整體通風環境設計：在建築部分，應善用風力通風及浮力通風的設計手法，創造自然通風的綠建築；在城市設計部分，應考慮城市通風廊道規劃與開放空間系統規劃及土地使用管控的配合，讓通風廊道的效果能滲透進入都市街廓及社區。此外，亦應注意冬季擋風和保暖，以及避免縮流效果所形成之強風或因建築量體配置不當所造成之下旋風的影響。另外，建築師與城市設計師應加強自然通風設計的觀念，並嘗試學習 CFD 模擬分析工具的應用，以便能將新的觀念與模擬分析工具，導入傳統的規劃設計作業之中。

6. 將超大街廓形式的街廓土地開發模式轉換成人性尺度的生態街廓規劃設計：目前中國普遍流行之 400 公尺或 500 公尺左右的超大街廓整體開發設計，搭配著外圍高牆般大型建

築量體的土地開發模式，雖然有利於營造出景觀住宅的良好視野及建築開發的房地產價值，但卻也造成住宅小區內部的通風不佳，以及社區連繫性及整合性方面的問題。從生態城市的角度，人性尺度的小型街廓設計模式有利於生態環境營造及社會融合，所以本研究建議應以步行方便性、空間使用舒適性以及小尺度生態系統營造的角度，將超大街廓設計轉換成人性尺度的較小型街廓，並納入自然通風廊道與生態綠網銜接等考量，藉以營造新一代的人性尺度、通風良好的生態社區。

7. 積極導入 CFD 模擬分析方法與技術於現行規劃設計作業之中：目前的建築及城市設計操作，多是依據設計師個人的經驗來將風、光、水、熱等環境因子的考量納入規劃設計作業之中。雖然有一些相關的文獻提供一些原則性的建議，但實際的城市風環境因受到地表粗糙度、地形地貌以及各種城市建築與景觀元素的影響，遠比想像中來得複雜，而且會依據地區受風面量體之風壓變化而產生氣流流動上的變化，所以較難有一套可直接套用到所有個案的通用性原則。隨著 CFD 模擬分析技術的發展，這些實際規劃設計上的問題，已有了較佳的檢測工具，可供在規劃設計的初期階段，就將自然通風及溫熱環境控制的考量，納入到社區建築空間佈局、建築設計概念發展，以及建築量體與景觀計畫之中。配合 CFD 模擬分析的結果，並可及時且動態地檢討設計構想與方案，以避免因建築完工之後，才發現問題所造成的各種成本。

8. 以科學性、可驗證性及系統性的態度與思維來操作 CFD 模擬分析：CFD 模擬分析雖然能夠很快地產生一些具不錯可視化效果的分析圖，但操作過程中的參數設定及網格切割的適當性，皆會對結果有明顯的影響。所謂「外行人看熱鬧，內行人看門道」，此類模擬分析工具的應用，不應只是用來產出一些具豐富可視化效果的分析圖，以支持一些特定的設計或開發的意圖，或僅是為了以通過都市設計審議為目的，而產生一些粗略的分析圖說。CFD 模擬分析方法的應用與推廣，應有更大的目標與企圖心：其主要目標應包括，將理性的模擬分析操作與設計師感性但客觀的專業判斷相結合，以提供科學性、系統性及可驗證性的參考資訊，藉以發展出符合成本效益考量的規劃設計決策，並協助推動符合生物氣候設計理念之規劃設計方案的實踐。所以 CFD 操作過程的可驗證性及結果的合理性，皆須經仔細的檢視，同時也應透過 CFD 模擬分析之應用來協助將科學性的分析方法導入感性的設計創作過程及民眾參與過程，藉由生動的分析圖及動畫來協助與民眾及決策者的溝通，以增設計專業的系統性、科學性、參與性之基礎，藉以避免過於武斷之專家主觀判斷的影響。

9. 推動價值觀及觀念與態度的調整：CFD 模擬分析在建築與城市通風設計的應用，雖然提供了一套有效的模擬分析工具，以及可將環境模擬分析與設計相結合的方法論，但真正影響規劃設計成果的最重要因素還是設計師的核心觀念與價值觀，透過此新一代模擬分析工具的協助，規劃設計者應以更尊重土地倫理及師法自然的精神來進行符合生態節能理念的建築與城市設計。推動自然通風設計最好的方法是恢復「師法自然」的設計觀，所以本書第

一章從風土建築的概念開始談起，即是此目的。先人的生態智慧及其與環境共生之在地空間營造模式所累積的風土建築及生態建築案例，提供了不少可供借鏡的生態設計經驗，可藉以避免吾人在創造過多的人工化、設備化的環境之後，再回頭去尋求自然的解決方法。透過 CFD 模擬分析工具的應用，可讓建築師及規劃師在規劃設計的初期階段，就能思索如何加強與自然融合及善用自然通風原理的效果，此乃最經濟且具可持續性的設計模式及生活態度。

10. 將城市風廊道規劃及地區通風改善的理念與方法導入國土計畫之中：臺灣正在積極地推動國土計畫，中國大陸也加強推動基於生態復育理念的城鄉發展模式及自然資源管理，此新一波海峽兩岸的規劃努力，為生態復育及城鄉環境品質的提升，提供了一個良好的契機。以臺灣的情況而言，在全球氣候變遷的衝擊下，許多縣市層級的國土計畫中，皆有特別探討如何因應氣候變遷的章節；然而目前所論述的內容，多為極端降雨、洪氾管理、地層下陷、海平面上升、乾旱、災害風險等議題，對於如何透過城市風廊道規劃及地區通風環境改善，來紓解熱島效應衝擊及改善空氣品質，則缺乏具體的論述與規劃策略。故本書建議，縣市及區域國土計畫應設置一個專章，說明如何利用城市風廊道規劃及相關的水與綠開放空間計畫，以及土地使用和城市設計管控措施，來發揮都市化地區的導風及退燒減熱功能。

11. 推動多元的城市退燒減熱策略研擬：本書以建築及城市設計的風環境分析為主題，透過計算流體力學(CFD)及實測的方法來找出研究地區的通風潛力及通風問題，並提出可能的改善方案及規劃設計原則，希望以此回應氣候變遷的衝擊。但事實上，就城市溫熱環境及空間使用舒適度的改善而言，風的因素雖然影響很大，但並不是全部，其他的環境設計因素，例如植栽綠化、水體、遮蔭(或陰影效果)、建築材料及建築外殼設計、鋪面設計等，也皆會影響到人體的舒適度感受及能源使用效率，此部分希望在後續研究中可以繼續探討。另外，將分析數據轉換成無因次值，以便進行更系統性的風環境評估，以引導建築及都市空間設計，也應在後續研究中深入探討。

12. 加強建築與城市通風設計與城市公共衛生管理的結合：公共衛生領域與都市規劃設計專業的結合已是目前國際的趨勢，如何利用自然通風理念來加強建築及社區環境的自然通風，以減少疾病傳播的機會，並增進個人及社區的健康，是當前相當值得探討的議題。透過 CFD 模擬分析方法與工具的應用，可檢視不同社區之土地開發方式、建築密度、建築配置方式、建築空間設計、開放空間設計狀況等對於提高社區及城市地區氣流循環及自然通風的效果，藉以提高公共衛生的品質及空間使用者的舒適度。此外，也可透過 CFD 模擬分析來檢視醫療設施在通風防疫層面的最適化空間設計模式。

13. CFD 模擬分析與建築造型設計及城市空間佈局的結合：CFD 模擬分析在建築及城市通風設計的應用，不應僅是科學性方法及數位技術的呈現，也應與建築造型設計、城市型態管理以及城市空間佈局相結合，於規劃及設計的階段，適時地導入自然通風設計的理念，以發展出生態環保、具空間美學效果及反應地域氣候特性的城市建築及城市空間佈局模式。

第三節 建構整合 CFD 模擬分析與生物氣候建築及城市設計的規劃設計模式

　　本書以生物氣候設計及微氣候因應設計的觀點切入，透過多尺度 CFD 模擬分析的應用來發展順應氣候特性的規劃設計方案，並協助選擇適當的綠建築及生態城市規劃設計手法。研究結果顯示，CFD 模擬分析方法與程序可與微氣候因應設計理念作有效的結合，進而發展出兼具綠設計創意及適合研究地區氣候環境的永續綠建築或生態社區配置方案。本書除了將理論與實務操作結合之外，亦嘗試建構一個可導入 CFD 模擬分析方法的新規劃設計模式，以便在規劃設計的初期階段及方案評估階段，能預先發現一些問題，並協助選擇最佳的優化方案。圖 6-1 所示，為本書提出的新規劃設計模式的概念性模型與操作流程。此新規劃設計模式包括

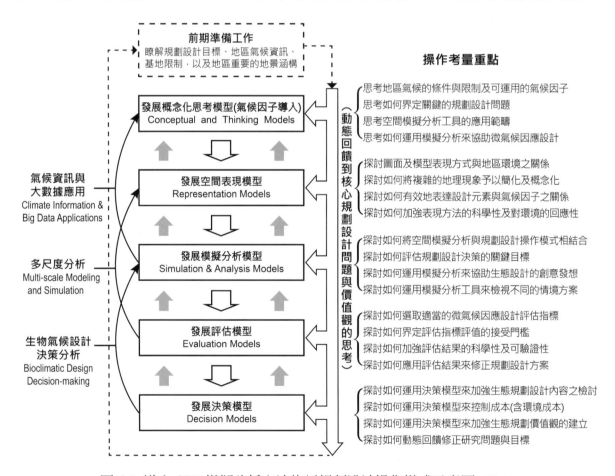

圖 6-1 導入 CFD 模擬分析方法的新規劃設計操作模式示意圖 (註 1)

(註 1：此新規劃設計操作模式的部分構想係受到作者於在哈工大建築學院任教時，與哈佛大學的 Stephen Ervin 教授共同主持 Geodesign 工作坊之成果的激勵而發展出來的，Geodesign 的概念性模型提供了本模式發展相當有用的參考資訊。Geodesign 嘗試用系統性的模組來分析景觀規劃設計的問題，此方法論係由哈佛大學榮譽教授 Carl Steinitz 等人所提出。)

幾個概念性操作模組的整合，以及動態回饋檢討機制的設計。此新規劃設計模式強調在環境分析及規劃設計創意發想的階段，就及時導入地區氣候相關的考量及誘導式設計手法，以便能順應氣候與環境的驅策力(風、光、水、熱)來進行較佳的規劃設計。此模式操作時，建議規劃設計師嘗試去問一些基本的問題，包括：「為何要做」、「如何做」、「如何評估」，以及「如何以最有效率且最少環境衝擊的方式來做」等，並將此類問題思索的過程與圖 6-1 中的「思考模型」、「空間表現模型」及「多尺度模擬分析模型」的發展相結合，同時也思考這些運作模組要如何有效地整合，俾能動態地掌握地理環境與氣候環境的特徵及相關自然因子的影響，並將這些因子的影響及相關考量納入規劃設計的作業之中。

需特別一提的是，此新規劃設計模式強調透過 CFD 模擬分析工具的應用，來協助建立正確的觀念及決策價值觀，以便能公平且有效率地協助評估方案的衝擊與環境成本。此新規劃設計模式乃由一系列相互銜接之操作模組(含各模組的操作模型)所整合(見圖 6-1)，環環相扣，藉以建立一個系統性的規劃設計操作模式及決策輔助過程，包括環境及氣候因子的探索、概念發展、模型建構、模擬分析、評估檢討、到決策建議及回饋檢討。透過此新規劃設計模式的運作及動態回饋檢討，希望有助於發展出生態、節能、環保並能永續發展的建築與城鄉環境。

在此新規劃設計模式發展與規劃設計作業方式調整的過程中，CFD 模擬分析扮演著輔助設計創意發想及方案評估的角色與功能，但其也需要透過多尺度分析的整合及多重分析工具的配套運用，來達到整體性的評估成果與綜效。CFD 多尺度分析的主要操作內容、考慮因素及預期成果整理如圖 6-2 所示，希望透過此新的技術路線，能夠協助生物氣候設計及微氣候因應設計理念在建築與城市設計專業操作上的落實。

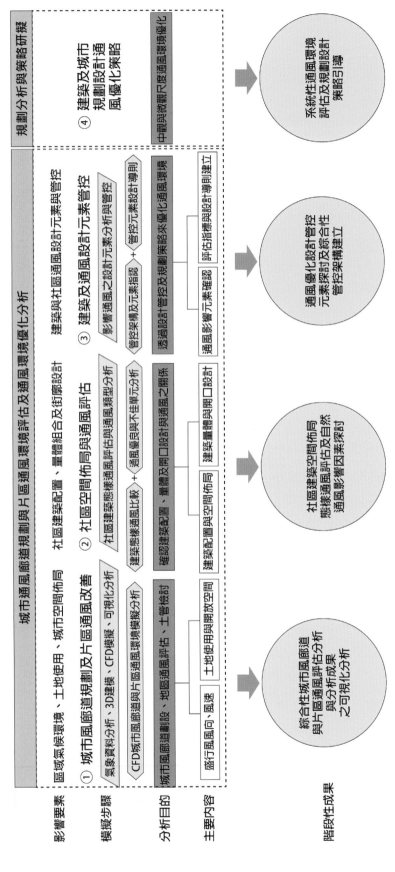

圖 6-2 CFD 多尺度風環境模擬分析操作步驟與內容及預期成果分析圖

326

　　最後，在目前這個強調 AI 的年代，本書嘗試提出一個未來發展的願景：透過人工智慧 (Artificial Intelligence, AI)的技術平台來整合計算流體力學(CFD)模擬分析、地理資訊系統 (GIS)、遙感(RS)、空間句法(space syntax)、建築資訊模型(BIM)等相關數位化空間模擬分析工具與方法，在城鄉規劃設計、社區規劃設計及建築設計與管理等領域的綜合應用，希望藉此能更有效率地輔助相關的空間規劃設計決策，此想法的概念性模型之雛型如圖 6-3 所示。本書已就其中 CFD 及 GIS 的整合分析部分進行了一些初探，後續研究可拓展到其他相關的空間分析方法與工具，以達更全面性的整合應用。

　　隨著數位化、晶片技術、IT 及演算法等技術的發展，人工智慧(AI)的應用潛力已成為各界關注的焦點。人工智慧在圖像識別、深度學習、類神經網絡分析、3D 視覺化分析、環境模擬分析等方面之演算能力與模擬預測能力的發展，提供了一個良好的整合契機，而近年來 CFD 模擬分析方法與工具在空間分析應用範疇上的拓展，以及其模擬解析能力及使用者介面的提升，也提供了具潛力的整合機會。透過 CFD 與 AI 的結合，並搭配其他空間分析工具與模組的特點，例如 GIS 在處理環境地理資訊及空間疊圖分析上的強大功能；空間句法(Space Syntax)在分析都市及社區空間佈局、路網結構、活動匯聚性上的功能；遙感技術(RS)在影像處理、影像判釋、地景分類及動態地景變遷監測的優勢，以及 BIM 在建築資訊管理及營建管理上的強大功能與潛力，我們可以樂觀地預期，透過這些新一代的環境模擬分析技術與空間分析工具的整合運用，將可提供更強大的資料發掘、模擬分析、問題診斷，以及預測與評估的能力，藉以協助相關生態城市規劃設計的決策及永續建築環境管理，並強化規劃設計決策過程的科學性與系統性基礎，如此一來，生物氣候規劃設計的理念可以有效地與智慧建築及智慧城市的理念相結合，依空間尺度的逐步擴大，推動生物氣候智慧建築、生物氣候智慧社區，以及生物氣候智慧城市的建設成果(見圖 6-3)。

　　上述整合模式的實際操作，建議採多尺度、多重案例操作的方式，就宏觀、中觀、微觀等尺度，選擇適當的代表性分析議題與案例，來逐步推動，藉以檢視 CFD、AI 與相關空間決策分析方法與工具之整合運用的可行性。就目前的技術及資料可及性而言，這雖然只是一個願景，但以目前科技發展的速度，應有逐漸落實的機會。本書中多尺度、多重案例的分析經驗，提供了一個開端，顯示出多元環境模擬分析工具之整合應用的必要性。只要相關領域的專業者能夠以開放的心胸，與其他相關領域專業者充分合作並相互學習，並加強多元空間決策模擬分析工具的配套與整合運用，要建立一套生態、智慧、人性化的多尺度生物氣候決策支援系統，以協助建築及城市的環境問題診斷及更有效的環境管理，應是一個可以逐步達成的願景。

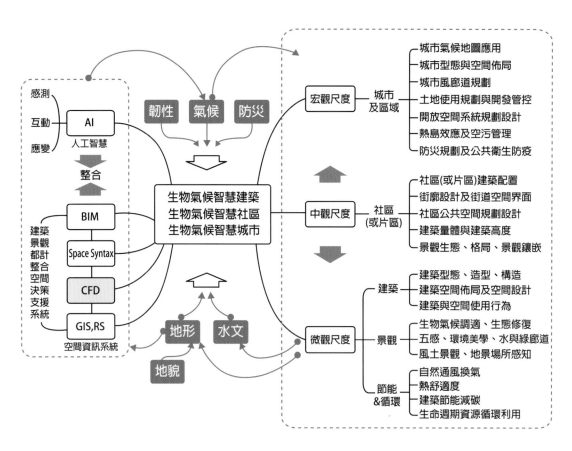

圖 6-3 數位化空間模擬分析工具在生態城市、社區、建築多尺度整合運用示意圖

參考文獻

中文參考文獻

1. 丁育群、朱佳仁 (1999)，《高層建築物風場環境評估準則研議》，內政部建築研究所研究報告，新北市：內政部建築研究所。

2. 王安強、林子平 (2018)，《跨不同地況區域之風廊建置分析及都市通風環境評估》，內政部建築研究所研究報告，新北市：內政部建築研究所。

3. 王梓茜、程宸、楊袁慧、房小怡、杜吳鵬 (2018)，「基於多元數據分析的城市通風廊道規劃策略研究：以北京副中心為例」，《城市發展研究》，2018 年，第 25 卷，第 1 期，87-96 頁。

4. 王福軍 (2004)，《計算流體力學分析：CFD 軟體原則及應用》，北京：清華大學出版社。

5. 王珍吾、高雲飛、孟慶林、趙立華、金玲 (2007)，「建築群佈局與自然通風關係的研究」，《建築科學》，第 23 卷，第 6 期，24-27 頁。

6. 中華民國風工程學會 (2016)，《風工程理論與應用》，科技圖書股份有限公司出版。

7. 方富民 (2015)，「計算風工程及其應用」，《中華民國風工程電子報》，第 8 期，1-10 頁。

8. 方富民 (2016)，「CFD 應用與計算風工程」，收錄於《風工程理論與應用》，中華民國風工程學會主編，第 15 章，1-20 頁。

9. 內政部建築研究所 (2006)，《綠建築設計技術彙編》(林憲德主編)，新北市：內政部建築研究所。

10. 內政部建築研究所 (2011)，《綠建築評估手冊—社區類》(林憲德主編)，新北市：內政部建築研究所。

11. 日本建築學會 (2015)，《建築物荷重指針》，日本建築學會編集(第五版)。

12. 北京市規劃委員會 (2014)，《城市通風廊道研究》，北京：北京市規劃委員會研究報告。

13. 北京市氣候中心 (2015)，《城市通風廊道規劃技術指南》(房小怡等人編著)，北京市：北京市氣候中心。

14. 禾拓規劃設計公司 (2017)，《新北市核心都會區減緩熱島效應指導計畫暨策略點改善規劃報告》，新北市：新北市政府委託研究報告。

15. 任超、袁超、何正軍、吳恩融 (2014)，「城市通風廊道研究及其規劃應用」，《城市規劃學刊》，2014 年，第 3 期，52-60 頁。

16. 朱佳仁 (2006)，《風工程概論》，科技圖書股份有限公司出版。

17. 朱佳仁 (2015)，「行人風場改善措施」，《中華民國風工程學會電子報》，第 7 期，29-37 頁。

18. 江柏煒 (1998)，《大地上的居所：金門國家公園傳統聚落導覽》，金門：內政部營建署金門國家公園管理處出版。

19. 江柏煒等 (2014),《金門國家公園範圍建築物調查與變遷分析成果報告書》,金門:內政部營建署金門國家公園管理處發行。

20. 江哲銘 (2011),《建築物理》,台北:三民書局 (11 刷)。

21. 余正榮 (1996),《生態智慧論》,北京:中國社會科學出版社。

22. 杜吳鵬、房小怡、劉勇洪、何永、賀健 (2016),「基於氣象和 GIS 技術的北京中心城區通風廊道構建初探」,《城市規劃學刊》,2016 年,第 5 期,79-85 頁。

23. 何育賢 (2009),《植栽樹型配置對於環境風場之影響》,中國文化大學環境設計學院建築及都市計畫研究所碩士論文。

24. 何明錦、林子平 (2008),《城市地區熱島效應退燒策略研究》,內政部建築研究所研究報告。

25. 何明錦、方富民、黎益肇、蔡宜中、劉文欽、鍾政洋、許敬昀 (2015),《都市地區風環境流通效應影響評估分析研究》,新北市:內政部建築研究所研究報告。

26. 李彥墨 (2009),《都市住區建築配置型態對熱島效應影響之模擬分析》,中國文化大學建築及都市計畫研究所碩士論文。

27. 李乾朗、閻亞寧、徐裕健 (2017),《圖解台灣民居》,新北市:楓書坊文化出版社。

28. 李偉誠、謝俊民 (2011),「連棟住宅之街廓比對街谷內風環境之影響—以台南市氣象資料為例」,《建築學報》,第 75 期,135-153 頁。

29. 吳志豐、陳利頂 (2016),「熱舒適度評價與城市熱環境研究:現狀、特點與展望」,《生態學雜誌》,35(5):1364-1371 頁。

30. 吳綱立 (2009),《永續生態社區規劃設計的理論與實踐》,台北:詹氏書局。

31. 吳綱立 (2009),《高雄市區鐵路地下化站區新生地都市設計開發策略規劃案總結報告書》,高雄市政府委託研究,高雄:高雄市政府發行。

32. 吳綱立、陸明、劉俊環等 (2013),《哈工大建築學院開放式研究型設計作品集:微氣候因應的大眾運輸場站地區城市設計—以台北信義計畫區為例》,哈工大建築學院發行。

33. 吳綱立、謝俊民、洪一安 (2014),《CFD 模擬應用在住宅社區中庭開放空間設計通風環境優化之研究》,收錄於中華民國住宅學會年會研討會論文集(光碟版)。

34. 吳綱立 (2014),《深圳國際低碳城策略規劃》,深圳市城市規劃設計研究院委託研究計畫。

35. 吳綱立、葉世宗、謝俊民 (2015),「結合微氣候因應設計理念及 CFD 模擬的綠建築設計—以台南市虹韻文創中心為例」,《建築師》,No. 487,120-124 頁。

36. 吳綱立 (2015),「建構全球在地化的永續農村地景」,《建築師》,No. 492,112-115 頁。

37. 吳綱立、金夢 (2017),「中國東北農村菜窖的生態智慧、場所精神及多元價值之研究」,《建築學報》,第 101 期,161-184 頁。

38. 吳綱立、葉沛廷、陳韋安、郭奕緯 (2017),《現代建築量體與配置對於自然村外部空間通風環境及舒適度衝擊之研究:以金門縣盤山村頂堡為例》,成大國土論壇論文集(光碟版)。

39. 吳綱立譯注 (2017) (Peter Hall 原著)，《明日都市：二十世紀規劃設計的思想史》，台北：聯經出版社出版。

40. 吳綱立 (2018)，《熱濕氣候地區閩南傳統聚落自然通風計畫與設計準則之研究》，科技部專題研究計畫書 (MOST107-2410-H-507-005)。

41. 吳綱立 (2018)，《駐馬店市中心城區典型功能片區通風環境模擬及優化提升策略研究》，深圳市城市規劃設計研究院委託研究計畫。

42. 吳綱立 (2018)，「金門閩南傳統建築聚落外部空間通風環境評估及影響因素之研究」，中華民國都市計劃學會、區域科學學會、地區發展學會、住宅學會、中華城市管理學會 2018 聯合年會暨論文研討會口頭發表論文。

43. 吳綱立 (2018)，「都市住宅社區外部空間通風環境評估及通風優化策略之研究：以駐馬店市為例」，中華民國都市計劃學會、區域科學學會、地區發展學會、住宅學會、中華城市管理學會 2018 聯合年會暨論文研討會口頭發表論文。

44. 林子平 (2012)，「建築環境熱舒適性」，2012 都市微氣候模型演算實務國際工作坊，台中：中興大學人文與社會科學研究中心。

45. 林君娟、謝俊民、程琬鈺 (2010)，「建立都市住宅風環境舒適度指標與改善策略評估—以台南市大林住宅都市更新地區為例」，《建築與規劃學報》，第 11 卷，第 3 期，221-242 頁。

46. 林炯明 (2010)，「都市熱島效應之影響及其環境意涵」，《環境與生態學報》，第 3 卷，第 1 期，1-15 頁。

47. 林家仔、邱英浩、游振偉 (2016)，「植栽與建築物配置對風環境之影響」，《建築學報》，第 95 期，87-102 頁。

48. 林憲德 (1994)，「都市氣候：探看都市氣候的惡化及因應對策」，《建築師雜誌》，20(7)：86-89 頁。

49. 林憲德 (1997)，《建築風土與節能設計：亞熱帶氣候的建築外殼節能計畫》，台北：詹氏書局。

50. 林憲德、郭曉青、李魁鵬、陳子謙、陳冠廷 (2001)，「臺灣海岸型城市之都市熱島現象與改善對策解析：以台南、高雄與新竹為例」，《都市與計畫》，第 28 卷，第 3 期，323-341 頁。

51. 林憲德 (2003)，《熱溼氣候的綠色建築：人類居住環境的永續發展生態、節能、減廢、健康》，台北：詹氏書局。

52. 林憲德、孫振義、李魁鵬、郭曉青 (2005)，「台南地區都市規模與都市熱島強度之研究」，《都市與計畫》，第 32 卷，第 1 期，83-97 頁。

53. 林憲德 (2006)，《綠色建築：生態、節能、減廢、健康》，台北：詹氏書局。

54. 林憲德 (2009)，《人居熱環境：建築風土設計的第一課》，台北：詹氏書局。

55. 林憲德 (2011)，《亞洲觀點的綠色建築》，台北：詹氏書局。

56. 林憲德 (2012)，《迷霧原鄉：百越民居文化探索》，台北：新自然主義出版社發行。

57. 邱英浩、吳孟芳 (2010)，「不同街道尺度對環境風場之影響」，《都市與計畫》，第 37 卷，第 4 期，501-528 頁。

58. 邱英浩、戴育澤、吳孟芳 (2010)，「利用自然通風技術改善室內熱環境及通風效能之研究—以慈濟台中分會為例」，《建築與規劃學報》，第 11 卷，第 2 期，111-136 頁。

59. 邱英浩 (2011)，「建築配置形式對戶外空間環境風場之影響」，《都市與計劃》，第 38 卷，第 3 期，303-325 頁。

60. 邱英浩 (2012)，「透水面積比例對環境微氣候之影響：以中興新村南核心區為例」，《都市與計劃》，第 39 卷，第 3 期，297-326 頁。

61. 邱英浩 (2012)，「植栽樹冠對於風速衰減之影響」，《都市與計劃》」，第 39 卷，第 1 期，51-69 頁。

62. 邱英浩、陳慶融、陳佳聰 (2014)，「封閉式中庭鋪面類型及尺度對微氣候之影響」，《都市與計劃》，第 41 卷，第 4 期，395-427 頁。

63. 法蘭西斯·阿拉德編著、李珺傑等譯 (2015)，《建築的自然通風：設計指南》，北京：中國建築工業出版社。

64. 洪一安 (2012)，「建築風環境概論及模擬軟體介紹」，國立成功大學建築研究所講義。

65. 俞孔堅，王志芳，黃國平 (2005)，「論鄉土景觀及其對現代景觀設計的意義」，《華中建築》，第 23 卷，第 4 期，123-126 頁。

66. 柏春 (2009)，《城市氣候設計—城市空間形態氣候合理性實現的途徑》，北京：中國建築工業出版社。

67. 香港中文大學 (2005)，《空氣流通評估》，香港特別行政區政府規劃署委託研究報告。

68. 香港中文大學 (2012)，《都市氣候圖及風環境評估標準：可行性研究》，香港特別行政區政府規劃署委託研究報告。

69. 徐小東、王建國 (2009)，《綠色城市設計：基於生物氣候條件的生態策略》，南京：東南大學出版社。

70. 苑魁魁、秦昌波、張南南、呂紅迪、于雷、王成新、石岩 (2016)，「通風廊道在城市環境總體規劃中的應用：以長吉新區為例」，《環境保護科學》，第 42 卷，第 3 期，35-40 頁。

71. 高雄市政府都市發展局 (2009)，《高雄市生態城市綠建築推動方案暨社區更新永續規劃技術案》，高雄市：高雄市政府都市發展局。

72. 深圳市規劃設計研究院 (2018)，《駐馬店市中心城區城市風廊專項規劃報告》，駐馬店市規劃局委託研究報告。

73. 梁顥嚴、李曉暉、肖榮波 (2014)，「城市通風廊道規劃與控制方法研究以廣州市白雲新城北部延伸區控制性詳細規劃為例」，《風景園林》，2014 年，第 5 期，92-96 頁。

74. 梁顥嚴、肖榮波、孟慶林 (2016)，「城市開敞空間熱環境調控規劃方法研究—以廣東南海為例」，《中國園林》，2016 年，第 12 期，86-91 頁。

75. 許華山，(2005)，《金門前水頭傳統聚落建築形式之研究》，國立台北科技大學建築與都市設計研究所碩士論文。

76. 陳書毅、李秀秀 (2013)，《金門閩南傳統圖鑑：合院》，金門：金門縣政府文化局出版。

77. 陳海曙 (2009)，《全球熱濕氣候自然通風綠建築》，台北：詹氏書局。

78. 張海龍、祝善友、王明江、章劍穎、張桂欣 (2015)，「基於 3D 建築物資料的天空開闊度估算及其城市熱島應用研究：以 Adelaide 為例」，《遙感技術與應用》，30(5)：899-907 頁。

79. 張偉、郜志、丁沃沃 (2015)，「室外熱舒適性指標的研究進展」，《環境與健康雜誌》，32(9)：836-841 頁。

80. 張晴原、楊洪興 (2012)，《建築用標準氣象資料手冊》，中國建築工業出版社。

81. 張雲路、李雄 (2017)，「基於城市綠地系統空間佈局優化的城市通風廊道規劃探索：以晉中市為例」，《城市發展研究》，24(5)：35-41 頁。

82. 郭建源 (2011)，《行人風場評估準則相關影響因數分析研究》，新北市：內政部建築研究所研究報告。

83. 郭建源、曾俊達、何明錦、黎益肇 (2016)，「以受風感受試驗建立高層建築行人風場評估準則之研究」，《建築學報》，第 95 期，75-86 頁。

84. 黃信橋 (2014)，《多主體模擬系統於都市風廊道探測之初探研究—以原台南市為例》，成功大學都市計劃研究所碩士論文。

85. 黃錦星、鄭寶祺、吳恩融、周家明、白思德、鄒經宇 (2013)，《空氣流通評估方法可行性研究》，香港特別行政區政府規劃署研究報告。

86. 惠州市城市規劃編制研究中心 (2016)，《惠州市區通風廊道規劃研究》，惠州市住宅和城鄉規劃建設局、惠州市氣象局、惠州市環境保護局發行。

87. 象偉寧 (2015)，「景觀與城市規劃中生態智慧的理智與生態蒙昧的衝動」，哈爾濱工業大學建築學院專題講座演講資料。

88. 葉世宗建築師事務所 (2017)，《金湖鎮鎮民綜合服務大樓新建工程競圖報告書》，葉世宗建築師事務所。

89. 葉世宗建築師事務所 (2018)，《左營中山堂商業樓競圖報告書》，葉世宗建築師事務所。

90. 楊俊宴，馬奔 (2015)，「城市天空可視域的測度技術與類型解析」，《城市規劃》，第 39 卷，第 3 期，54-58 頁。

91. 楊志文 (1995)，《湖峰鄉土誌》，金門：湖峰社史料編纂委員會出版，湖峰楊氏宗親會發行。

92. 楊經文 (2004)，《摩天大樓：生物氣候設計入門》，新北市：木馬文化出版。

93. 詹慶明、歐陽婉璐、金志誠、章莉 (2015)，「基於 RS 和 GIS 的城市通風潛力研究與規劃指引」，《規劃師》，第 11 期，95-99 頁。

94. 經建會 (2004)，《永續生態社區發展計畫—台南高鐵沙崙站特定區規劃設計準則及實施機制之研究》，行政院經濟建設委員會出版。

95. 境群國際規劃設計公司 (2013)，《北台區域永續生態改造暨環境退燒示範計畫總結報告書》，台北：北台區域發展推動委員會委託研究。

96. 廖順意、張潤朋 (2018)，「城市集中建設區通風廊道模擬與控制研究—以廣州中心城區為例」，2017 城市發展與規劃論文集。

97. 劉加平、張繼良、譚良斌(譯)，Arvind Krishan 等編著 (2005)，《建築節能設計手冊：氣候與建築》，北京：中國建築工業出版社。

98. 劉勇洪、張碩、程鵬飛、陳鵬、魏來、房小怡 (2017)，「面向城市規劃的熱環境與風環境評估研究與應用：以濟南中心城為例」，《生態環境學報》，26(11)：1892-1903 頁。

99. 劉輝志、姜瑜君、梁彬、朱鳳榮、張伯寅、桑建國 (2005)，「城市高大建築群周圍風環境研究」，《中國科學：地球科學》，2005 年，35(z1)：84-96 頁。

100. 駐馬店市城鄉規劃局 (2012)，《駐馬店市城市綠地系統專項規劃》，駐馬店市計畫成果送審報告。

101. 鄭元良、何友鋒 (2010)，《都市社區外部空間熱氣流通評估及都市設計指引之研究》，新北市：內政部建築研究所研究報告。

102. 衛東風 (2009)「生土民居場所精神與建築體驗—以喀什高台民居為例」，《華中建築》，27(3)：266-270 頁。

103. 歐陽嶠暉 (2001)，《都市環境學》，台北：詹氏書局。

104. 賴光邦 (1984)，《敷地計劃中局部氣候之控制》，台北：六合出版社印行。

105. 閻亞寧、簡雪玲 (2014)，《金門戰地紅磚文化系列遺產申請世界遺產文本》，金門：金門縣文化局出版。

106. 蕭葆羲 (2005)，《風工程》，基隆：國立臺灣海洋大學河海工程學系出版。

107. 謝俊民、阪田升 (2012)，《活用 WindPerfectDX 學習都市風環境模擬》，台南：櫻花村出版社出版，雋巡環境科技公司發行。

108. 黨冰、房小怡、呂紅亮、杜吳鵬、劉勇洪、張碩、楊帆 (2017)，「基於氣象研究的城市通風廊道構建初探—以南京江北新區為例」，《氣象》，第 43 卷，第 9 期，1130-1137頁。

外文參考文獻

1. Allegrini, J., V. Dorer, and J. Carmeliet (2014) "Buoyant flows in street canyons: Validation of CFD simulations with wind tunnel measurements." *Building and Environment*, 72: 63-74.

2. Alvarez, S. (1991) "Architecture and urban space." In the Proceeding of the Ninth International PLEA Conference.

3. Asfour, O. S. (2010) "Prediction of wind environment in different grouping patterns of housing blocks." *Energy and Buildings*, 42(11): 2061-2069.

4. ASHRAE (2010) *Thermal Environmental Conditions for Human Occupancy.* ASHRAE Standard 55-2010. American Society of Heating, Refrigerating and Air-Conditioning Engineers, Inc.

5. Asimakopoulos, N. D. (2001) *Energy and Climate in the Urban Built Environment.* London: James & James.

6. Baker, N., and M. Standeven (1994) "Comfort criteria for passively cooled buildings a PASCOOL task." *Renewable Energy,* 5(5-8): 977-984.

7. Bansal, N. K., G. Hauser, and G. Minke (1994) *Passive Building Design: A Handbook of Natural Climatic Control.* New York: Elsevier Science.

8. Beatley, T. (2001) *Green Urbanism: Learning from European Cities.* Washington, D.C.: Island Press.

9. Blocken, B., and J. Carmeliet (2004) "Pedestrian Wind Environment around Buildings: Literature Review and Practical Examples." *Journal of Thermal Env. & BLDG. Sci.,* 28(2): 107-159.

10. Blocken, B., T. Stathopoulos, and J. Carmeliet (2008) "Wind environmental conditions in passages between two long narrow perpendicular buildings." *Journal of Aerospace Engineering,* 21(4): 280-287.

11. Blocken, B., W. D. Janssen, and T. van Hooff (2012) "CFD simulation for pedestrian wind comfort and wind safety in urban areas: General decision framework and case study for the Eindhoven University campus." *Environmental Modelling & Software,* 30: 15-34.

12. Booth, C. A., F. N. Hammond, J. Lamond, and D. G. Proverbs (2012) *Solutions for Climate Change Challenges in the Built Environment.* Ames, Iowa: Wiley-Blackwell.

13. Brager, G. S., G. Paliaga, R. de Dear, B. W. Olesen, J. Wen, F. Nicol, and M. Humphreys (2004) "Operable windows, personal control, and occupant comfort." *ASHRAE Transactions,* 110: 17-35.

14. Calthorpe, P. (1993) *The Next American Metropolis: Ecology, Community, and the American Dream.* New York: Princeton Architectural Press.

15. Capeluto, I. G., A. Yezioro, and E. Shaviv (2003) "Climatic aspects in urban design—a case study." *Building and Environment,* 38(6): 827-835.

16. Chen, L., E. Ng, X. An, C. Ren, M. Lee, U. Wang, and Z. He (2012) "Sky view factor analysis of street canyons and its implications for daytime intra-urban air temperature differentials in high-rise, high-density urban areas of Hong Kong: a GIS-based simulation approach." *International Journal of Climatology,* 32(1): 121-136.

17. Cheng, V., and E. Ng (2006) "Thermal comfort in urban open spaces for Hong Kong." *Architectural Science Review,* 49(3): 236-242.

18. DeKay, M., and G. Z. Brown (2014) *Sun, Wind, and Light: Architectural Design Strategies.* The third edition. New Jersey: John Wiley & Sons, Inc.

19. Dramstad, W. E., J. D. Olson, and R. T. Forman (1996) *Landscape Ecology Principles in Landscape Architecture and Land-Use Planning.* Washington, D.C.: Island Publishers.

20. Emmanuel, R. R. (2005) *An Urban Approach to Climate-Sensitive Design: Strategies for the Tropics.* Abinddon, Oxon: Taylor & Francis.

21. Etheridge, D., and M. Sandberg (1996) *Building Ventilation: Theory and Measurement.* England: John Wiley & Sons, Inc.

22. Fan, Y., S. Lang, and W. Wu (1993) "Field study on acceptable thermal conditions for residential buildings in transition zone of China." in J. J. K. Jaallola, R. Ilmarinen and O. Seppanen (eds). *Indoor Air* 93, Helsinki.

23. Fanger, P. O. (1972) *Thermal Comfort.* New York: McGraw Hill.

24. Feriadi, H., N. H. Wong, S. Chandra, and K.W. Cheong (2003) "Adaptive behavior and thermal comfort in Singapore's naturally ventilated housing." *Building Research and Information*, 31(1): 13-23.

25. Feriadi, H., and N. H. Wong (2004) "Thermal comfort for naturally ventilated houses in Indonesia." *Energy and Buildings*, 36(7): 614-626.

26. Forman, R. T. T., and M. Godron (1986) *Landscape Ecology.* New York: John Wiley and Sons Ltd.

27. Gandemer, J. (1975) "Wind environment around buildings: aerodynamic concepts." In the Proceeding of 4th International Conference on Wind Effects on Buildings and Structure. London: Cambridge University Press.

28. Givoni B. (1976) *Man, Climate and Architecture.* 2nd edition, London: Applied Science Publishers.

29. Givoni, B. (1998) *Climate Considerations in Building and Urban Design.* New York: John Wiley & Sons, Inc.

30. Goad, P., and A. Pieris (2014) *New Direction in Tropical Asian Architecture.* Hong Kong: Periplus Editions Ltd.

31. Hall, P. (2002) *Cities of Tomorrow: An Intellectual History of Urban Planning and Design in the Twentieth Century.* London: Linking Publishing Co.

32. Hang, J., M. Sandberg, and Y. Li (2009) "Effect of urban morphology on wind condition in idealized city models." *Atmospheric Environment*, 43(4): 869-878.

33. Hang, J., M. Sandberg, and Y. Li (2009) "Age of air and air exchange efficiency in idealized city models." *Building and Environment*, 44(8): 1714-1723.

34. Hang, J., Y. Li, R. Buccolieri, M. Sandberg, and S. Di Sabatino (2012) "On the contribution of mean flow and turbulence to city breathability: The case of long streets with tall buildings." *Science of the Total Environment*, 416: 362-373.

35. Hsieh, C.-M., and K.-L. Wu (2012) "Climate-sensitive urban design measures for improving the wind environment for pedestrians in a transit-oriented development area." *Journal of Sustainable Development*, 5(4): 46-58.

36. Hu, T., and R. Yoshie (2013) "Indices to evaluate ventilation efficiency in newly-built urban area at pedestrian level." *Journal of Wind Engineering and Industrial Aerodynamics*, 112: 39-51.

37. Humphreys, M., F. Nicol, and S. Roaf (2015) *Adaptive Thermal Comfort: Foundations and Analysis*. London and New York: Routledge.

38. Hunt, J. C. R., E. C. Poulton, and J. C. Mumford (1976) "The effects of wind on people; New criteria based on wind tunnel experiments." *Building and Environment*, 11(1): 15-28.

39. Hwang, R.-L., and T. P. Lin (2007) "Thermal comfort requirements for occupants of semi-outdoor and outdoor environments in hot-humid regions." *Architectural Science Review*, 50(4): 60-67.

40. Hyde, R. (2000) *Climate Responsive Design: A Study of Buildings in Moderate and Hot Humid Climates*. New York: E & FN Spon.

41. Ishida, Y., S. Kato, H. Huang, and R. Ooka (2005) *Study on wind environment in urban blocks by CFD analysis wind velocity over street*. Research Report. Institute of Industrial Science, University of Tokyo, Japan.

42. Isyumov, N., and A. G. Davenport (1975) "The ground level wind environment in built-up areas." In the Proceeding of the 4th International Conference on Wind Effects on Buildings and Structures. London: Cambridge University Press.

43. James, M., and B. James (2016) *Passive House in Different Climates: The Path to Net Zero*. New York: Routledge.

44. Jones, P. D., P. Ya. Groisman, M. Coughlan, N. Plummer, W.-C. Wang, and T. R. Karl (1990) "Assessment of urbanization effects in time series of surface air temperature over land." *Nature*, 347(6289): 169-172.

45. Karyono, T. H. (2000) "Report on thermal comfort and building energy studies in Jakarta-Indonesia." *Building and Environment*, 35(1): 77-90.

46. Krishan, A. (eds) (2001) *Climate responsive architecture: a design handbook for energy efficient buildings*. New Delhi: Tata McGraw-Hill Publishing Company Limited.

47. Lawson, T. V., and A. D. Penwarden (1975) "The effects of wind on people in the vicinity of buildings." In the Proceedings of the 4th International Conference on Wind Effects on Buildings and Structures (605-622). London: Cambridge University Press.

48. Leng, H., F. Kong, and Q. Yuan (2017) "Optimization of high-rise residential district planning based on air pollutant impact: a case of Harbin city." 2017 Seoul World Architects Congress, 885-890.

49. Leopold, A. (1949) *The Land Ethics: in A Sand County Almance*. New York: Ballabtine Books.

50. Lin, M.-T., H.-Y. Wei, Y.-J. Lin, H.-F. Wu, and P.-H. Liu (2010) "Natural ventilation applications in hot-humid climate: a preliminary design for the College of design at NTUST." The 17th Symposium for Improving Building Systems in Hot and Humid Climates Austin Texas.

51. Lin, T. P., and A. Matzarakis (2008) "Tourism climate and thermal comfort in Sun Moon Lake Taiwan." *International Journal of Biometeorology*, 52(4): 281-90.

52. Malama, A., S. Sharples, A.C. Pitts, and K. Jikhajornwanich (1998) "An Investigation of the thermal comfort adaptive model in a tropical upland climate." *ASHRAE Transactions*, Vol. 104: 1194-1206.

53. Masayuki, O., M. Yasushige, M. Shuzo, M. Katashi, M. Akashi, and H. Hironori (2008) "Development of a wind environment database in Tokyo for a comprehensive assessment system for heat island relaxation measures." *Journal of Wind Engineering and Industrial Aerodynamics*, 96(10-11): 1591-1602.

54. Mcharg, I. (1969) *Design with Nature*. New York: The Natural History Press.

55. Melbourne, W. H. (1978) "Criteria for environmental wind conditions." *Journal of Wind Engineering and Industrial Aerodynamics*, 3(2-3): 241-249.

56. Moonen P., V. Dorer, and J. Carmeliet (2011) "Evaluation of the ventilation potential of courtyards and urban street canyons using RANS and LES." *Journal of Wind Engineering and Industrial Aerodynamics*, 99(4): 414-423.

57. Moonen, P., T. Defraeye, V. Dorer, B. Blocken, and J. Carmeliet (2012) "Urban Physics: Effect of the micro-climate on comfort, health and energy demand." *Frontiers of Architectural Research*, 1(3): 197-228.

58. Naess, A. (1973) "The shallow and the deep, long-range ecology movement: A summary." *Inquiry*, 16(1-4): 95-100.

59. Naess, A. (1992) Urban Development and Environmental Philosophy, Rapporteur paper to the ECE research conference (reproduced by UN Economic Commission for Europe, Geneva, HBP/SEM).

60. Nakamura, Y., and T. R. Oke (1988) "Wind, temperature and stability conditions in an east-west oriented urban canyon." *Atmospheric Environment*, 22(12): 2691-2700.

61. Nguyen, A.-T., Q.-B. Tran, D.-Q. Tran, and S. Reiter (2011) "An investigation on climate responsive design strategies of vernacular housing in Vietnam." *Building and Environment*, 46(10): 2088-2106.

62. Oguro, M., Y. Morikawa, S. Murakami, K. Matsunawa, A. Mochida, and H. Hayashi (2008) "Development of a wind environment database in Tokyo for a comprehensive assessment system for heat island relaxation measures." *Journal of Wind Engineering and Industrial Aerodynamics*, 96(10-11): 1591-1602.

63. Ojeh, V. N. (2014) *Thermal Comfort Characteristics in Warri, Delta State, Nigeria*. Germany: LAP (Lambert Academic Publishing).

64. Oke, T. R. (1988) "Street design and urban canopy layer climate." *Energy and Buildings*, 11(1-3): 103-113.

65. Olgyay, V. (1963) *Design with Climate*. New Jersey: Princeton University Press.

66. Olgyay, V. (2016) *Design with Climate: Bioclimatic Approach to Architectural Regionalism-New and expanded Edition*. New Jersey: Princeton University Press.

67. Paciuk, M. (1990) "The role of personal control of the environment in thermal comfort and satisfaction at the workplace." in R. Selby, K. Anthony, J. Choi and B. Orland (eds): *Coming of Age*. Environment Design Research Association, Oklahoma.

68. Rapoport, A. (1969) *House Form and Culture*. New Jersey: Prentice-Hall Press.

69. Register, R. (1987) *Eco-city Berkeley: Building Cities for a Healthy Future*. Berkeley, CA: North Atlantic Books.

70. Roseland, M. (1997) *Dimensions of the Future: An Eco-city Overview, Eco-City Dimensions: Health Communities, Health Planet*. Canada: New Society Publishers.

71. Roseland, M. (1998) *Toward Sustainable Communities: Resource for Citizens and Their Governments*. Canada: New Society Publishers.

72. Santamouris, M. (2001) *Energy and Climate in the Urban Built Environment*. London: Routledge.

73. Schlueter, A., and F. Thesseling (2009) "Building information model based energy/ exergy performance assessment in early design stages." *Automation in Construction*. Vol.18, Issue 2: 153-163.

74. Su, Y.-M., and H.-T. Chang (2016) "Influence of summer outdoor pedestrian wind environment comfort with height-to-width ratios of arcade in Taiwan." *Applied Mechanics and Materials*, Advanced Materials, Structures and Mechanical Engineering, 851: 633-638.

75. Su, Y.-M. (2017) "Using manipulating urban layouts to enhance ventilation and thermal comfort in street canyons." *International Journal of Urban and Civil Engineering*, 11(7): 602-611.

76. Tsang, C. W., K. C. S. Kwok, and P. A. Hitchcock (2012) "Wind tunnel study of pedestrian level wind environment around tall buildings: Effects of building dimensions." *Building and Environment*, 49: 167-181.

77. Tsou, Jin-Yeu (2001) "Strategy on applying computational fluid dynamic for building performance evaluation." *Automation in Construction*, 10(3): 327-335.

78. Van der Ryn, S., and S. Cowan (1996) *Ecological Design*. Washington, D.C.: Island Press.

79. Wallace, J. M., and P. V. Hobbs (2006) *Atmospheric Science: An Introductory Survey*. Boston: Academic Press.

80. Wellington City Council (2000) *Design Guide for Wind*. Wellington, Zealand: Wellington City Council.

81. Willemsen, E., and J. A. Wisse (2007) "Design for wind comfort in the Netherlands: Procedures, criteria and open research issues." *Journal of Wind Engineering and Industrial Aerodynamics*, 95(9-11): 1541-1550.

82. Willemen L., P. H. Verburg, L. Hein, M. E. F. van Mensvoort (2008) Spatial characterization of landscape functions. *Landscape and Urban Planning*, 88(1): 34-43.

83. Wong, N. H., H. Feriadi, P. Y. Lim, K. W. Tham, C. Sekhar, and K. W. Cheong (2002) "Thermal comfort evaluation of naturally ventilated public housing in Singapore." *Building and Environment*, 37(12): 1267-1277.

84. Wu, K.-L., I-An Hung, and Hsien-Te Lin (2013) "Application of CFD Simulations in Studying Outdoor Wind Environment in Different Community Building Layouts and Open Space Designs." *Applied Mechanics and Materials*, Vol. 433-435: 2317-2324.

85. Wu, K.-L., and Chun-Ming Hsieh (2017) "Computational fluid dynamics application for the evaluation of a community atrium open space design integrated with microclimate environment." *Applied Ecology and Environment Research*, 15(4): 1815-1831.

86. Xiang, W.-N. (2014) "Doing real and permanent good in landscape and urban planning: Ecological wisdom for urban sustainability." *Landscape and Urban Planning*, 121: 65-69.

87. Xiaomin, X., H. Zhen, and W. Jiasong (2006) "The impact of urban street layout on local atmospheric environment." *Building and Environment*, 41(10): 1352-1363.

88. Yang, A.-S., C.-J. Chang, Y.-H. Juan, and Y.-M. Su (2013) "CFD Simulations to predict comfort level of outdoor wind environment for Taipei Flora Exposition." *Applied Mechanics and Materials*, 421: 844-849.

89. Yang, A.-S., Y.-H. Juan, C.-Y. Wen, Y.-M. Su, and Y.-C. Wu (2017) "Investigation on wind environments of surrounding open spaces around a public building." *Journal of Mechanics*, 33(1): 101-113.

90. Yuan, C., and E. Ng (2012) "Building porosity for better urban ventilation in high-density cities – A computational parametric study." *Building and Environment*, 50: 176-189.

91. Yuan, C., E. Ng, and L. Norford (2014) "Design science to improve air quality in high-density cities." The 30th International Plea Conference. CEPT University, Ahmedabad.

92. Zakšek, K., K. Oštir, and Žiga Kokalj (2011) "Sky-view factor as a relief visualization technique." *Remote Sensing*, 3(2): 398-415.

93. 風工學研究所 (1989)，新・ビル風の知識，日本：鹿島出版会。

國家圖書館出版品預行編目(CIP)資料

CFD 模擬分析應用於建築與城市通風環境設計

吳綱立著.-- 二版.-- 臺北市：五南, 2019.07；

面；　公分

ISBN 978-957-763-494-8 (平裝)

1.都市計畫　2.建築氣候學　3.建築設計及施工

445.1　　　　　　　　　108010170

CFD 模擬分析應用於建築與城市通風環境設計

作　　　者	吳綱立	
發 行 人	楊榮川	
主　　　編	高至廷	
出 版 者	五南圖書出版股份有限公司	
地　　　址	106 台北大安區和平東路二段 339 號 4 樓	
電　　　話	(02)2705-5066	
傳　　　真	(02)2706-6100	
網　　　址	http://www.wunan.com.tw	
電子郵件	wunan@wunan.com.tw	
劃撥帳號	01068953	
戶　　　名	五南圖書出版股份有限公司	

法律顧問　林勝安律師事務所　林勝安律師

初版一刷　2018 年 12 月

二版一刷　2019 年 7 月　　　　　定　　價　新台幣 480 元

ISBN 978-957-763-494-8